［新装版］

人新世の開発原論・農学原論

―内発的発展とアグロエコロジー―

北野　収
西川　芳昭
編著

創成社

『新装版　人新世の開発原論・農学原論』によせて

本を世に問うということは、手塩にかけて育てたわが子が親元を離れ、社会に出ていくことを見守ることに似ている。しかし、人間の人生がさまざまな出来事の連鎖や運に左右されてしまうことがあるように、一冊の本の運命もさまざまだ。

二〇二二年に本書のオリジナル版が上梓された後、いくつかの書評で取り上げていただいただけでなく、光栄なことに、その道で活躍されているトップランナーともいうべき方々が本書を取り上げて下さった。その一人は、終章で触れている生命科学のレジェンドである中村桂子氏である（『人類はどこで間違えたのか』中公新書ラクレ）。もう一人、著名な国際ジャーナリストである堤未果氏も『ルポ　食が壊れる』（文春新書）の中で参考にして下さったようだ。そして、この本は二〇二三年の第二一回日本ＮＰＯ学会賞（選考委員会特別賞）を受賞した。

しかし、順風満帆に見えたその矢先、突然、暗礁に乗り上げた。出版不況が構造化する中、コロナ禍という大打撃もあって、版元の出版社が倒産に追い込まれたのである。

今般、創成社さんのご厚意により、「新装版」として再出版できることになった。寛大かつ情け深いご厚情を賜ることができたことは、本当に幸運である。同社の塚田尚寛社長に心より謝意を表する次第である。

新装版にあたり、オリジナル版が出た後の二年間の編者それぞれの問題意識の深まりを踏まえ、巻末に「追補　内発性とデコロニアル：西洋近代的な人間中心主義を超えて」を設けた。読者の方々の思考と実践の参考になれば幸いである。

二〇二四年一一月

編　者

はしがき

一九七〇年代にダグ・ハマショールド財団と鶴見和子が内発的発展論を提唱してから半世紀が経過した。止まることを知らぬかのように思われる新自由主義と開発主義の波は様相を変えつつも依然健在であるかのようにみえる。しかし二〇二〇年からの新型コロナウィルス（COVID-19）の蔓延を経験した世界では、そしてポストコロナの時代においては、それ以前から世界中で種蒔きが行われてきた「小さな農的連帯」を契機とした再地域化（ローカリゼーション、特に食・農業分野とエネルギー分野）に対する認識も少しずつ高まってくると予想される。そのような二十一世紀ポストコロナ期に、内発的発展論は新局面に入り、新しい使命を帯びることとなる。

こうした時代意識を共有する編者は、従来議論されてきた他の場所へ移転可能な政策実践としての内発的発展（保母武彦、宮本憲一等）あるいは運動論としてのそれ（鶴見和子、西川潤等）とは少し距離をおき、「土と人間」の関係という観点からラディカルに「内発的発展（論）」を吟味し直し、自然と人間、土と人間、人間の生存基盤、人間を含めた生命体の存在論（オントロジー）という視点からの問いかけの普遍性について、さらに「北」と「南」という二項対立に基づく世界観の相対性についても議論する必要があると考える。すなわち農本主義を踏まえた「農学原論」である。年配の読者は「農本主義」と聞くと、稲作単一民族神話を掲げ、結果的に暴力的な国民統合の走狗として機能した特殊日本的なそれをイメージするかもしれない。だが、二十一世紀の農本主義は、生業としての農のみならず、林漁業、福祉（ケア）、住居、地域経済、エネルギー、生活全般、自然との関わり方、物質文明との適度な距離感など、多様で包摂的な事象を含むメタファーとしての農本主義である。その場合、運動論や政策論としての狭義のアグロエコロジーというより、自然と人間の関係性の豊かさを代弁する言葉としてのアグロエコロジーという概念が重要になる（序章と終章で言及）。

地球温暖化を中心とした持続不可能な人間活動の根本的変革にもはや一刻の猶予もないことがこの「人新世」に生きる私たちが共有せざるをえない人類共通の課題として目の前にある。一九七〇年代の石油ショックに始まり、ニューヨークの貿易センタービルの破壊（九・一一）、阪神淡路大震災、度重なる食料危機（一九七〇年代、二〇〇〇年代）、リーマンショック、東日本大震災・福島原発事故、そして新型コロナ禍、度重なる戦争（とりわけ）ロシアとウクライナとの戦争）という経験にもかかわらず、我々の内と外にある環境に対する巨大な破壊力を制御する知識は形成されず、自然や世界各地の先人の文化に対する畏敬の念を取り戻す知恵は普遍化しない。

この状況を打破する方法は、経済パフォーマンス向上に特化した狭義の経済開発とは距離をおき、ポスト開発論・脱成長論等の蓄積を踏まえつつ、「世直し」の主体としての人間の主体形成論の観点から内発的発展論に着目するしかないのではと考える。すなわち「開発原論」である。

本書は、分担執筆者八名の協力を得て、各章で報告されるアフリカ（モザンビーク、タンザニア）、アジア（ネパール、日本）、北米（カナダ、アメリカ）、西欧（フランス、イタリア、イギリス）、ラテンアメリカ（メキシコ、中南米一般）での経験を踏まえながら、二十一世紀の農本主義を考えるための一助となるような書を目指すものである。厳密な学術論文集ではない。食・農・環境・開発に関心を有する一般読者にもぜひ手に取っていただきたいと願っている。これは開発原論・農学原論の「一丁目一番地」へのお誘いでもある。多分にユートピア的世界観の提示に陥っているという批判は覚悟の上で、そこにキラリと光る一抹のリアリティが散在されているはずだと信じている。

本書の刊行には、北野が三六年来のご厚誼にあずかっている農林統計出版の川辺眞一社長に大変お世話になった。記して謝意を表す。

本書の出版は獨協大学学術図書出版助成費によるものである。

二〇二二年六月

編　者

目次

第Ⅱ部　農業・市場・社会

第Ⅲ部　内発的発展と食料主権

序　章

二十一世紀に開発原論・農学原論を語れば

1990年代初頭，インドネシア・カリマンタンで近代農法を指導するJICA稲作専門家（撮影：北野 収）

序章　二十一世紀に開発原論・農学原論を語れば

北野　収

1　編者のなかにあり続けた問題意識

本書の共同編者である西川芳昭氏のことを私が知ったのは一九九二年のこと。当時農林水産省の農業経済事務官だった私は同年四月に、国際部国際協力課（現輸出・国際地域課）から構造改善局（現農村振興局）へと異動した。私と入れ替わりのタイミングで国際協力課技術協力班・国際機構班に当時の国際協力事業団（ＪＩＣＡ）から係長として出向してきたのが西川氏だった。互いに面と向かって「正式」な知己を得たのは二〇〇四年のとある学会の席上だった。一二年の間に、二人とも官職を辞し学位論文を仕上げ大学教員になっていた。以来お互いに、開発研究者として、広義の農学者として、大きな部分での問題意識を共有しながら各々の持ち場で微力を尽くしてきた。時の流れは速く、西川氏は二年前に還暦を迎えられ、それを2年差で追いかける私は今年還暦となる。このように編者二名には、農学徒であること、政府機関職員としての勤務経験、フィールドが海外と日本国内に跨ること、さらにはキリスト者であること[1]など、いくつか共通点がある。

私たちのなかにある問題意識を思いっきり煮詰めて、最もベーシックなレベルで抽出すれば、それは以下の二点に集約できるだろう。一つ目は、「開発とは何か」について問い続けてきたことである。鶴見和子や西川潤の内発的発展論に感化されつつも、経済自由主義、市場万能論、新保守主義、排外的ナショナリズムが否応なく猛威を振るうこの日本と世界において、地域や人々の主体性を重視した「地動説」的な開発論（北野 二〇一六：一七八頁）は果たしてどれだけリアリティをもちうるのだろうか。グローバルな市場とその補完勢力に矮小化された政府（北野 二〇二一a）が語る「天動説」的な開発観を全否定することはできずとも、建設的に共存していくことは可能なのか。二つ目は、「農業とは何か」について問い続けてきたことである。ありとあらゆる事物が商品化されているこのグローバル資本主義の下で、農業や農村にはそれに回収できない役割―多面的機能論、コモンズ論、食料主権論など―があるということは常にいわれ続けている。しかし、そのような役割では農の本質を語りつくせないことに心ある農学者は気づいている。その一方、新しい取り組みやアジェンダが出てきては淘汰され消える、すなわち「アジェンダの興亡」（元田 二〇〇七）と「事例の消費」を繰り返しながら、漸次前線から撤退を余儀なくされているというのが実のところではないか。技術イノベーションで儲かる農業を追及する世界観と商品化できない環境・社会・文化的な価値を重視するアグロエコロジカルな世界観は、一見同じもの（例えば、有機農業、小さな農業、コミュニティ開発）について語っていても、決して交わることはない（ただし、第三章が示すような教訓の意味を咀嚼する必要性も認識している）。

2　三〇年前、一九九〇年代に考えていたこと

バブル経済とリゾート法、バブル崩壊後の不良債権問題、コメの市場開放と関税化移行、ODA批判とその後の国益路線への移行など、現代の様々な問題につながる大きなうねりが可視化され始めていたあの時代に、西川氏と私はJICAと農林水産省のいくつかの部署で、ある意味、開発行政の最前線にいた。研究者に転じ、開発や農村の現場を知るようになったのはその後のことだ。

あのバブルの頃、農林水産省の国際協力課にいた私は、周囲の同僚の技官がアジア、アフリカ、ラテンアメリカの現

場への調査やら、ローマやニューヨークの国連機関での会議やらで出張するのを横目に羨ましく思いながら、課の総括ラインとして毎晩深夜まで、大蔵省（現財務省）主計局対応、国会対応、外務省経済協力局（現国際協力局）対応、行政改革推進審議会（行革審）、対外経済協力審議会（大来委員会）の業務に追われていた。大来佐武郎氏のすぐ近くで会議のメモ取りをしたこともあった。鷲見一夫『ＯＤＡ援助の真実』（一九八九）がちょっとしたベストセラーになっていたあの頃、国会でもナルマダダム（インド）、三峡ダム（中国）、セラード農業開発（ブラジル）などの開発援助が現地農民を土地から追い出すのではないか、環境破壊につながるのではないかという質問が時折出された。もっとも円借款案件であるダム関係の答弁書の大半は外務省作成だったが、合議（あいぎ）という形で玉が飛んできた。当時の私は、ダム案件はともかく、セラード農業開発は間違いなく相手の国や人々のためになると固く信じていた。今日でも、アマゾンの熱帯林が焼き払われ違法に牧畜や農耕に転用される惨劇が相次いでいる。日伯政府は決して認めず、日本のマスコミも永遠に関心を持たないだろうが、セラードの大豆生産基地建設に端を発した牧畜農民・農民一般の移動の拡大とアマゾンへの玉突き現象的な開発圧力の増大など、間接的に私たちも責任を負っている（印鑰 二〇一七：四六頁）。今なら私もそのことを理解できる。だがあの頃、「セラードにもともと住んでいた農民たちはどうなったのだろうか」という疑問は私の脳裏になかった。大学教員になった二〇年後の私に、そのことに気づくきっかけをくれたのは当時ゼミ生だった田村さんであった（第一章分担執筆者）。一九九二年の旧ＯＤＡ大綱の草案の作成に関する協議、同年の第一回地球サミットがらみの省庁間協議に関わることができたことは、今となっては貴重な経験であった。あれから三〇年、「援助・支援」というものが、ここまでさらに政治化するとは思わなかった。

次に、国内の農村整備・地域活性化や村づくり対策の担当になり、北は網走から、南は沖縄の離島まで各地にでかける機会を得た。農村のアメニティ、美しい景観、グリーンツーリズム、ムラおこし（づくり）、地域活性化、農村ルネッサンス、「物質的なものから心の豊かさへの転換」等のキーワードをメディアや有識者の発言を通じて頻繁に耳にするようになった。著名な文化人やタレントを審査員や講演会にお呼びして、コンテストなどの様々なイベントを行った。並行して新規法案作成、国会対応もこなす激務が続いたが、自分たちはバブル崩壊後の地方の世直しの手伝いをしているという根拠なき自負と自己肯定観に支配されていた。バブルがはじけても頭のなかではバブルを引きずっていた。

数年後、役所を辞めた私はアメリカの大学に籍をおきながら、内発的発展と日本の農村の活性化に関するＰｈ・Ｄ論文の構想を練り、やがてフィールドに出向くようになった。大分県の一村一品運動に習い、それぞれの地方で皆が喜ぶような特産品や新しい観光名所を開発する。それまで国が一律にやってきた画一的な農政でなく、地方が創意工夫を凝らして競い合う。住民の関心も否応なしに高まり住民参加が始まる。外部者（観光客・移住者）との交流が深まる。これこそが「内発的発展」なのだ、と真剣に思っていた。基本的に近代化論者で、内発的発展という概念に懐疑的であった論文主査のハンガリー人経済学者は、この考えに対して「所詮、農村を商品化して新しい市場を創って競争させるだけのこと。政府が行うべき政策なのか」と一笑に付した。でも、正しかったのは先生だった。当時流布されていた行政やマスコミの言説を、私は無邪気にそのまま信じていたのだ。

3　二〇二〇年代の今、考えていること

二〇二二年の今、先生がいったことの意味が嫌というほどわかる。三〇年前、国の補助金とメディアによって粗製乱造された「農村ルネッサンス」の空間は今ではどうなっているのか。あれから新自由主義と新保守主義の嵐が吹き荒れ、今や農村は「お金（開発）を施してください」と「新技術と高付加価値化で攻めの輸出農業」という二つの世界観に分断されている。世界に眼を移せば、かつて第三世界とよばれていた中国、インド、東・東南アジア、そしてナイジェリア、南アフリカ共和国、アンゴラなどアフリカの一部が経済発展という点では台頭してきた。開発の主要なエンジンは民間貿易であり、ＯＤＡは補助にまわることが持続可能な開発目標（ＳＤＧｓ）に明記された。そのなか、世界の農業・農村のグローバル資本化は、遺伝子組換え（ゲノム編集）、ランドラッシュ、自由貿易とともに際限なく進む。文化の一層の均質化が進み、人間は限りなく思考をしない受動的な客体へと変化していく。アフリカの村でも、欧米の農村でも、日本の中山間地域でも、農業・農村の商品化と人々の脱人間化（マクドナルド化、リッツアー 一九九九）、脱政

治化（北野 二〇一七、エスコバル 二〇二二）は止まらないのか。内発的発展論は死んだのか。そもそも妄言だったのか。私は、このようなことを最近よく考えるようになった。

こうした年月を送りつつ、それでも、いつも部屋の片隅にそして脳裏の片隅にあったのは、鶴見和子・川田侃編の『内発的発展論』（一九八九）という本であった。西川氏も同様だったのではないだろうか。

4 チヅ子先生のこと

三年程前、私は東京から千葉県市原市に生活の拠点を移した。市原市は旧市原郡が広域合併したため市域は巨大で西は東京湾岸から東端は外房近くにまで及ぶ。養老川とそれに沿って走るローカル線小湊鐵道に沿うような細長い形をしている。東京湾岸は高度経済成長期に埋め立てた京葉コンビナートとなっており、以下順に、シャッター街が目立つJR内房線沿いの商業地域、稲作地域とそこに点在する新興団地、畑作地域、中山間地域となっている。まるで地理の教科書の見本のようである。

ある集いで知己を得た御年八七歳（当時）のチヅ子先生（一九三四（昭和九）年生まれ）は元小学校の教諭である。生家は房総半島の山間部にある亀山（現君津市）で、結婚後に市原市山間部の飯給（いたぶ）に越して半世紀以上。お子さんが独立し、同じく元教諭・校長だった旦那さんに先立たれ、山間の集落で周囲の人たちとつながりながら一人暮らしをしている。ターシャ・テューダー[2)]が大好きというチヅ子先生はまさに「千葉県のターシャ」である。毎日畑仕事をして、それぞれの季節にその時期のものを収穫する。山に行って、タケノコ、ゼンマイ、ワラビを採ってくる。それらを干したり、煮たり、塩漬けにしたりと、あらゆる保存法を駆使しながら、素朴で素敵な郷土食を生み出す（もっとも、「郷土食」という言葉自体が、外部者によるラベルである）。ドレッシングをかけて生のサラダを食べるだけが野菜の食べ方ではないのだ。チヅ子先生はいう。「ここにはスーパーもコンビニもないんです。お金を出して食べたいものを買うのではなく、そこら辺に成っているものを採って食べるんです」「近頃はイノシシの獣害が酷くなってきました。でも動物も犠牲者ですね」（拙宅での会話、二〇二一年五月五日）。チヅ子先生の調理のレパートリーはドラえもんのポケットのように無限といってもよい。春夏秋冬ごとそれぞれ何種類、いや何十種類もの漬物や煮物、寒天ゼリー、特には少し洋風にアレンジしたオリジナル料理まで幅広く奥深い。ご母堂から引き継いだ料理もあるだろうが、チヅ子先生の創作も多い。要は、とにかく周囲で手に入る食材を活用して調理しているのだ。チヅ子先生の料理のお裾分けに預かれる近所の人たち、そして私の家族は幸せだ。

まさに貴重な無形文化財のような人だと考えた私たち夫婦は何とかそのレシピを引き継げないかとチヅ子先生に相談してみた。だが、すべて目分量だからレシピはないという。考えてみれば、その地方で何百年もの間、母から娘や嫁へと伝わってきた料理にレシピはない。同様に、チヅ子先生が周囲でとれた材料を吟味して、その場で創り出した料理にもレシピはないのだ。[3] 紙に書かれたレシピが科学知の産物だとすれば、目分量は伝統知（暗黙知）の賜物である。二十一世紀の今日においても、文字化・数値化できない無文字文化の民衆知性（イチイチ&サンダース 二〇〇八）があったことに驚くとともに、納得させられる。チヅ子先生は高等教育を受けた元教師ではあるが、食と農に関しては無文字文化の世界の住人である。文字文化が無文字文化に無条件に優越するわけではないどころか、文字化＝書き言葉化（ある種の単純化）によって大切なことがそぎ落とされてしまうことを説いたのはイヴァン・イリイチである。チヅ子先生とのやりとりを通じて、「土着の」を意味するイリイチの言葉「ヴァナキュラー」（イリイチ 一九九〇）の意味がようやく胸にストンと落ちてきた。

開発が進展することによって、「百姓」が「農家」や「生産者」へと変換された。前者は当事者の自称でもある。[4] 後者は政策対象としての他称であり、上（外）から付与された記号である。しかし「農家」という言葉と同様に「生産者」も近代化の刷り込みを通じて「自称概念」化した近年では「農家さん」という言葉が一般化している。政府からみればチヅ子先生は「高齢専業農家」であり、旦那さんがご健在の頃は「第2種兼業農家」であった。本当はチヅ子先生は農家でも生産者でもなく百姓なのだ。百姓概念の消滅に拍車をかけるように、次から次へと造り出されてきた「〇〇生産者」「〇〇農家」「中山間地域」等の行政用語の拡散は、実は壮大な印象操作にほかならない。南米コロンビア出身の人類学者で政治生態学（ポリティカル・エコロジー）のパイオニアであるアルトゥーロ・エスコバルはこの現象を「開発（デベロップメント）」とよんだ（エスコバル 二〇二二）。これは、日本だけでなく、ラテンアメリカ、アフリカ、アジア、そして恐らく欧米の少なくとも農山漁村において―数十～百年という多少の時間差を伴いつつ―この惑星全体で進行してきた。この時代を「人新世（ひとしんせい）」と呼ぶこともできるかもしれない（「はしがき」と「終章」を参照）。チヅ子先生との出会いと料理は、マクロ経済理論や政策の言葉だけで物事を語ることがいかに不毛で軽薄で理不尽で傲慢か、私たちにそれとなく優しく教えてくれる。

さらに、チヅ子先生の生き方は、エスコバルがいう「関係性中心の存在論」（エスコバル 二〇二二）という小難しい概念を私たちに分かり易く教えてくれる。この概念によれば、人と人、人と自然という複合的な関係性のなかで人は人として存在する。これは、自己責任論・能力主義を基本とする新自由主義的な世界観・人間観と対極をなす。ともすれば、「自分にとってメリットのある人とだけ付き合う」（究極の個人主義、功利主義）ことや「自分が劣等と見做した『他者』に対しては徹底的に冷淡・冷酷にもなれる」（共感力の欠如、感情の劣化）ような、現代人とりわけ都会人にありがちな社会・人・自然との関わり方が無意識のうちにデフォルト化するなか、人として「在ること」（存在論）は「弱者」を含めた他者や自然との関係性抜きには語るべきではないと諭してくれるのだ。

5　原論としての開発、原論としての農学を思い出すために

(1) 原論の今日的意義と本書の構成

実用主義的傾向が高まる昨今の大学では、「原論」という概念がどこかに行ってしまって久しい。古めかしい響きがするこの原論という言葉は、そもそも論として「〇〇とは何か」について哲学することを私たちに要求する。本書は論文集としての体裁をとりつつも、原論としての開発[5]、原論としての農学について問い直し、読者とともに考えていくための素材として編んだ。原論書を標榜しつつも、序章と終章を除く各章は、各国の具体的な事例（図序－1）を紹介し

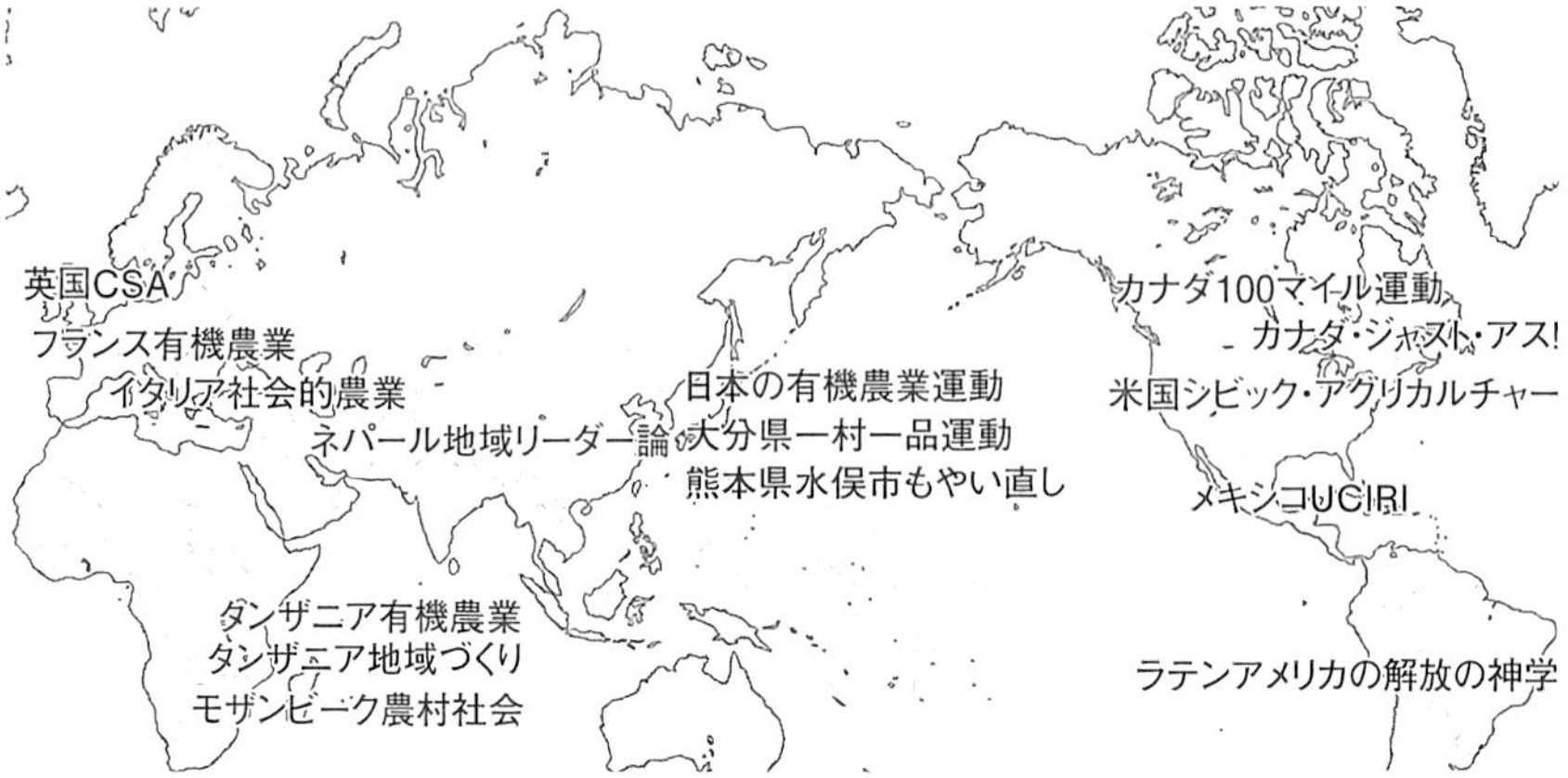

図序－１　本書で取り上げた開発実践・農的実践

ながら、「地動説」としての開発・発展とは何か、人間にとって農業とは何かを問うような内容になっている。[6] 農業や食料問題、農村や地域づくりに関心がある人はもちろん、それ以外の分野に関心がある人にも考えて貰いたいと思う。

本の読み方は基本的には読者に委ねてられているが、若干補足させていただく。

第Ⅰ部「あの国、あの人たちは『遅れている』のか」には、アフリカとアジアに関する二つの論考を収録した。私たちは、都会人のまなざし、開発（先進国）のまなざしで物事を眺めることに慣れている。そのまなざしで見えたことを真実だと考え、自分たちの尺度に照合して「あの国」「あの人たち」を知らぬ間に格付けしているのである。多くの場合、それは劣った存在、後進的な存在としてである。二本の論考は、レンズを付け替えてみると別の見え方があるかもしれないことを私たちに示唆する。

第Ⅱ部「農業・市場・社会」には、アフリカ、日本、ヨーロッパに関する三本の論考とコラム一本を収録した。農の営みと資本主義市場との関係性、距離感は古くて新しい問題である。第Ⅰ部でみたように、貧困というものは特定のまなざしによる相対的な現象だという解釈があったとしても、それは人間的な生活や権利すら保障されない絶対的貧困の存在を無視するものではない。他方、行き過ぎた贅沢を享受する一部の人たちに決定的に欠けているのは、あらゆるものを「商品」として捉えること、関係性としての社会のなかで自分たちが生かされていることへの自覚ではないだろうか。

第Ⅲ部「内発的発展と食料主権」には、アフリカ、日本、ヨーロッパ、北米、ラテンアメリカと越境する地域づくりや農的連帯の取り組みに関する論考を3本収録した。地域内および国境を越えた農的連帯から、私たち一人一人が地に足をつけた主体である食料市民として、社会や環境を破壊しない範囲において自分たちの食料を選択する権利を有する、もしくは、そのような食を積極的に選択する権利を有すること（食料主権）を学ぶことができる。

終章はもう一人の編者西川による解題的な論考である。原論としての開発論、農学の必要性を中村桂子の生命誌論を参照しながらの展開する力の入った論考である。

(2) 各章の概要

本書はこのような三部から成り、八章プラス序章・コラム・終章の都合一一編から構成される（あとがきを含めると一二編）。以下、各章の読みどころを紹介する。

第一章「モザンビーク農民の生活世界にみる性・生計・裁判」（田村優）：アフリカ南部にモザンビークという国がある。サハラ以南アフリカといえば公用語は英語かフランス語、それ以外に多数のローカル言語があるイメージが強いが、この国の公用語はポルトガル語だ。もちろんローカル言語もある。同国の北部は首都や南部の人から遅れた地域と認識されている。同章で田村が報告していることは、見方によってはいささかショッキングかもしれない。だが、近代化以降の日本にも少し前までは「若者宿」「娘組」といった制度があった。個人は独立した存在ではなく共同体としての社会の一員として存在している／いたことの意味が理解できるだろう。本章を読むと、途上国の中にある「天動説」と「地動説」それぞれに基づいたモノの見方が、あまりにも具体的に存在していることに驚かされる。市場経済、近代化が北部に浸透したときに、そのような文化や風習はどうなっていくのだろうか。

第二章「ネパールの歴史都市とキー・パースンにみる開発的発展」（米川安寿）：鶴見和子の内発的発展論についての簡潔な説明の後、米川がフィールドワークを行ったネパールのカトマンズ盆地に点在する千年以上の歴史を持つ都市

（歴史都市）の都市建造構造と近年の変化についての説明がされる。米川が注目するのは内発的発展論の重要概念であるキー・パースンである。それは地域の結束や外部との有効なつながりを高め、内発的な変化・イノベーションを引き起こすカタリスト的な存在である。千年以上の伝統と現在進行中の近代化のなかを生きるネパールのキー・パースンたちは、盲目的に外来型開発を受け入れ追従するのではなく、彼ら流の発展（開発でなく）の方途を意識していることが確認される。米川はいう。ネパールは本当は開発途上国ではなく、発展した国なのだ、と。

第三章「貧困軽減と食料安全保障の手段としての有機農業」（宮下智衣、K・A・カユンゼ）：この章は、現地での農家調査をもとに、タンザニアの農村、とりわけ小規模農家の貧困の改善にとって、非伝統的な有機農業は有効であるということを比較的コンパクトに述べている。これは市場において、農薬や化学肥料を用いた慣行農法やその対極である伝統農法よりも、比較優位が認められたということだ。同時に、有機農業を市場経済の中で価値づけていくことの難しさも示唆している。本章の基底概念は世帯レベルでの「食料安全保障」である。一般に、この用語は国家レベルのそれとして用いられることが多い。タンザニアのような途上国では有機農産物に対する消費者の認識が十分に成熟しているとはいえない部分もあるかもしれないが、やはり安全・安心な食へのニーズは潜在的にどこの国や人々にもある。[7]

第四章「日本の有機農業における贈与と脱商品化」（ルロン石原・ペネロープ、須田文明訳）：ルロン石原は日本の有機農業運動を研究するために来日したフランス出身の日本研究者である。一九七〇年代、公害や農薬の安全性への疑義が高まるなか、農業者と消費者の双方からの「異議申し立て」が静かに小さく始まり、それは次第に可視化されるようになり、近代以降とりわけ戦後高度経済成長期に市場経済化が進行するなかで、世界に先駆けて有機農産物の「脱商品化」を伴った提携運動というシステムが生まれた。今では、ＣＳＡあるいはフェアトレードの「原型」として国際的にも再評価が高まっている。この章では、パイオニアの一楽照雄、それに続く金子美登、さらに現在の実践者である相原農場の三事例から、脱商品化の背後にある価値としての「贈与」（フランスの人類学者マルセル・モースが提唱した概念）の可能性が導き出される。

コラム「フランスのアグロエコロジーと有機農業」（須田文明）：フランスは世界に先駆けて「アグロエコロジー」を

政策に採り入れた国である。前章でルロン石原が日本の有機農業思想のなかに「発見」したモースの贈与概念あるいはそれに近いものとはやや対照的に、フランスの政策は、成長戦略＝ビジネスとしての「アグロエコロジー」、そして学校給食を中心に強力に流通構造の再構築を目指す地産地消からなる。しかし、それらはトップダウン的に始まったのではなく、農業ビジネス面での要請と農民運動の流れが混合した結果でもある。一方、アグロエコロジーに参入する大企業と小規模農家の思惑のギャップは将来の火種を内包している。

第五章「農業と社会をつなぐ包摂の場」（中野美季）：ヨーロッパなかでもイタリアでは、「社会的農業」（agricoltura sociale）と呼ばれる農業形態が発達してきている。それは、障がい者や難民、さらには受刑者など「社会的弱者」の就業の場となり、将来の自立の道を開くことにもつながる。日本でいうところのＮＰＯに加えて、カトリック教会組織、行政など様々なアクターとの間で紡がれるこの多様な実践は、その名が示すとおり、福祉活動の一部というより農業の一部としての意味づけが与えられている。イタリアの社会的農業は、欧州他国に先駆けて、社会的農業国法によって法制化された政策と、カトリック組織等による社会運動という二面性を有する。これをいわゆる農政の一部または隣接領域としての「農福連携」として捉えるか、より広義の枠組みとしての社会的連帯経済[8]による弱者の農的包摂として捉えるかは議論があるだろうが、私は後述するアグロエコロジーのメタファーとして後者の視点で捉えることも大切だと考えている。

第六章「ＣＳＡの実践による越境する持続可能な社会形成」（西川芳昭）：近年、欧米で普及し、そして日本でも注目が高まりつつある地域支援型農業（ＣＳＡ）は、食料主権論、持続可能な開発論、有機農業論など様々な視点から意義と可能性が議論されている。西川は二〇二〇年、新型コロナウィルス下でイギリスに滞在した経験をもつ。訪問先のＣＳＡ農場での実際が詳細に紹介されるほか、政治的主張よりも、コミュニティ感覚・生活の延長というメッセージが有機農産物の地産地消・提携を一部の特権的富裕層の独占物であることを予防し、普通の人々にとってのあたりまえのこととする。次いで、カナダの一〇〇マイル食料運動と二つのＣＳＡの事例が紹介され、関係者へのインタビューから、「身の回りの生活と地球全体のグローバルな問題が日常的につながっている」ことを彼ら自身が意識しており、それが第三者に伝わってくると述べている。西川は、新型コロナウィルスのリスク蔓延以降、CSAのメリットにさらに注目が集まるだろうと予想する。

第七章「『本当の幸せ』のための開発と発展を求めて」（下田道敬）：内発的発展論を標榜する文献は一般に開発協力・国際協力を批判するか、そもそも扱わない。両者の相性はそれほどまでによくない。下田章は、本書の中で唯一、いわゆる開発協力という命題を取り扱う。前半では戦後の開発協力の歴史を簡潔に概観し、新自由主義、構造調整が招いた帰結の問題点を指摘する。次にイギリスから独立したタンザニアの「アフリカ型社会主義」の夢とその挫折、構造調整プログラム受け入れまでの道程が語られる。アフリカ型社会主義は経済面では「失敗」したかのように映るが、部族社会の民族統合、草の根の地域づくり、教育の重視など、内発的発展論の観点から長期的にみて優れた遺産を残したことはあまり知られていない。これらを踏まえて下田が関わったＪＩＣＡ事業が二つ紹介される。一つ目は国レベルの主体性の回復、二つ目は地域レベルでの主体性の回復を目指すプロジェクトである。とりわけ後者においては、大分県の「一村一品運動」、熊本県水俣の「もやい直し」という日本の内発的発展の経験が制度的に参照された。こうした内発的発展の越境は一定の成果を得ただけでなく、現代日本社会がタンザニアから学ぶべき再越境的なメッセージを私たちに突きつける。

第八章「時空を超えて越境する小さな農的連帯」（北野収）：この章では、文献を通じた人物研究と現地調査で得られた情報、さらにはトーマス・ライソンのシビック・アグリカルチャー論を接合しつつ、日本〜北米〜ラテンアメリカと小さな農的連帯（有機農業、提携、フェアトレード）が国境・大陸を超えて伝播してきたことが語られる。洋の東西、国の南北、戦前・戦中・戦後の時代を問わず、小さな社会改良者であるキー・パースンは世界の至るところに存在している。ある者は戦場での記憶、ある者は信仰心、ある者は社会正義に突き動かされ、ある者は共同体の危機を憂い、社会改良家への道を選んだ。このことが教えてくれるのは、世の中は政府による政策や市場経済メカニズムだけで動いているわけではないということである。そこには、慈善とは異なる次元での「利他」概念が存在する。根源的な意味での民主主義（「アメリカ型」のそれとは別）とはなにか、社会（コミュニティ）＝共同体がなぜ必要か、それらにとって農業がどのような意味を持ち続けるのかについて考えるための材料となれば幸いである。

終章「人新世に再考する開発原論・農学原論」（西川芳昭）：冒頭で西川は、開発の現代的な動向および人類史的な視点からの鶴見和子の内発的発展論およびそれが内包する価値の再評価をする。次いで、農学原論に関連して農本主義が意味するところを確認し、とりわけ近代批判、脱資本主義的な要素と、同じく近代の産物である国家、ナショナリズムとの親和性という矛盾を指摘しつつ、科学の子でなく自然の一部としての百姓的価値観の現代的意義を確認する。近年、有機農業に代わり、アグロエコロジーという言葉が国際的に頻繁に使用されるようになってきた。アグロエコロジーが意味する世界観の可能性と言葉・概念が一人歩きするリスクの可能性について述べた後、中村桂子の生命誌論と鶴見の内発的発展論の接合、すなわち科学と暗黙知・伝統知、普遍論と固有論との関係性・距離感を探る。結論を私の言葉で言い換えてみよう。現代においては、誰しも科学の子であること、消費者であることを止（辞）めることはできない。近代の制度的教育を受けた者は天動説支持者であろうとする誘惑に常に晒（さら）されているが、自然の一部としての人間を見ている百姓の眼を忘れない当事者性（地動説論者）をどこかに留めておくこと、人間だけの関係性における利他ではない天地を見据えた根源的な利他性・互酬性を思い出すこと、私たちの未来はすべてそこから始まる。

(3) 補足：市場・国家と内発的発展

以上、各章の読みどころを紹介してきたが、それぞれを注意深く読むと、前提とする世界観や主要概念の位置づけに関して各章の間にズレがあることに気が付く。この点に関し本書を編む際、編者と執筆者らは厳密な摺合せはせず、あえて「幅」（多様性）を許容し、また対照的な視点をこの本に反映し並存させることを是とした。このうち、とりわけ、第二章と第七章の位置づけと意義については、若干の説明が必要だと思われる。すなわち、原論としての農業を考える際に、経済権力・市場をどのように位置づけるか、原論としての開発において、政治権力・国家をどのように位置づけるかの視点である。

第二章が取り上げたのは、外から導入・奨励された政策としての有機農業であり、そこで確認されたことは、有機農産物の市場における優位性という極めて実用的な教訓であった。これに関し運動論としてのアグロエコロジーとの対極にあることとする二分法に立つか、アグロエコロジーに隣接する教訓として包摂するかは、議論が分かれるところであろう。

同様に、第七章においては、従来型の開発（外からの押し付け援助）との対比における開発主体として、途上国国家・政府が強くかかわることは是であるという世界観・前提がタンザニアの現実描写として行われている。一般に、内発的発展の担い手として国家＝政府が位置づけられることはほとんどなく、むしろ、国民国家に回収されないヴァナキュラーな民族文化およびその多様性が極めて重要である。ジェームズ・スコットの言葉である「統治されないことの美学」「アナキスト的政治空間」の概念が、本書の各所で言及されている。第七章の描く世界観を通して、タンザニアとしての国家（国民）統合＝政治的安定という現実的要請と先進国からの援助介入からの自律性という文脈において、キー・パースンや土着部族社会の関係をどう位置づけるかを丁寧に考察することは、開発原論を考える重要な視点を与えてくれるであろう。

他方、いかなる文脈においても、少なくともグローバル市場やナショナルなそれが内発的発展の「真の牽引役」になること、そして国家が内発的発展の「担い手」になることに対する違和感が残るということも付け加えておこう。これは、私の中にある普遍的な近代（化）という「現実」に対する警戒心から来るものである。開発学の定番の分野になった感がある「日本の開発経験」論議の一部にみられるある種の日本型開発ナショナリズム臭には「西欧近代とは異なる何か」が暗に想定されている。そこにある「西欧的でない日本的なもの」自体が近代の産物であり、西欧的近代化の亜種に過ぎないのではないか（北野 二〇一七、北野 二〇二二）。つまり内発的発展と反欧米は異なるし、日本的なやり方・アジア流のやり方・非欧米的なやり方であれば内発的発展であるとも限らない。市場と国家との付き合い方、距離感は、いつの時代でも、重要な論点であり続ける。仮に、そこに「日本らしさ」があるとしたらその本質は何かについても考える必要がある。

6　本書のアグロエコロジー観

アグロエコロジーとは、水や土や生態系全体の一部としての農的営みを理解する言葉であり、必然的にそこにおける農法は有機栽培が前提となる。ビア・カンペシーナなど第三世界の農業者、食の安全や環境劣化を憂う先進国の消費者・農業者らによるによる食料主権運動や反グローバリズム運動の文脈でよく使われるようになってきた。アグロエコロジーとは「地域や地域の食料、栄養を満たし、天然資源を保護、保全し、必要不可欠な環境サービスを確保し、食料主権を確保し、現在および将来の世代が健康で満足のいく生活を送れるような機会を創出すること」を目標にする科学・実践・運動とされる（Gliessman 2015: xi）。私見ではこの用語は大まかに三つの使われ方があるように思われる。

第一は、有機農業という言葉に代わって使われるアグロエコロジーである。その理由は、大企業の系列による産業的農場の存在感が高まるなかで、彼らが有機農産物を生産し、国の有機認証ラベルを張り付けて大手スーパーで販売すること（いわゆる「ビッグ・オーガニック」）が一般化したためである。ビッグ・オーガニックとの区別概念、オルタナティブとしてのスモール・オーガニックとしてのアグロエコロジー概念がある。しかしこの世界観は「工業的な食料生産のための追加的な手段」（ロセット&アルティエリ 二〇二〇：一七頁）に留まる恐れがある。第二は、反グローバリズム、食料主権などの運動論の文脈におけるキーワードとしてのアグロエコロジーである。これは特にラテンアメリカにおいてよく使われるラディカルな政治的ニュアンスともいえる。第三は、繰り返しになるが「水や土や生態系全体の一部としての農的営み」としての言葉のままのそれである。オルタナティブな政策論とも運動論とも距離をおいたこの世界観は、「原論としての農学」を考えるのに際し、有効かつ重要なキーワードである。

実は、各章でアグロエコロジーという単語が明示的に使用される箇所はあまりない。終章において、初めて明示的にアグロエコロジー概念が説明される。通読していただければご理解いただけると思うが、第二部、第三部の各章、さらには農業に直接言及はしない第一部においても、このアグロエコロジーの第三概念は本書の通奏低音として流れているのである。この意味において、「メタファーとしてのアグロエコロジー」は、本書の重要なモチーフである。

7　内発的発展における中間領域と市民・民衆

内発的発展の定義として頻繁に引用されるのは、鶴見（一九八九：四九頁）の「内発的発展とは、目標において人類共通であり、目標達成への経路と、その目標を実現するであろう社会のモデルについては、多様性に富む社会変化の過程である」という説明である。また、内発的発展とは「それぞれの地域の生態系に適合し、地域の住民の生活の基本的必要と地域の文化の伝統に根ざして、地域の住民の協力によって、発展の方向と筋道をつくりだしていくという想像的な事業」である（鶴見 一九九九：三二頁）。事業には、政策論と運動論という二面性がある。鶴見は前者についても、「たとえ政策として取り入れられた場合でも、それが内発的発展でありつづけるには、社会運動の側面がたえず存続することが要件」とする（鶴見 一九八九：五五頁、原文のまま）。

この運動論という要件を、住民による一定の自律・自立的な自治空間の維持と翻訳することもできる。東南アジア農村をフィールドにした人類学者スコットの言葉を借りればアナキスト的政治的空間である。誤解を避けるために説明を加えれば、「アナキスト／アナキズム」とは国家権力や資本などのシステム（制度世界）から相対的に自立した民衆の生活実践に立脚した政治的空間およびそこに暮らす人々のことであり、一般に流布されているような過激な無政府主義（者）という意味ではない。そこには、「統治されないことの美学」（the art of not being governed）が実践される底流・基底政治（infrapolitics）の空間という意味合いもある（スコット 二〇一三、二〇一七）。運動論としてのアグロエコロジーにおいても同様なことがいえるかもしれない。

統治する側としてのシステムは、現代のグローバル資本主義とその下請化した国民国家（北野 二〇二一a）である。それらは絶えず上からの同化・均一化・画一化を、地域や人々に要請してくる。その要請は、政治や経済の「脱文化」「脱埋め込み」化のみならず、個人のアイデンティティ・価値観・思考法にまで及ぶ。究極形は経済の論理に完全に染まった「合理的経済人」であり、国家の論理と自己を完全に同化させた「国民＝個人＝消費者」である。仮に後者が、地域（郷土）や文化について語っても、それは近代に創造（想像）された「国家と資本の大きな物語」の完全な一要素であり、既に資本と国民国家のバイアスが大量に刷り込まれている。ただし私は、近代より前の純粋無垢な文化なり自治の空間が今でも必要、という白か黒かの議論をしているのではない。時代に応じて戦略的にハイブリッド化した政治的空間、システム世界に百パーセントは同化されない地域や人々は、内発的発展にとって不可欠である。そうした空間・場所・人々が在る条件として、システムと末端現場の間の中間領域が必要だと考えられる（エスコバル 二〇二二、北野 二〇二一b）。

この中間領域を具体的かつ的確に表現する日本語の語彙を私たちは持たない。一方、カタカナで表記することは難しくない。欧米でいうコミュニティであり、ラテンアメリカでいうコムニダである。実は両者の様相は全く異なるのだが、この中間領域という文脈では似たような役割を果たす。両者は、日本のムラ社会や地域社会とはかなり異なる概念である（北野 二〇二一b）。後段の各章でみるアフリカ、アジア、西欧、北米、ラテンアメリカの経験に共通するのは、①当該社会における中間領域、すなわち上からの論理・大きな物語に安易に回収されない自治空間の存在、②単なる「国民」でも、合理的経済人としての生産者・消費者でもない人々の存在ではなかろうか。第八章で私が述べたかつての日本の経験においても、少なくとも②は当てはまる。

現代の日本に住む私たちが喪失してしまったもの、それは、完全には「飼い馴らされない人々」が一定程度いること、中心と現場の間の中間領域（コミュニティ／コムニダ）として機能する政治的・社会的・文化的空間があること、という二つの要素である。何故（why）、何時（when）、何処で（where）、どのように（how）失われたのかについては、別稿（北野 二〇二一b）で詳述した。思い切り要約すれば、特殊日本的な開発経験としての、明治・戦後の「二度の近代化」に起因すると考えられる。その結果、経済的合理人×国家と自己が同一化された存在としての「日本人」に統一され、国レベルの巨大なムラ社会が構築され、同調圧力が蔓延し、アイデンティティの複数性（セン 二〇一一）に不寛容で、「造っては壊し、壊しては造る」形でのお金の循環と雇用のあり方が常態化し、自らの地域のことすら政府＝行政の仕事だと普通に考える風潮（公共性概念と当事者意識の欠如）が蔓延して久しい。それは「人類史上まれに見る上からの（外からの）壮大な社会エンジニアリング」であり、このプロセスを通じてかつて存在・機能したであろう中間領域そしてそこに住む人々は、徹底的に解体され国家と資本の論理に再統合・同一化された（北野 二〇二二b）。最早そこには市民も民衆もほとんど存在しない、といったらいい過ぎであろうか。日本の開発経験は「開発の完全勝利の物語」と言い換えることもできるかもしれない。

では、この二一世紀の日本で内発的発展、アグロエコロジーが展開される余地は果たしてあるのか。この問いに対して、実は二人の編者と各分担執筆者それぞれは共通の答えを持っていない。二〇二二年三月に亡くなった著名なポスト開発思想家であったグスタボ・エステバは、私との対話のなかで、「モンスターと戦うために同じ場に立つなら、あなたもモンスターにならざるを得ない」と述べた。小さな民による別の形での何らかの抵抗が大切だということである。編者二人はこの問題意識を共有しているが、そこから先の見解は若干異なるかもしれない（「あとがき」を参照）。私たちが共有しているのは、それでも、いかなる人間社会にとっても、内発的発展、アグロエコロジーは必要だという価値観・イデオロギーである。各章が読者諸賢の実践と思索の手助けになることを願っている。

8　むすび

いくつかの章が示唆するように、人のつながりや交流が目に見える大きなうねりになり社会変革の原動力になることがある。同様に大学で教育研究に従事してきた編者らも、素晴らしい出会いにめぐまれ、人々とのつながりのなかで仕事を続けてきた。八人の分担執筆者・翻訳者の方々はそのような出会いの賜物ともいうべき友人たちである。編者二名の共通の知り合いであった米川安寿さんは、編者らと同様、内発的発展論の研究に取り組む若手の研究者である。長年イタリアで仕事をしてきた中野美季さんとは、彼女が博士論文をまとめている頃に縁あって知己を得た。ＪＩＣＡ国際協力専門員として日本における途上国研修事業を積極的に実施してきた下田道敬さんは、西川氏の仕事仲間のお一人である。フランスで日本文化と日本語の勉強をしたルロン石原さんは、日本の有機農業運動（とりわけ一楽照雄）に関する研究のフィールドワークのために来日した際に素敵なご縁で知己を得た（彼女のパートナーは私の元教え子である）。RSAF研究会で長年ご一緒してきた須田文明さんも、私の研究仲間の一人である。最後に田村優さんと宮下智衣さんは、ともに獨協大学北野ゼミの第一期生で、それぞれ研究者、実務者と畑は異なるが、将来のアフリカ開発問題の専門家の卵としてともに切磋琢磨されており、頼もしく思っている。カユンゼさんは宮下さんの留学先タンザニアのソコイネ農業大学での指導教授である。編者を代表して、以上の方々との出会いと貢献に感謝申し上げる。

[注]

1　西川は一九九六年から九九年までアメリカ南部メソジスト教会派遣宣教師にルーツを持つ長崎ウエスレヤン短期大学（当時）に勤務し、解放の神学等について学ぶ機会を得ている。西川が東京基督教大学で非常勤講師をしているときに書いたエッセイに開発とキリスト教に関する論考がある。本書では直接は触れないが、このエッセイでキリスト教の独善的世界観が現代社会の非持続性のひとつの要因であるという言説と、それに対抗する市井の人々の取り組みに触れている（西川 二〇〇二に収録）。北野は自身の業績（北野 二〇一九）の中で、国際フェアトレード運動の源流に解放の神学があることを明らかにした。

2　ターシャ・チューダー（一九一五－二〇〇八）。アメリカの園芸家、画家。晩年、バーモント州の田舎で自給自足の自然とともにいきる暮らしが世界中の女性の共感を呼んだ。

3　プロの職人、大工、料理人の世界で親方の背中をみて盗むということは今でも存在しているかもしれないが、それはここでいう無文字文化とは少し違う。ここでいう無文字文化はもともと生活の一部であり、「弟子入りする」という参入の壁（敷居）がそもそも最初から存在しないのである。

4　「水飲み百姓」など近世～近代初期にネガティブな他称としての「百姓」が使われていたことは承知している。

5　原論としての開発については、北野（二〇一七）も併読していただければ幸いである。

6　編者らは、京都大学の「農学原論」講座（秋津元輝教授）の業績を高く評価し、学ばせてもらっている。一九五二年に開設された同講座は、「未来に向けた農業・農学を構想する」ため、「近代おける農業・農学のあり方について哲学的批判的に省察する」ことを目的としている。本書はこの講座の成果に学びつつも、国際開発を扱うことから必ずしもその研究成果を生かし切れているわけではない。ただし、開発学・農学において、新しい哲学が必要であるという思いは共通していると信じている。

7　私も関わったカンボジアにおける減農薬野菜生産・販売実験における経験でも、やはり同様の結果がみられた。

8　社会的連帯経済（social solidarity economy）とは、市場原理よりも人と人とのつながりを重視する経済である。具体的には「生産者、労働者、消費者、市民らの連帯に基づく集合的行動を伴った社会的な目的あるいは環境的な目的にプライオリティをおいた経済活動」を指す（Utting 2015:1）。具体的な活動・取り組みとしては、社会的農業のほか、フェアトレード、小規模金融、参加型予算システム、農産物の産消提携、北米のシビック・アグリカルチャー（地域支援型農業（CSA）、都市農業等）、地域通貨、ワークシェアリング、各種のコミュニティビジネス、CSR（企業の社会的責任）活動などが含まれる。

9　「農学原論」の提唱者の一人である秋津は、国や社会レベルでの人々の関係性の公開的な空間として「公共圏」（諸規範・諸制度下における権力的な営みがなされる空間）と、個人的な交友や私事化した信仰上のつながりなどの閉鎖的な空間としての「親密圏」（家族や親密な他者との感情指向的なつながりの空間）の橋渡しをする「中間圏」の重要性を説く。そこでは、公共圏と親密圏から排除された人々の居場所や活動の在処としての役割が期待されている（秋津 二〇一七）。中間圏はネオ・トクヴィル派モデルでも、ラテンアメリカ学派モデルでもない、日本の文脈における新しい「コミュニティ」が宿る場所ともいえるだろう。しかし「二度の近代化」を経て、徹底的に脱政治化された私たち（北野 二〇二二b）が、単なる社会サービスの「公・中・私」間での空間的分業という機能論的な次元を超えて、一定の政治性を獲得した「コミュニティ」を持つことができるかどうかは、予断を許さないだろう。

〔引用文献〕

秋津元輝（二〇一七）「中間圏：親密性と公共性のせめぎ合うアリーナ」、秋津元輝・渡邉拓也編『せめぎ合う親密と公共』、京都大学学術出版会、一–二〇頁。

イリイチ、I（一九九〇）『シャドウ・ワーク―生活のあり方を問う』（栗原彬・玉野井芳郎訳）、岩波書店。

イリイチ、I　B・サンダース（二〇〇八）『ABC―民衆の知性のアルファベット化』（丸山真人訳）、岩波書店。

印鑰（いんやく）智哉（二〇一七）「アグロエコロジーがアマゾンを救う」、小池洋一・田村梨花編『抵抗と創造の森アマゾン』、現代企画室、三七–七〇頁。

ヴァンデルホフ、フランツ（二〇一六）『貧しい人々のマニフェスト』（北野収訳）、創成社。

エスコバル、アルトゥーロ（二〇二二）『開発との遭遇』（北野収訳）、新評論。

北野収（二〇一六）「認証ラベルの向こうに思いをはせる」、フランツ・ヴァンデルホフ『貧しい人々のマニフェスト』（北野収訳）、創成社、一二三ー一八四頁。

北野収（二〇一七）『国際協力の誕生［改訂版］』、創成社。

北野収（二〇一九）『南部メキシコの内発的発展とＮＧＯ　補訂版』、勁草書房。

北野収（二〇二二ａ）「資本主義の本質的危機と国家の変容を考える」、『アジア・アフリカ研究』六二（一）四四ー五六頁。

北野収（二〇二二ｂ）「ポスト開発の先にある多元世界の展望」、Ａ・エスコバル『開発との遭遇』、新評論、四四一ー四九三頁。

京都大学農学原論ウェブサイト http://www.genron.kais.kyoto-u.ac.jp/research.html（二〇二一年七月三一日閲覧）

鷲見一夫（一九八九）『ＯＤＡ援助の現実』、岩波書店。

スコット、ジェームズ・Ｃ（二〇一三）『ゾミア　脱国家の世界史』（佐藤仁監訳）、みすず書房。

スコット、ジェームズ・Ｃ（二〇一七）『実践 日々のアナキズム』（清水展ほか訳）、岩波書店。

セン、アマルディア（二〇一一）『アイデンティティと暴力』（大門毅監訳）、勁草書房。

鶴見和子・川田侃編（一九八九）『内発的発展論』、東京大学出版会。

鶴見和子（一九八九）「内発的発展論の系譜」、鶴見和子・川田侃『内発的発展論』、東京大学出版会、四三ー六四頁。

鶴見和子（一九九九）『鶴見和子曼荼羅Ⅳ 環の巻』、藤原書店。

西川芳昭（二〇〇二）「キリスト教と開発教育」、西川芳昭『地域文化開発論』、九州大学出版会、二二八ー二三二頁。

パットナム、ロバート（二〇〇一）『哲学する民主主義』（河田潤一訳）、ＮＴＴ出版。

元田結花（二〇〇七）『知的実践としての開発援助―アジェンダの興亡を超えて』、東京大学出版会。

ライソン、トーマス（二〇一二）『シビック・アグリカルチャー』（北野収訳）、農林統計出版。

ロセット、ピーター、ミゲル・アルティエリ『アグロエコロジー入門』（受田宏之ほか訳）、明石書店、二〇二〇年。

リッツアー、ジョージ（一九九九）『マクドナルド化する社会』、早稲田大学出版部。

Gliessman, Stephen R. (2015) *Agroecology: The Ecology of Sustainable Food Systems'* 3rd ed., CRC Press.

Utting, Peter (2015) Introduction: The challenge of scaling up social and solidarity economy, Peter Utting, ed., *Social and Solidarity Economy: Beyond the Fridge,* Zed Books, pp.1–37.

モザンビークの地主女性（左）と季節農業労働者の女性（右）（撮影：田村 優）

第Ⅰ部

あの国、あの人たちは「遅れている」のか

第一章　モザンビーク農民の生活世界にみる性・生計・裁判

田村　優

1　はじめに

「あんな藪の中に行って来たの？」

調査後に首都マプトで生活するモザンビーク人の友人にいわれた言葉である。彼はビーチがきれいなことで有名なイニャンバネ市出身、名門エドゥアルド・モンドラーネ大卒、日本で修士号を取得し、現在はマプトの大手企業で働く二十代の若者である。彼のような都会で暮らす若者にとって、私が調査を行ったザンベジア州の農村は「開発」されていない「未開の地」のようであった。

このような農村像を抱いているのは彼だけではない。ザンベジア州の農村は、首都マプトで暮らす多くの人にとって、「藪の中」であり「無法地帯」であり「悪しき慣習」が残る場所というイメージのようであった。その理由としては、ザンベジ川以北では「母系制」が実践されており父系で土地を相続する南部の人々とは慣習が大きく異なるということ、南部では総選挙において長年与党フレリモが過半数を占めてきたのに対しザンベジア州をはじめとする中・北部の一部地域では野党レナモが過半数を占めてきたこと[1]、海岸沿いで発展して来た市場経済から立地的に離れていることなどがあげられる。

南部の都市住民はいう。「（ザンベジ川以北の農村部の）人々は自給自足の貧しい生活を強いられている」「人々を貧困から解放しなければならない」「女性たちを悪しき慣習から解放しなければならない」。私はこのような話をされるたびにいつも違和感を抱いてきた。これらの農村像が、私の知っているザンベジア州の農村の姿とあまりにかけ離れていたからである。

本章では、博士論文執筆のための調査で訪れたザンベジア州グルエ郡リオマ地区の生活の一部を紹介したい。もともとは農業に関する調査のために訪れたリオマであったが、聞き取り調査を行うなかで、農民世界をより豊かなものにしている他の事象にも興味を持ち、加入儀礼、結婚式、文化・宗教的な祭事、裁判所や役所での参与観察を行うこととなった。

調査は二〇一九年四月から六月の間の三か月という極めて短い期間ではあったものの、リオマでの生活は驚きの連続であった。ここでは、その中でも最も驚かされた性、生計、裁判という三つの異なる事例を取り上げる。調査者としてというよりは、三か月間リオマでお世話になったひとりの人間として、リオマの人びとの生活世界に寄り添うかたちで記述することにより、先に示したような「外」からの農村像とは異なる多面性に着目してみたい。

結論を先取りすると、本章では、女性たちが「母系制」のもと加入儀礼や割礼を通じて能動的な性を確保しているということ、住民たちが互酬性規範を保持しつつも、貨幣経済と密に関わりながら、ときにはリスクを取り個人の利益のために行動するという経済的な多面性を持っているということ、近代的な制度である裁判所が伝統的権威や政治的権威を包摂しつつリオマの実態にあわせて柔軟に裁判の方式を変容させていることを検討する。

本章を通じ、読者の方々にリオマの豊かな生活世界を少しでも感じ取っていただけたら嬉しく思う。

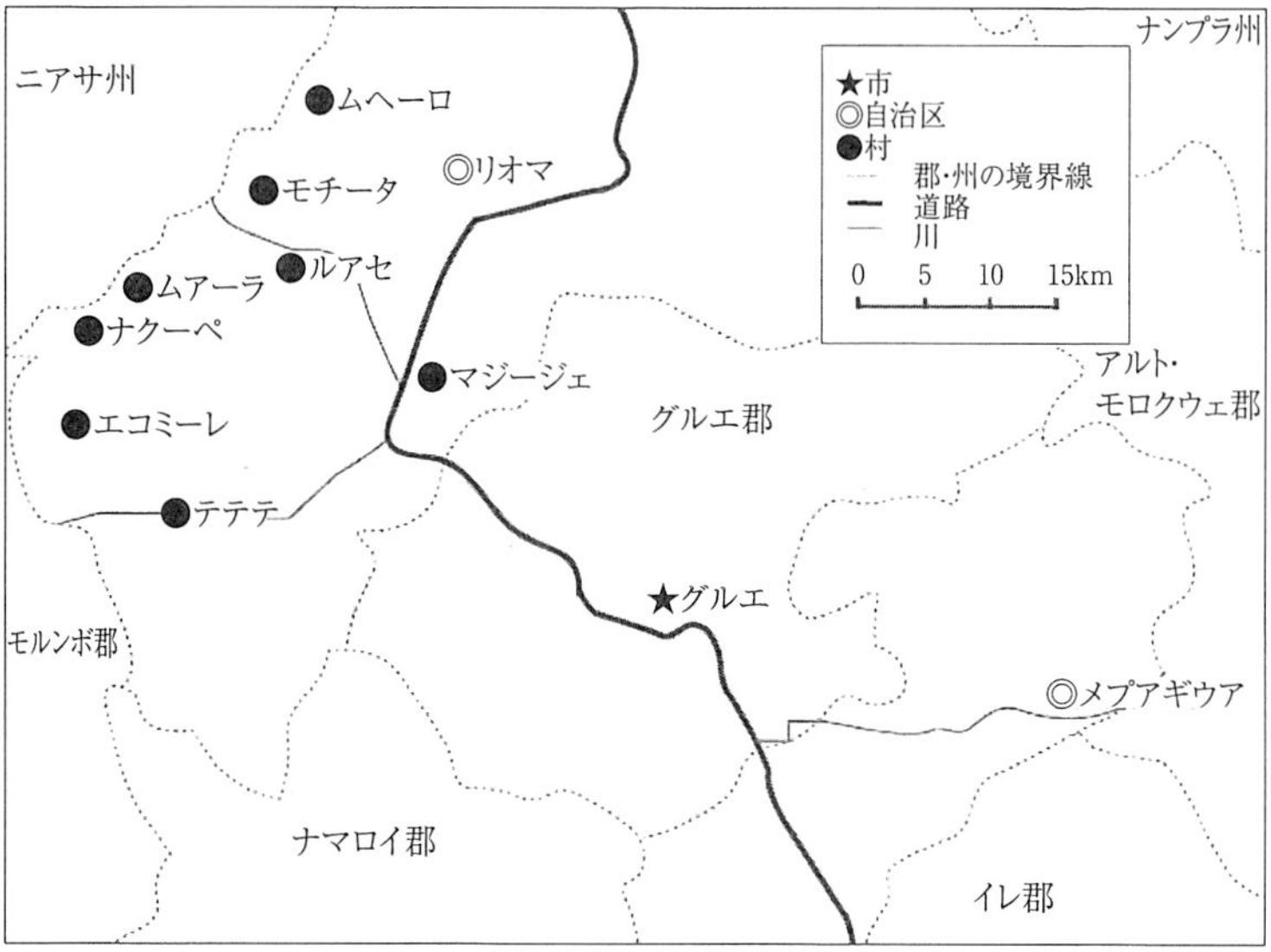

図1－1　グルエ郡内の区域

出典：Ministry of State Administration of Mozambique（2014）をもとに筆者作成。

2　調査地概要

まず、調査地であるザンベジア州グルエ郡リオマ地区（図1－1）について紹介したい。グルエ郡は高地に位置することから涼しい気候に恵まれており、六月には一四度まで気温が下がることもある。モザンビークで二番目に標高が高いナムリ山の他、植民地時代にポルトガル人が経営していた紅茶のプランテーションがあり、ザンベジア随一の観光名所となっている。郡全体の面積は約五六六四平方キロメートルであり、約四七万人（二〇二〇年時点）の人々が暮らしている。

モザンビーク南部に位置する首都マプトからザンベジアの州都ケリマネ市までは飛行機で約二時間の距離であり、ケリマネ市からは乗り合いバスを利用することになる。私はマプトからケリマネ市まで飛行機で行き、ケリマネ市からグルエ市（グルエ郡の中心部）まで乗り合いバスを利用した。着いたのが夜二一時頃であったため、グルエに一泊[2]し、翌日乗り合いトラックに乗り換えてリオマに向かった。

調査地リオマは、グルエ郡の拠点であるグルエ市から北西に約五〇キロメートル進んだところにある郡の下位の「行政区」

(administrative post) である。観光地化・都市化しているグルエ市内とは様相が異なり、道路は舗装されておらず、今時の洋服を買う店などはない。しかし、リオマは、周辺地域ではいち早く電化が進んだ村であり、モーリタニア人、バングラデシュ人、パキスタン人が経営する商店などが存在する。また、グルエ郡のなかでも土地が肥沃で有名であるため、独立から現在まで、様々な国際機関、多国籍企業、NGOによる農業開発事業が実施されてきた[3)]。また、リオマの中心部には、区役所、村役場、裁判所、病院、中学校、小学校が設置されており、利便性を考えて周辺地域から移住してくる人も多い。さらに、米国政府が派遣するピースコープと呼ばれるボランティアスタッフを合計三名受け入れており、中心部の多くの住民が外国人と接することに慣れているようであった。

住民は、モザンビークでは最も人口が多いマクア＝ロンウェ民族に属するロンウェ語を話す人々が大半を占め、母から娘に土地が相続される母系相続や結婚すると夫が妻の実家の敷地内に移り住み敷地内に妻と住む新しい家を建て、妻の母から妻が受け継いだ土地を耕作する妻方居住婚を実践する者が多い[4)]。

私は、調査期間中、リオマ在住の二人の女性[5)]にロンウェ語・ポルトガル語間の通訳をしてもらい、加入儀礼、結婚式、文化・宗教的な祭事、裁判所や役所での参与観察に加え、住民約二〇〇名に対し、大豆の契約農業に関する半構造化インタビューを行った。本章では、主に参与観察を通じて発見したことを紹介し、インタビューの結果は別稿(Tamura 2021)で取り上げる。なお、最初の五週間は教会の敷地内にある家を借り、残りの五週間は調査中に知り合ったバスの運転手である四〇代男性の敷地内の家を貸してもらうことで住民の日常生活を体感させてもらった。

3　能動的な性

調査中、私はリオマで出会う女性たちが加入儀礼や割礼について熱心に語ることに興味を持った。冒頭で登場した都市部の友人に加入儀礼や割礼が「悪しき慣習」だと教えられていたこともあり、リオマの女性たちが何故「悪しき慣習」についてそんなに楽しそうに話すのか、とても不思議に思った。彼女たちは、子どもが三～四人いてもおかしくない年頃なのに独り身の私に対して、いつも「あなたは加入儀礼を受けていないから相手がいない」「加入儀礼と割礼をすれば直ぐに結婚できる」「夫が離れられなくなる」などといい加入儀礼を受けさせようとした。そしてモザンビークのなかでも「自分たちが最も魅力的な女性」であり、「外からリオマにきた男たちは（女性が魅力的すぎて）故郷に戻れなくなる」と自負していた。

ここでは、加入儀礼、割礼に加え、母系相続、妻方居住婚が、どのように、このような彼女たちの自信につながっているか考えてみたい。

(1)歴史的背景

本論に入る前にモザンビークの小農女性たちが内戦・ポスト内戦後に辿ってきた歴史的背景を簡単に紹介したい。モザンビークは、一九六四年から七四年の独立戦争、七七年から九二年の内戦という長きに渡る困難な時代を経験した。現在の与党であり独立を導いたモザンビーク解放戦線（Frelimo, 以下フレリモ）は、長年続いた戦争において、男性だけではなく女性を動員し、武器の運搬、兵隊用食料の耕作や調理などを通じた戦力として女性の積極的な参加を呼び掛けてきた。[6] フレリモの擁護を受けるかたちで、それまでは夫に家の外で働くことすら禁じられていた小農女性の「解放」が叫ばれてきたのである（Arnfred 1988 : 6）。

この事実は、独立後に作曲された「モザンビーク人女性の日」（四月七日）を記念する次の歌にもよく表れている（一部抜粋）。

四月七日を喜々として歌おうじゃないか
モザンビーク人女性に捧げる日を
男たちと切り離すことのできない仲間の日を
古い搾取社会に対して戦った男たちの（仲間）

誰のことだって？
人々を動員して組織する人
誰のことだって？
耕作し、戦士たちを食べさせる人
解放されたモザンビーク人女性のことだ
抑圧権力を破壊し
古い考え、無知、反啓蒙主義、一夫多妻制、ロボロ[7]と確固として戦うんだ

しかし、独立後の社会主義政策のもとでは、教育を受けた女性のプレゼンスが高まり、ポルトガルからの独立に尽力してきた小農女性たちは排除されてきた。そのような中、小農女性たちは自分たちを「解放」する場として加入儀式の重要性を主張してきたといわれる（Arnfred 1988）。

このような傾向は、リオマにおいても見出すことができた。リオマにおいても、加入儀礼が小農女性たちの「解放」の場として、現在まで保持されていたのである。

(2) リオマにおける加入儀礼と割礼

「なんであなたは加入儀礼をやめろっていわないの？」

初めて女性の加入儀礼を見学させてもらった際、村の年長女性は不思議そうに私に聞いた。「え、今までやめろっていわれてきたの？」と聞き返すと、笑って「当たり前でしょ。ポルトガル人も、フレリモも、他の白人も皆廃止を求めてきた」という。このように、加入儀礼は村の外部の人々から廃止されるべき悪しき慣習として扱われてきた。リオマの女性たちは、加入儀礼を表向きには隠しつつ、現在まで保持してきたようである。[8]

現在の実施方式は両親や親族の意向によって異なり、なかには教会での数時間の祝祭で済ませる人もいる。「特に教

育を受けた人は、自分の子どもに小屋で加入儀礼なんてさせたがらない」（四〇代女性、初等教育学校教員）らしい。それでも、未だに「伝統的」な加入儀礼が主流である。私の調査期間は約三か月と短期であったものの、その間一回の教会での加入儀礼と五回の「伝統的」な加入儀礼に参加させてもらうことができた。

「伝統的」な方法では、女の子が初潮を迎えると、[9] 一週間から一か月の間、女の子は家族や親族の敷地内の小屋で隔離される。隔離期間中は、村の年長女性らが一日に二回、女の子が籠る小屋を訪れ、踊りや歌を通して大人の女性として嗜（たしな）むべき規範を教える。その内容は、例えば、結婚後に夫との性生活を充実したものにさせるための助言、生理期間中の禁止事項、年長者と接する際の注意事項などである。その一例として、一二歳の女の子であるサンドラ（本章で出てくる名前は全て仮名である）の加入儀礼の様子を紹介したい。

サンドラが二週間の儀式を終える日であった。エルメリンダ（五〇代女性）が私に「自分はサンドラのゴッドマザーでありサンドラが籠っている小屋に説教しに行くから一緒に来い」というため、一緒に連れて行ってもらうことにした。小屋に着くとサンドラは上半身裸で床に座り込んでいた。連れて行ってくれたエルメリンダの他に村の年長女性たちが五人とサンドラの母親が小屋に集まっており、「サンドラが二週間の間に学んだことのまとめをする」といった。そこで、年長女性の一人がシマ（トウモロコシの主食）を手に取り固め始めた。男性器のように形作ると、サンドラにその前に屈むように顎で指示し、学んだ扱い方を両手を使って見せるようにいった。サンドラが一連の対応を終えると、どうやらサンドラはテストに合格したようだった。複数の年長女性たちが喜々揚々と歌って踊り、代わる代わるサンドラに対して、「おめでとう」といった後、「お年寄りは跨いじゃいけない」「生理の時は自分で料理に塩を入れてはいけない」「生理の時に汚れた下着は家で洗ってはいけない。川のあの場所で洗うんだよ」などと説教をし始めた。一時間程続いただろうか。その後、サンドラ達が集落の中心に移動すると、集落中の女性たち（三〇人程）が集まっていた。サンドラの母と姉が忙しなく動き回り、集まった女性たちにお酒と料理を振る舞っていた。料理を食べ終わると、サンドラを連れたエルメリンダを先頭に三〇名ほどの女性たちが、一列になってどこかに向かって行く。着いたのは、いつ

写真１－１　川で清められるサンドラ
出典：筆者撮影。

も皆が水汲み、洗濯、水浴びなどをする川だった。川の端から端まで一列のまま歌って踊りながら進む。五往復程すると、最後にサンドラを跪かせ、年長女性が一緒に水の中に入ってサンドラを清めた（写真１－１）。それが終わると頭からつま先までサンドラを新しい衣服に包んだ。また一列になって、集落の中心地に戻ると、大きなプラスチック製の皿が用意されており、村の女性たちが皆少しずつ、食べ物やお金を入れていった。私は「もう夜だから」と帰ることにしたが、女性たちの祝杯は翌朝まで続いたそうである。

大人の女性たちにとって、加入儀礼は日頃の鬱憤を晴らすまたとない会のようであった。特に年長女性たちは、儀礼中、集落中から集まった女性たちに自身が直面している家族内の問題を共有し、とき悩みを笑いに変えることでストレスを発散しているようであった。一方、加入儀礼を受ける側にとっては、儀礼期間中は誰とも話せないほか、場合によっては身体を洗わせてもらうことができない、人前で裸を晒さなくてはならないなど、様々な苦痛を伴う。サンドラも儀礼期間中、始終機嫌が悪そうであった。しかし、後日、本人に話を聞いてみたところ、彼女にとっても、加入儀礼は重要なものだということだった。「誰とも話さず、二週間も砂埃だらけの小屋に閉じ込められるのは辛い」と笑いながら愚痴を洩らしつつも、「結婚した後知っていた方が良いことを教えてもらえた」[10]と述べており、一応儀礼を受けたことをプラスに捉えているようであった。

リオマの女の子らは、加入儀礼のほか、八歳から一〇歳頃になると母親から小陰唇を伸ばすよう教えられる。この割礼は、一見すれば、男性たちの嗜好のために女性が強いられて行う構造的暴力のように見える。しかし、リオマの女性は、「この技によって男は私達から離れられなくなる」「リオマにきて妻を見つけた男性は故郷に戻れない」などと誇りを持って語っており、そこには「弱者」としての女性の姿は見受けられない。リオマにおける加入儀礼や割礼は、女性たちの能動的な性を可能にする「戦略」のように考えられているようであった。

これは、母系相続、妻方居住婚とも関係する。リオマでは、生涯を通して四〜五回結婚・離婚を繰り返すということは珍しくない。婚姻関係が不安定な一因として、女性たちが土地を保有し、自分たちの食料を確保しているということが挙げられる。リオマの住民が実践する母系相続、妻方居住婚のもとでは、離婚する際、生計手段と子どもを失うのは夫なのである。浮気や家族との不一致など、夫側に問題があると、妻側の親族会議が行われ、離縁させられることが多々あるという。

もし男性が去ったとしても、食料確保という面では生活は安定している。リオマの妻たちは、土地、食料、子どもの守護者（プロテクター）として捉えられており、世帯[11]の中で食料を管理し、分配する役割を担う。土地だけでなく、倉庫の管理も妻たちの仕事であり、食料を上手にやり繰りして夫や子どもを食べさせていくことが重要なスキルとして認識されている。妻たちは、家から離れた畑で大豆やキマメなどの換金作物やキャッサバや（油に加工する）ヒマワリを育てつつ、コンパウンド内でもトウモロコシ、オクラ、豆類など日々料理で用いる作物を中心に育てている。また、同じコンパウンド内にいる母や姉妹と食事当番や子どもの世話を分担をすることで、互いの負担を軽減させる工夫をしている。このように、女性たちが土地を保有し、食料を育て確保していることが、女性にとってはある種のセーフティネットのような機能を果たしている。土地を持たない農民の男性が、季節労働者としてリオマにきて、リオマの女性と結婚することで安定した生活を得るということも少なくない。

写真１－２　商店前の看板
出典：筆者撮影。

4　リオマの住民の経済的多面性

一方、男性たちは、世帯内の夫としての立場が低いことを懸念しており、換金作物の耕作や農外所得を得ることで、妻が土地を保有するコンパウンドから出て経済的に自立し、核家族になりたがる傾向にある。なかには妻が受け継いだ土地を売らせて別の土地に移り、夫の稼ぎで生計を立てていく人もいる。妻側にも「農業以外の職業に就きたい」「都市に行きたい」など様々な思いがあり、土地を売って夫に付いていくこと望む人がいるのも、また事実である。

このような人々を先導に、リオマの住民は密に市場経済と関わっている。その姿は都市部の人びとが想像する自給自足的な農民像とはかけ離れている。まず、トウモロコシ、大豆、キマメ、煙草などの換金作物の栽培を通して、日々市場と関わっている。リオマでは、収穫期になると、毎朝の挨拶に「今日の販売価格はいくらだ」と付け加えるのがお決まりになる。これは、売るタイミングや場所によって販売価格が大きく変動して収入に影響し、今後の生活が左右されるからである。換金作物を売る際は、モーリタニア人、バングラデシュ人、パキスタン人の仲介人に売ることが多い。彼らは自分たちが経営する商店の前に看板を掲げ（写真1－2）、ナンプラ市（ナンプラ州の州都）にいるバイヤーから送られてくる価格に上乗せした金額を掲示するのである。それを見て、リオマの住民は「もう少し売るのを待とう」というように、毎日売るタイミングを見計らっている。

写真１－３　自家製酒を売る女性（左）
出典：筆者撮影。

その様子はまるで証券を扱う投資家のようであるが、換金作物は証券とは違い、価格が暴落するだけではなく、害虫や天候により作物自体が売り物にならないリスクがある。また、こうした販売価格や作物の品質リスクに加え、互酬性規範のリスクが存在する。例えば、未だ売っていない余剰作物があることを親族や隣人に知られることにより、余剰分を売れば現金が入ってくることを見越して「助け合い」の圧力をかけられるリスクがある。具体的には、多くの人がトウモロコシの害虫被害にあった二〇一八年、経済的に余裕があり害虫被害が少なかった世帯は、害虫被害を受けた世帯から、市場では売れないような低品質のトウモロコシを市場価格よりも高い値段で買いとるよう求められたという。こうした経験もあり、多くの人は、収穫後速やかに作物を売り、売ったらすぐ現金を次の収穫期までに必要な保存用の食料、日用品、衣類、食器などに充てることで、わざと現金を持たないようにしている。比較的余裕のある世帯にとっては、「助け合い」の圧力からどう逃げるかが永遠の課題のようである。

また、別の「互酬性」の例として、経済的有力者は、その他の人々への貢献が求められる。リオマの多くの人は、換金作物の生産以外に非農業的雑業[12]（小物づくり、自家製酒の製造・販売、油商、パンの生産や家の建築など）（写真１－３）や、近隣企業や商店での勤務、自営業（トウモロコシの脱穀所や商店の経営、乗合いバスの運転手など）を通して現金収入を得ている。特に自営業を行う住民は、農外所得を投入材や新たな土地の購入、カニョカニョ（ganho-ganho）[13]と呼ばれる季節労働者の雇用などに再投資する傾向にあり、農業のみに従事する住民よりも富を蓄積している。例えば、リオマ在住の五〇代、元教師の男性は、三〇㌶の土地で大豆、トウモロコシ、いんげん豆、玉ねぎなどを耕作しているほか、宿泊業や商店の経営を行っている。彼のように他と比べて多くの富を得た経済的有力者は、それなりに他の人々に貢献することを求められる。例えば、カニョカニョの労働力が必要ない状態であっても、誰かが食べ物に困っていれば仕事を提供することが求められる。このようなリオマの住民の互酬性規範は、リオマ以外の住民や、非ロンウェに対しても向けられることがある。

例えば、外から来た人に無償で土地の貸し借り／贈与をする場合がある。土地を借りた人は、余裕があれば、収穫物を一部感謝の印として貸主にお裾分けするが、余裕がなければその義務はない。このような「外」に開かれた互酬性は、日常の些細な行動からも垣間見ることができ、例えば、リオマの住人は全く知らない人にも頻繁に食べ物を分け与える。道を歩きながらかじっているサトウキビを知らない人にも半分に割って分けたり、市場で買って来た食料を道行く人に分け与える間に家に着く頃には買って来た食料が半分になってしまうということが起きる。自分が何かを食べているときに、食べていない人に分け与えないことは周囲から怪訝（けげん）に思われ、何かを食べているときには、たとえそれが少量であったり小さな物であっても、一応「食べる？」と聞くのが礼儀だといわれている。それがリオマの住民でなくても、ロンウェでなくても、外国人であったとしてもである。

リオマの住民は、「外」にまで開かれた互酬性規範を保持しつつも、ときにはリスクを取り、個人の利益のために行動している[14)]。これは、住民たちが人間関係や経済状況などの様々な要素を考慮した上で、時と場合に応じて柔軟に対応する日々の実践の中で生まれている状況なのではないだろうか。

5　裁判所にみる「伝統」と「近代」の混在

リオマの人びとが柔軟に対応する日々の実践の中で生計を営んでいるように、問題解決の方法にも柔軟性が見受けられる。リオマには、コミュニティ裁判所とよばれる地方裁判所が存在する。裁判所自体は、土壁でできた小さな建物の中に長椅子が三脚並べられているだけの簡易的な建物であり、そこで週に二回裁判が開催されている。しかし、リオマのコミュニティ裁判所は、法の下に公平な審判が下される場所ではなく、人々が尊敬する人に相談する場のような役割を果たしている。裁判官一名、書記官一名に加えて、カウンセラーという役職を担う人物が男女一名ずつ二名おり、原告、被告両者の意見を聞き、助言をする役割を果たしているからである。なお、基本的に弁護士は付けず、証人として両者の家族や友人を参加させることが認められている。

裁判官以外の三名（書記官一名、カウンセラー二名）は、リオマ出身であり、住民から尊敬されている人物である。リオマには、植民地時代から存在する伝統的権威ムウェネ（mwene）[15]が存在するが、書記官および女性の方のカウンセラー[16]はムウェネの親戚にあたる。なかでも裁判官の代理を務めることもある書記官は、代々先祖が困っている人に多くの土地を提供してきたことから、非常に尊敬されている人物である。興味深いのは、「近代的」なシステムの一部である裁判所が、紛争解決のため、伝統的権威と近い人物を包摂しつつ、裁判の方式をローカルな文脈に合わせて柔軟に変容させているということである。

ここでは、その裁判方式の実施事例として、リオマで最も事例数が多い「離婚」と「土地騒動」をめぐる訴訟を一つずつ取り上げたい。

(1)事例一：離婚訴訟

【原告ジョアナ（三〇代女性）の主張】

「私は一度離婚を経験しており、元夫と離婚した際に精神的に病み道を裸で徘徊するなどしていたことがある。見かねた両親が私を治療者のもとに連れて行き、治療者から薬草をもらうことにした。薬草をしばらく摂取していたら調子が良くなってきたため、私は喜んで治療者のもとに通い続けた。しかし、ある日薬草をもらいに行ったところ、その治療者に「もう薬草はない」といわれ断られた。それでも要求すると、代わりに高額を請求され、「それができないならをえなかった。

俺と結婚させろ」といわれた。両親は反対したが、その薬草がどうしても必要でありお金もなかったため、結婚せざる

そこで治療者と結婚したのだが、同居すると直ぐに治療者は元夫との三人の子どもに対し、奇妙な粉を振りかけたり薬草で作ったワクチンを投与したりし始めた。私が止めるよう求めると、「お前に悪霊が取りつくぞ」と脅され、止めさせることができなかった。その後しばらくして、今の夫との間に子どもを授かったが、その子は病気になってしまった。その病気の子を他の治療者のもとに連れて行くと、「子どもが病気なのは今の夫のせいだ」といわれた。それを聞いてからは、私は夫と住んでいる家には戻らず、実家に戻り、四人の子ども達と暮らすことにした。

実家に戻ってからというもの、今の夫に呪いをかけられ困っている。この前は、夫が私が生理のときに使う布ナプキンを持ってきて、「これが欲しかったら家に戻ってこい。でなければお前に災いが起きる」などといいだした。それからというもの、私は精神病を患い、村中を徘徊し、勝手に人の家に入ったり、他所の家でゴザに広げてある小麦粉を掴んで地面にたたきつけたり、他所の家の椅子を盗んだり、服を自らボロボロに引きちぎったりしていたという。これは、全て意識が戻ったときに隣人から聞いた話であり、私は覚えていない。

このように私を呪っている間に、夫は他の女性に求婚し、三番目の妻を迎えた。夫との間にできた四番目の子どもは亡くなり、私の精神状態もかなり悪化していたため、親族に資金を工面してもらって他の治療者の治療を受けた。今は回復しており、夫との離婚を望んでいる。夫にも離婚を申し出たが承諾してくれなかった。そこで治療者が集まる会合で正式に「離婚をしたい」と申し出たものの、彼は他の治療者の説得にもかかわらず、離婚を受け入れなかったため、ここ（コミュニティ裁判所）で争うことになった次第である」。

このような原告ジョアナの主張が述べられた後、被告ジョゼは「たしかに治療者として働いていることは事実だ」と認めつつも、「彼女が主張しているような事実はなく、精神状態が不安定である彼女が話をつくり上げているだけだ」と反論した。

それを受け、カウンセラーや裁判官からジョゼに対し、「今まで何人の妻をめとったか」「その妻たちも自分自身の患者だったのか」などと質問が続いた。彼が話す中、傍聴していた原告の家族や隣人から、ジョアナを擁護し、ジョゼを批判するコメントが出された。カウンセラーの女性は、観衆をなだめつつも被告側の話の辻褄が合わないことを指摘し、約一時間にわたって説教を続けた。その後、裁判官が下したのは、「ここでの話を踏まえて各自再度良く考えてまたここにきなさい」という判決であった。

私は判決に納得がいかなかった。本人たちに今後の対応を任されるのでは裁判の意味がないと怪訝に思ったからである。しかし、当の本人である原告のジョアナは、裁判を終えてすっきりしているようであった。そして驚くことに、裁判の二週間後にはジョアナから「無事離婚することができ、体調も良好だ」という朗報をもらった。

このように、コミュニティ裁判所においては、弁護士を立て法に基づく公平な判決を下すことではなく、(ときには信じがたいような妖術の話などにも)理解のある人物からの「助言」が求められている。「法学の教育を受けた者だけで判決を下したところで、根本的な問題解決にはならない」(四〇代男性、裁判官)のである。

また、ときと場合によっては、裁判が裁判所で行われないことがある。裁判官自ら現場に赴き、現場検証を行ったり、伝統的権威者や政治的権威者をも巻き込んで裁判が行われることがあるのだ。次の事例は、レグロ(régulo〔植民地政府が創り上げた、ムウェネとは異なる伝統的権威〕)[17]による土地収奪に対する異議申し立ての例である。

(2) 事例二:土地収奪

【原告ディオゴ(四〇代男性)の主張】

「私はシコペラ出身であるが、そこのレグロが私の家族の土地を自分のものにしようとしており、困っている。私だけではなく、多くの人が被害を受けている。噂では、レグロはグルエの起業家とシコペラの合計約二四六ヘクタールの土地売買の契約書にサインし、一五万メティカイス(約二二万円)を受け取ったという話である。その起業家は、シコペラで牛を育てようとしている。しかし、レグロが売買契約をした土地は、もはや彼のものではない。もともと、私の家族は彼と親族であり、土地を共有していたのだが、私の祖母の時代に、お互いの土地の境界線を決めたのだ。他の住民たちも、もう何十年も耕作を続けているのに、いきなり昔の土地保有権を持ち出して「売るから立ち退け」といわれても困る。実は先日レグロに直訴したのだが、その結果レグロの息子たちに私の土地のトウモロコシを全て焼かれてしまった。今日は、その証拠として真っ黒こげに焼かれたトウモロコシを持ってきた。」

二四六ヘクタールと聞き、裁判官、書記官、カウンセラーは唖然としており、長い間質疑応答が続いた。ただし、被告であるレグロが欠席であったため、その日は欠席したレグロに罰金を科すことと一週間後に再度裁判を行うことを決めた後、解散となった。

しかし、翌週も翌々週も被告は現れなかった。事の重大さに加え、「証拠（土地）も被告（レグロ）も向こうからやってきてくれない」（同裁判官）ことから、裁判官らは週末に原告が住むシコペラという集落[18]にバイクで向かうことにした。

当日朝九時に裁判官、男性カウンセラー、村長（州政府により任命される役人ポスト）とともにシコペラに向かった。まず、シコペラの小学校で待ち合わせていた原告と落ち合い、そこからレグロの家に向かった。事前に電話で時間を約束していたのにもかかわらず、レグロは不在であり、皆「休日にわざわざ足を運んだのに」と憤っていた。原告が自宅でサトウキビ、昼食を振る舞うなどして時間をつぶす間に所要で遅れてきたムウェネが到着した。さらに合計約三時間待ち、もうこないのではないかと考えていたところ、ようやくレグロが到着した。まず、レグロは遅れたことを丁寧に一人一人に謝った後、輪に加わった。

裁判官　「原告から土地の売買について聞いているが、二四六ヘクタールもの土地を売ったというのは本当か。」

レグロ　「本当だ。すでに契約書にサインした。」

裁判官「しかし、原告は、あなたの土地ではなく、シコペラの多くの住民が現在利用している土地だと主張している。」

レグロ「確かに住民が現在利用している土地だというのは理解しているが、あれはもともとは私の先祖の土地である。」

村長「そういうと思って今日はムウェネにきてもらった。ムウェネに君の先祖の土地の境界線とやらを確認してもらう。これから皆で行くからその土地に連れて行ってくれ。また、このような行為をして、今後フレリモがどうなるか、あなたの評判がどうなるか考えたことはあるかね。この地区ではいつもレナモ（内戦時にフレリモと敵対した現野党）が優位でフレリモは票をどんどん失っている。フレリモの恩恵を受けた君なら、この行為がシコペラの住民の支持をなくすことになるとわかってると思うのだが、今回のことは非常に残念だ。」

レグロ「わかった。土地を確認しに行く必要はない。もう一回起業家と話をつけることにする。未だお金は受け取っていないから契約を撤回できるはずだ。」

こうしてレグロは土地の売却をあきらめた。この事例にみられるように、ときには現場を訪れ、本来であれば裁判には関わるべきではない伝統的、政治的権威者も包摂することで、紛争解決が模索されている。しかし、この土地紛争が解決されたのは、裁判官らの裁量云々というよりも、リオマがフレリモ劣勢の地域であり、フレリモの下位組織で働く村長にとって住民の支持を得ることが極めて重要だからであった。リオマには、ムウェネやレグロという伝統的権威に加え、政治的権威として、与党フレリモを代弁する村長のほか、野党レナモ等を代表する議員がいる。また、各集落に村長から指名されるリーダーも存在し、重層的な権力関係を構築している。そのため、住民らは問題解決に誰が適しているか、ときと場合によって相談相手を選んでいるようであった。裁判所はあくまでもその選択肢の一つなのである。

6　むすび

「（ザンベジ川以北の農村部の）人々は自給自足の貧しい生活を強いられている」「人々を貧困から解放しなければならない」。「女性たちを悪しき慣習から解放しなければならない」。冒頭で紹介したように、私はこのようなモザンビーク南部や都市部の人々が抱くザンベジ川以北の農村像に、いつも違和感を抱いてきた。本章は、農民世界に見る性、生計、裁判をリオマの住民の生活に寄り添うかたちで記述することにより、そのような農村像とは異なる多面性に着目する試みであった。

本章で描写した出来事は、リオマの暮らしのほんの断片にすぎないだろう。それでも、モザンビーク南部の都市住民からは捨象されがちである農民の能動性や柔軟性を再確認するとともに、農村の多様性と豊かさを実感することができた。ここで紹介した「悪しき慣習」といわれるような加入儀礼や割礼を通じて、リオマの女性たちが能動的な性やストレス発散の場を確保していること、リオマの住民が「自給自足」ではなく市場経済と密に関わりつつも「外」にまで開かれた互酬規範を保持するなど、日々の暮らしの中で柔軟に生計を立てていること、リオマの裁判所が伝統的権威や政治的権威を包摂しつつ、裁判の方式を柔軟に変容させていることは、その一例である。

私は、このようなリオマの生活世界に、都市で暮らす私たちの生活をも豊かにするヒントが隠されていると思っている。例えば、私たちの生活にリオマの加入儀礼のように、世代を越えて女性たちをつなぐような場があったらどうだろう。悩みを共有し笑いに変える場、何があったとしてもメンバーシップが保障されている場。このような居場所があるからこそ、彼女たちは自信に満ち溢れていたのではないだろうか。また、生計や裁判の事例で見たように、日々の実践の中で柔軟な対応をできたらどうだろう。私たちは普段、物事を円滑に行うために職場、学校などで様々なルール（規則、社会規範など）に従っている。ルールに疑問を抱くようなことがあったとしても、他人に迷惑はかけられないからと「理想はこうだけど、やっぱり黙っておこう」と心の内にしまうことも多かったりする。私には、リオマの生活世界に見られたような柔軟性が、人間関係を上手く保持しながら「理想」を実現するためのヒントにように思えるのだ。

[注]

1 モザンビークは一九七五年の独立後、独立を導いた現与党フレリモ（Frelimo）と最大野党レナモ（Renamo）間の長きに渡る内戦（一九七七~九二）を経験した。内戦時からザンベジア州では反フレリモ派が多く、二〇一九年の総選挙で初めてフレリモが過半数表を獲得するまでは、総選挙の過半数をレナモが獲得してきた。このようにしてフレリモが過半数を獲得してきた南部から、政治的側面からも異質な存在として扱われてきたという背景がある。

2 道中で知り合った二〇代の女の子が、宿泊する場所を現地で探そうとしていた私を案じ自宅に泊めてくれた。モザンビークの農村に出かけると、そこに暮らす人々の寛大さに驚かされることが多々ある。

3 近年の例では、USAID, Bill & Melinda Gates Foundation, CLUSA（ＮＧＯ）による大豆の契約農業事業、多国籍企業 HoyoHoyo による大豆の大規模農場の設立などがある。

4 ただし、母系の親族を統制する権威は女性ではなく妻の兄弟に所在する。

5 どちらもリオマ出身で中学校を卒業した三〇代の女性である。彼女らは質問が多い私に辛抱強くリオマの慣習について教えてくれた。

6 独立戦争時、一九六七年に設立された女性ゲリラ団体（Destacamento Feminino）やフレリモ初代党首サモラ・マシェルが一九七三年に設立したモザンビーク女性組織（Mozambique Women's Organization, ＯＭＭ）を通じて、小農女性の力が必要とされてきた。

7 原語表記は「lobolo」。「父系」であるモザンビーク南部の慣習であり、夫側の家族から妻側の家族に渡す婚資を意味する。家族間の交渉内容によって異なるが、現金、牛、小型の家畜が用いられることが多い。

8 これはナンプラ州リバウエ郡で母系社会の加入儀礼を研究した Arnfred（2014）の発見とも重なる。

9 初潮を迎えて直ぐに儀礼を行うわけではなく、学校や家族の都合を考慮して儀礼を行う日が決定される。特に、学校が休みの期間中に複数の女子児童・生徒の儀礼をまとめて行うこともあるという。

10 本人が本当にそう思っているのか、口だけでそういっているのかは不明であった。

11　世帯は「同じ鍋で食べるか」で認識されており、家族単位ではない。

12　Pluractivity の訳語として池上（二〇一九：一三頁）に倣った。

13　通常アルバイトのような意味で用いられるが、リオマ地区では主に短期的な農作業の手伝いを意味した。また、ガニョガニョでなくカニョカニョと発音されるのは、当該地域特有の訛りであると考えられる。

14　小農に関する有名な論争に、ジェームズ・スコットとサミュエル・ポプキンのモラルエコノミーをめぐる論争がある。Scott（1976）は、小農は、リスクを取って生活を向上させるよりも最低所得で生存水準ぎりぎりの生活に留まることを望むと指摘し、農村の有力者と小農の間のパトロン・クライアント関係を通じた互酬性規範が生存維持を保障していると述べた。それを基に、Hyden（1980）は、アフリカ小農のコスモロジーを「情けの経済」として描いた。一方、Popkin（1980）は、小農を合理的で、個人の利益のために行動する経済主体として描いた。リオマにおいては、スコットやハイデンがいうようなモラル・エコノミー的側面と、ポプキンがいうような経済主体的側面が、相反するものとしてではなく、どちらも状況に応じた柔軟な対応として存在していた。

15　リオマという地名は、ポルトガル人が入植時にリオマ周辺を統治していたムウェネの名前ニホマ（Nihoma）を聞き間違えて名付けたものである。

16　もう一人の男性のカウンセラーは、元中学校教師であった。

17　レグロは各集落に一人ずつ存在する一方、ムウェネはリオマ村内に一人しか存在しない。多くの住民たちにとって、より身近な存在がレグロであり、ムウェネは簡単に相談をもちかけることはできない神聖な存在のようであった。

18　シコペラは裁判所があるリオマの中心部から五キロメートル程離れている。また、中心部からの道中には砂だらけの道や橋がない川があり、中心部の住民が好んで行く集落ではない。

［引用文献］

池上甲一（二〇一九）「ＳＧＤｓ時代の農業・農村研究：開発客体から発展主体としての農民像へ」、『国際開発研究』、二八（一）、一－一七頁。

Arnfred, Signe (1998) Women in Mozambique: Gender Struggle and Gender Politics. *Review of African Political Economy*. 41, pp.5–

16.

Arnfred, Signe (2014) *Sexuality and Gender Politics in Mozambique: Rethinking Gender in Africa,* James Currey.

Hyden, Goran (1980) *Beyond Ujamaa in Tanzania: Underdevelopment and an Uncaptured Peasantry,* University of California Press.

Ministry of State Administration of Mozambique (2014) *Profile of Gurue District, Zambezia* Province.

Popkin, Samuel L. (1980) The Rational Peasant. *Theory and Society,* 9(3), pp.411–471.

Scott, James C. (1976) *The Moral Economy of the Peasant,* Yale University Press.

Tamura, Yu (2021) Contexts behind Differentiated Responses to Contract Farming and Large-Scale Land Acquisitions in Central Mozambique: Post-War Experiences, Social Relations, and Power Balance of Local Authorities, *Land Use Policy.* vol.106, 105439.

第二章　ネパールの歴史都市とキー・パースンにみる内発的発展
―カトマンズ盆地でのフィールドワークから―

米川 安寿

1　はじめに

発展とは、定義によって内発的であり、したがって内発的発展いうのは重複であると、内発的発展論を提唱した鶴見和子は指摘している。発展が本来それ自体が内発的であると捉えれば、内発的発展という表現は二重表現であるから、本来はおかしい。にもかかわらず、鶴見が内発的発展という表現をあえて使うのは、近代化論が考えるような、先進国が内発的発展であり、後発国が、それに倣う外発的な発展であるという見方から脱却したいからであるとする（鶴見一九九六：九頁）。果たして後発国、いわゆる「途上国」を、外発的発展を目指すだけのそれ自身としては発展していない存在として扱い続けてよいのだろうか。むしろ、途上国とされている国々にもそれぞれの内発的発展がこれまでもあり、またこれからもあると考えるのが自然ではないのだろうか。

本章では、「途上国」（後発国）というものの見方を問うため、その好事例としてネパールのカトマンズ盆地にある歴史性を有する都市群（以下、歴史都市）[1]を取り上げ、「歴史都市の描写」「心理面から見た人々の満足度」「キー・パースン」の三観点によって鶴見の内発的発展論を考察する。これにより、ネパールが発展において遅れていない・むしろ内発的に発展していることを明らかにしたい。筆者は、概念として「先進国」や「途上国」という言葉を使うことを好まないが、本章では、開発の問題を指摘する意味で便宜上使用する。

2 外側からの開発

近代の経済開発、途上国開発といった表現で理解される国際的な援助や協力、開発政策は、その国の人々や政府自身が必要として計画をし、執り行ってきたものというべきではないであろう。この表現が積極的に使われ始めた契機としては、一九四六年、当時のアメリカ大統領トルーマンが就任演説で宣言した内容がよく指摘されている。[2] トルーマン宣言では、我々が持つ技術で、貧しく発展が遅れた国々の成長と改善に乗り出さなければならないという内容が宣言された。第二次世界大戦後に当たるこの時期は国際連合も設立され、常任理事国で力を持っていた国もまたアメリカであったため、国連において後進国（underdeveloped）という言葉が使われだし、紆余曲折を経て developing country で表現されるようになり、日本語では「途上国」という言葉が定着した。現代の開発援助・協力とは、世界の「進んだ国」が「貧しい国」を救済する物語としてアメリカ覇権の時代とともに始まった戦略的な活動というべきものである。

こうして世界の八割という圧倒的大多数にのぼる国々がすべて一括りに発展が遅れた途上国とされることとなった。[3] その結果大多数の国が開発の対象となり、どの国も同じような社会を整えることが目指され、例えば貧困・健康・教育・衛生・失業対策など解決されるべき「社会問題」があるとされた。また、エネルギー・農業・平和構築・運輸交通などもリストアップされる。しかし、これらの「社会問題」は、エスコバルによると途上国自身が持っていた問題から出てきた諸課題というよりは、西欧諸国が近代化によって経験してきた問題であり、それをそのまま第三世界に導入したものなのである。西欧の近代化の時代、ヨーロッパの都市は工場労働者による急激な人口の増加によって都市が過密化し、「病める都」となった。この解決のために、総合的な都市計画が打ち立てられ、生活への介入が行われた。そして、この経験がそのまま第三世界で実施されることになったのである（エスコバル 一九九六：一八九－二〇五頁）。

ところがこの計画を途上国の開発に導入したことによって、逆にどの途上国にも同じ問題が表れることになったというべきである。道路や電力などインフラの整備には維持管理に多額の費用が掛かるという意味で財政問題につながり、同じ商品経済の普及によって廃棄物による同じ環境問題が起こる。ごみの処理問題、排気ガスの処理問題、水質汚染問題など、どこでも類似の問題が起こる。それらを解決するには、また莫大な資金が必要になり、そのために毎年国際社会から資金が貸し付けられることになる。返済の見込みがなくなると、借金を一部帳消しにする動きが表れたが、その条件としては市場の自由化といったグローバルな経済政策を国際金融機関に提示して許可してもらう必要があった。[4] 構造調整政策も貧困削減計画の導入もすべて、「天動説」としての開発の押し付けが根底にあったのではないだろうか？

同じ形式の発展を目指し、それによって同じ問題が発生すると、皮肉なことに国際協力はどこの国に対しても似たような活動で対応ができるようになっていく。そして、先進国からきた若者ならば、誰でもボランティアマニュアル一つで世界に貢献できるような状態ができあがる。[5] 途上国のイメージは画一化され、政府は統治能力がない、賄賂づくめである、財政力がなく、政策能力がない、人々は時間にルーズで、怠け者といった印象もまた、定番として定着する。外側から行う国際開発の結果として、むしろ世界中を同じような場所にしてしまったのではないのだろうか。しかし世界はもともと、同じ問題を抱え、同じ開発や援助が必要だったわけではないはずである。本章で紹介するネパールはむしろ、それを理解する好事例であると考えられるのである。

3　カトマンズ盆地とネパールの歴史都市

ネパールは、長年にわたり最も発展が遅れた国「後発開発途上国」といわれている。[6] 日本では、国際協力の事例を紹介する書物において、必ずといいたくなるほどにネパールの事例を目にする。しかし、ネパールとは、そんなにも貧しい扱いを受けなければいけない国なのであろうか。むしろ、発展の本来的な意味を実感するのに大変よい国であると思われる。

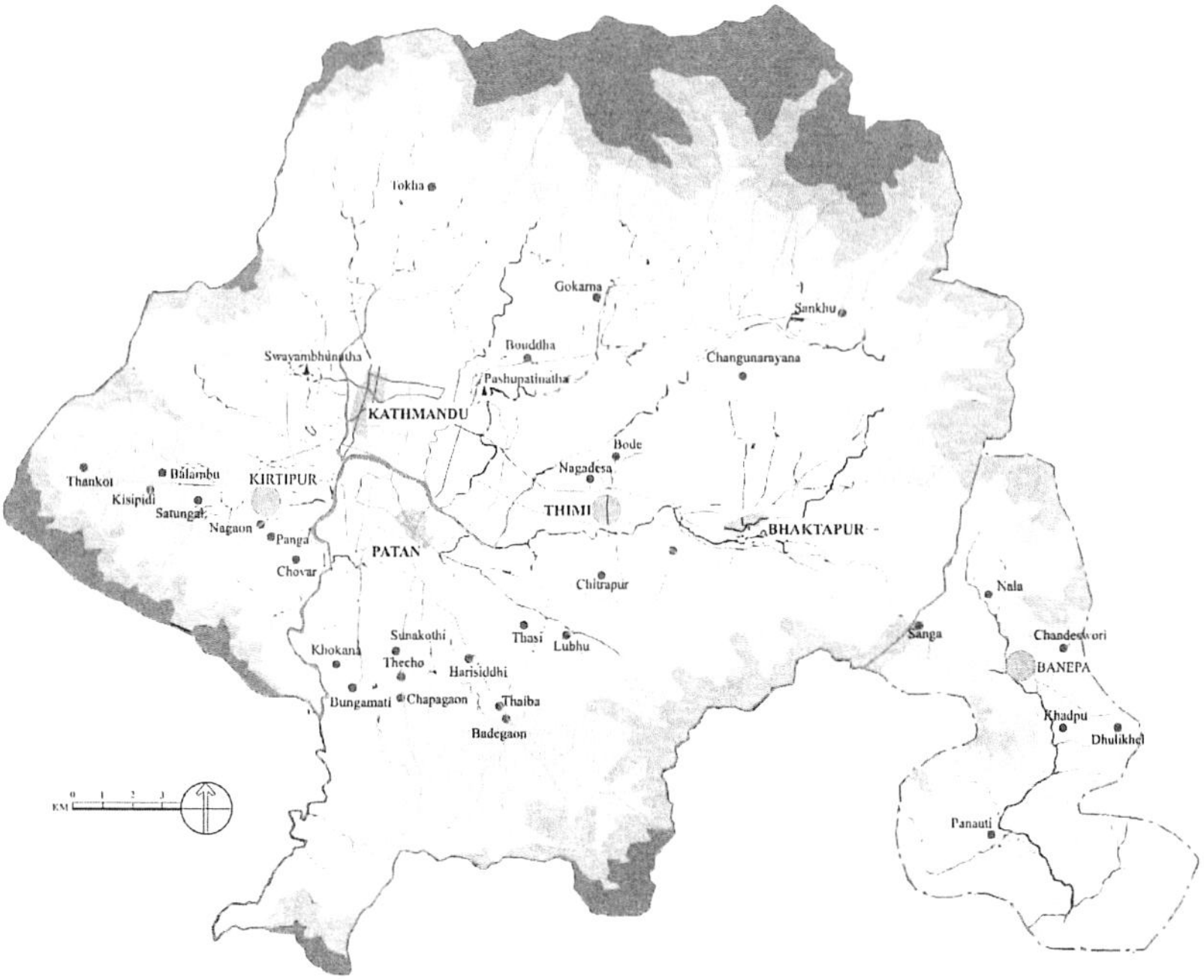

図２－１　カトマンズ盆地（Pant 2019）

ネパールは南アジアの山岳国家であり、エベレストがあることは有名である。しかし、世界一の高山に限らず、国土の南側にはインドにつながる亜熱帯の平地があり、幅広い自然をいただいている。このため、ヒマラヤの高地で暮らす人々から熱帯で暮らす人々まで、あり方は多様であり、それぞれの地域に、それぞれの気候風土に適応した暮らしがある。加えて民族も多様であるので、それぞれの民族に文化風習があり、また言語は自民族の言葉以外にも中心となるネパール語を公用語として使用し、ヒンディー語を聞き分け、英語を使える人々も多い。観光業で生計を立てている人々などはそれ以外の言語も身に着けているなど、言語的多様性[7]もあり、むしろ多くの状況を柔軟に受け入れて発展してきた国であるというべきである。

ネパールを訪れる際、観光客を迎えるのはネパールの首都のカトマンズ盆地にあるトリブバン空港であるが、首都のカトマンズに降り立つと、誰もが驚くのは内陸の小さな山岳国家の山中にある盆地に、多数の歴史都市がひしめき合っている

写真２－１　パタン宮廷広場（筆者撮影）

写真２－２　ニャタポラ寺院（筆者撮影）

ことであろう。カトマンズ盆地は、中心都市であり首都であるカトマンズ（Kathmandu）のほか、ラリットプル（Lalitpur）、ティミ（Thimi）、バクタプル（Bhaktapur）、キルティプル（Kirtipur）といった多数の歴史ある都市とその郊外に広がる新興の宅地や商店のある市街地と農村部で構成されている[8]（図２－１）。

ネパールに来れば、観光客は必ずこれらの歴史都市に足を運ぶことになるが、見るものの多さに圧倒され、盆地から出るまでに思いのほか時間がかかることであろう。

カトマンズ盆地の各歴史都市をつくりあげてきた中心的な民族はネワール民族（Newar）とされるが、ネワール民族は街づくりに木材と煉瓦・石材を組み合わせ、彫刻をあちらこちらに施した特徴ある市街地[9]と住居を持ち、また共有の水場や水路などを備えた機能的で美術的な集住地を作って暮らしてきた人々である（写真２－１）。

盆地を代表するカトマンズ（Kathmandu）のKathには木の意味があるが、カトマンズやラリットプル、バクタプルや、キルティプルなど他の歴史都市も、それぞれ美しい木造煉瓦で構築されており、人々が過去から現在に至るまで連綿と暮らしを守り続けている。二〇一五年にはマグニチュード七・八の大地震が発生したが、例えば三〇〇年程前に建立されたとされるバクタプルの五重の塔（ニャタポラ寺院、写真２－２）は、その地震にも耐えた。

倒壊した宗教建築も多数に上ったが、それぞれ修復がされており、歴史と伝統は今でも大切に扱われていることがわかる。カトマンズ盆地の歴史都市には、こうした建築物としても頑丈なつくりをした宗教建築が密集しており、長年維持継承されているのである。こうした都市での暮らしのあり方や建造物を見ると、旅行者を驚かせこそすれ、到底文化や技術がないなどとはいえそうもないような場所なのである。

4　都市と人々にみる内発的発展の諸事例

(1) 都市構造面から

ネパールは、西欧が世界中を植民地化していた時代にも直接の支配を免れ、都市や人々の暮らしではハードとソフトが破壊されることなくその形を維持してきている。そして、豊かな歴史都市と文化的要素により、カトマンズ盆地はそのかなりの部分が世界遺産となっている。なかでも都市にめぐらされている水路は象徴的である。水路を活かして作られた石製水道があり、現在でも各地で人々の生活用水となっているのであるが、それらが少なくとも一五〇〇年も前から都市構造の中に埋め込まれて機能してきたことが石碑に記されている（バジラーチャリヤ　一九九九）。つまり都市の歴史は二〇〇〇年以上であろうとも考えられるのである[10]。また、この水路は都市の水系建設の技術力の高さも示している。貯水地と帯水層、地下水路、排水路のネットワークがあり、一年中絶えることなく水が供給されるものである。長年にわたって、水場は生活用水としてコミュニティの中で機能しているが、近年の都市開発が伝統的な給水システムのネットワークを破壊する事例が多くみられている（パント　二〇一九）。現在では新たに整備された上水道が家の中にでき、水道水を使うか、水を買うことも一般化している（中村　二〇一八）。しかし、共同の水場はいまでも人々の間で生活用水や入浴場として公共に活用されている（写真2-3）という意味で、二〇〇〇年近くも機能する技術があったことになる。現在、この公共水道の機能の回復は現地の行政によって再検討されており、ネパール人自身が回復を望んでいるところである。つまり、一〇〇〇年以上の歴史を持つこの都市は、今でも人々にとって重要な暮らしの型であり続けているわ

写真２－３　パタンの石製水道（筆者撮影）

写真２－４　旧市街の住居と店舗（筆者撮影）

写真２－５　郊外の伝統的家屋（筆者撮影）

写真２－６　旧市街の近代的住居と商店（筆者撮影）

けである。

　また、建築物の個性について、木造や木造煉瓦や、土と煉瓦など伝統の形式もまた長年継承されており、美術的な彫刻があちらこちらに施された歴史ある家々に人々が今も大切に暮らし続けていることも特筆に値する（写真２－４、２－５）。とはいえ、近年は旧市街の外延部が人口増加により急速に拡大している。そこには鉄筋コンクリートに廉価な煉瓦を埋め込んでペンキ塗装されたカラフルな家屋などが増えている（写真２－６）。

　これはネパールだけではなく、インド、中国、ブータンに行っても似たようなものが目に付く。このため、旧市街地の外延はネパールどころか国と国の違いもわからないような街に変貌している。このような新たな建築物は、旧市街地内でも増えつつあり、伝統保存への動きは待ったなしの状況にあるといえる。とはいえ、開発の時代が七〇年以上過ぎた今でもなお、伝統の価値を捨て去ることができないような価値を持ち続けているのがカトマンズ盆地の歴史都市であり、人々がそれを守り続けているからこそ暮らしの場がそのまま観光資源にもなっているのである。これは内発的発展の考えからは重要な意味を持つであろう。内発的発展論では、開発や近代化により失われるものや、画一的なものが増えることによって消えていく固有の価値の意味を考え、保存し、あるいはより有効にしていくことを重要としているからである。ネパールの都市は、画一的な近代化の波に洗われつつも、内発的発展論が注目する固有の価値をかなりの程度残していると考えられるのである。

(2) 人々の精神面から

内発的発展論から見たカトマンズ盆地の興味深さは、都市構造に限らない。ネパール全般でもそうであるが、この都市で暮らしている人々は、強いコミュニティの紐帯を持っており、精神的な意味でも豊であろうと想像される。それを示すものとして、例えばカトマンズ盆地の歴史都市のネワール民族コミュニティでは、社会基金を構えて地域の文化やインフラの保全を行うなど多様な機能を持つコミュニティの運営がなされており、それは住民参加を基本としている。コミュニティ内には単位も多様な階層がある。そのなかには祭祀や文化行事を行う単位となるマンダリカ（Mandalika）、マンダリカを構成するより下位のトール（Tole）という町の単位、さらにトールを構成する氏族の単位ナニ（Nani）など性質によって様々存在する。このように、宗教的、行政的、地理的に多様な地域単位があり、コミュニティ運営の歴史を物語っている。これらは時代とともに受け継がれ、また変遷しつつ現在でも継続している（パント二〇一三）。

途上国は貧しいが精神的に豊か、という言い回しはたびたび聞くところであるが、実際のところはどうなのであろうか。これを知るため、筆者は以前博士論文において内発的発展論の事例研究を行った際、その一環として心理学者マズロー（Abraham H. Maslow）の欲求階層理論を活かして作成された心理学的な質問調査票を用いて、統計的に人々の満足について調査をしたことがある（米川二〇一八）。雇われて働く人全般や、個人商店のオーナー、農業従事者、職人などの幅広い職種で調査を実施し、年齢は基本的に三〇代以上、都市部と農村部を両方含めるようにして人々の人生への満足について一四四名に調査した。結果として集まった標本はカトマンズ盆地の人々が中心となり、また個人商店などの商売や、会社勤めで約半数を占めたため、その意味で都市部の傾向を示した調査となったが、興味深い結果を見ることができた。調査では、それぞれの人生を振り返って、子供の頃と現在との二つの時期についての主観的な心理的満足度〈生理的欲求・安全性欲求・所属性欲求・承認欲求・自己実現欲求の五段階〉について質問を用意し〈悪い・あまり良くない・普通・良い・とてもとても良い〉の五段階で回答してもらった。この際、分析の観点としては学校教育歴を軸に比較をした。その結果、子供の頃の心理的状況は、学校教育歴が高いほど良好であることがわかった。しかし、興味深いことには、現在の時点で学校教育歴に沿って満足度が高くなるのは「安全性欲求」(住居・環境・経済状況などの安全性)についての項目のみであり、それ以外の欲求については、すべての層で満足度が同じように高まっていたのである。特に、所属性欲求と承認欲求についての満足度というのは、満足している人(満足度で「普通～とても良い」の範囲に回答した比率)がどの層においても九割近い結果であった。これは、人々が良好な社会的所属感を持っており、所属欲求が満たされ、また自尊心を持てている、ということを示すものであった。また、近代的な学校システムの影響が必ずしも、人びとの心理的満足度を説明する要素とはなっていないことも興味深い。

これらの特徴はネパールでは全体的に当てはまると思われるが、都市部に限ってみたとしても、人々がもし満足しているならば、またネパールの人々自身が精神的には豊かであることを自認するとすれば、ネパールは内発的な発展がなされた国であると考えるべきではないだろうか(写真2-7、2-8)。次節では、これまで述べてきたような具体的描写によるネパールの状況が、内発的発展論の理論的要件を満たしたものなのか、照合をすることによって確認する。

写真２－８　新年の祭りの光景（筆者撮影）

写真２－７　市街地にある憩いの東屋（筆者撮影）

５　内発的発展の要件との照合とその考察

⑴内発的発展論の諸要件

ネパールの歴史都市とその社会が内発的発展をしている都市といえるかどうかを確認するにあたり、内発的発展論の要件を鶴見和子に従って簡潔にまとめると次のように整理することができる。例えば、地域・民際関係・価値明示性・アニミズムがあり、そうした要件を内包しつつ変化を牽引するキー・パースンの活動があるとする。

地域が単位：近代化論が国民国家を対象に、国境を一つの枠組みとして考察するのに対して、内発的発展論は、地域を単位とする。また、その担い手は、玉野井芳郎によると一回限りの生命を生きているものとして「生活者たち」という主体が地域主義の担い手である（鶴見 一九九〇：二七〇頁）。また経済主体として生活行為と経済行為とが矛盾・対立しない存在としての地域住民の共同体である。

民際的な関係性：地域に似た観点として、「民際」がある。国と国の関係や外交・政治的関係を議論する国際関係に対するものとして、人と人との関係を民際関係とする。特に、鶴見は、顔の見える固有名詞としての人の関係を指摘している（鶴見 一九九九：三五四頁）。

理論における価値明示性：固有の風土的個性を持つ地域について、また顔の見える人々の関係を研究することは、質的なことである。内発的発展の事例は価値および規範を明確に指示するとして近代科学の価値中立性とは対照的に、価値明示的であるとされる（鶴見 一九八九：四三頁）。地域の人々、すなわち小さき民の「創造性の探究」が内発的発展論の研究であるとしていることからも、内発的発展論では、人々の活動や社会変動における価値の側面をみる。

動機づけとしてのアニミズム：内発的発展論は、近代化論が解決できなかった問題である環境破壊や経済の問題を考慮する発展の理論であるため、自然と共生する方向性を持つアニミズムに注目するとする。自然への配慮など人々と自然との関係性や、またそれに関連する人々の宗教性も考慮する（鶴見 一九八九、ii頁）。

キー・パースンの重要性：内発的発展論の研究は、地域で活動する人々の事例研究である。このため鶴見は内発的発展論を「小さき民の創造性の探究」であるとしており、民際の議論においては、国際人に対する民際人の特徴として、「民際人は、小さな民の立場から世界をみることになる」としている（鶴見 一九九八：一二九頁）。これに関して、事例研究の際に注目するのは、活動の主体を担う牽引者であり、内発的発展論ではキー・パースンと呼んでいる。このため、キー・パースンたちの価値意識・アニミズムなどの宗教的側面、人間関係や地域性などをそれぞれ分析のフレームとして調査していくことになる。

以上の要件を踏まえると、先に紹介したカトマンズ盆地の都市やそのコミュニティ、また共同の水路の活用などの機能的な構造を持つ暮らしのあり方から、人々が地域を主体とした暮らしの様式を持っており（地域性）、コミュニティの中で顔の見える関係で暮らし（民際性）、固有の価値（水路などのインフラ・機能的な都市、文化活動）を持ち、自然との持続的関係を一〇〇〇年以上にわたってその都市構造で維持してきたという共生の構造（ある種のアニミズムとして）も該当していることがわかる。また、そこに住む人々がそれを現在も壊さずに守ろうとしている面は価値明示性につながる側面である。すなわち、ネパールのカトマンズ盆地の歴史都市は内発的発展論の理論的要件からも、内発的に発展した都市であるといえるのである。この点、振り返って我々日本の特に都市域の暮らしを考えてみれば、その画一性・境界のあいまいさ、経済的価値への偏りなどから、むしろ内発的発展論の要件を満たせない事態に陥っている面がある。内発的発展は「途上国」と我々が呼んでいる世界にこそ、まだ生き続けている「発展」の形ではないのか。

⑵ 内発的発展を牽引するキー・パーソンに関して

前項でも述べたように、内発的発展論の要件では、発展を牽引するキー・パーソンの重要性が指摘されている。カトマンズ盆地の歴史都市を「(内発的に) 発展した」事例として考えれば、内発的発展論の理論に沿って前述のキー・パーソンの観点からも地域や国家、コミュニティへの貢献意識を持って活動している人々が多数おり、人々の活動によって社会が成り立っていることになる。そして実際に、現在でも様々な人々が様々な活動を行い、社会を維持、形成している。ここで、ネパールのキー・パーソンの事例の考察を加えておきたい。

筆者は、先の一般の人々への心理学的調査を行う際に、同時にキー・パーソンとして五名の事業家に調査を実施した(表2-1)。そのなかでも、今回紹介しているカトマンズ盆地の歴史都市で、特にラリットプルでの事例として、音楽活動をするキー・パーソンの事例があり、この都市のコミュニティの存在と活動が重要な役割を果たしていることがわかる一例がある。

ラリットプル (Lalitpur) は、カトマンズ盆地を構成する都市の一つで、芸術の都 (美の都とも) という意味を持つ。サンスクリット語由来であるが、カトマンズ盆地の歴史都市を作ってきた現地のネワール民族の言葉ではヤラ (Yala)、あるいはパタン (Patan) とも呼ばれ観光ガイドブックでは表紙を賑わすことが多い現在約五〇万人の都市である[11]。また、カトマンズ盆地の歴史都市の中でも最も古い起源を持つとされる。表2-1にある伝統音楽家E氏 (三〇代、男性 二〇一八年時点) は、この都市に住むネワール民族である。伝統楽器のフルートであるバンスリ (Bansuri) の教師としてコミュニティで音楽を教えており、国内外で舞台演奏も行っている。子供の頃は比較的貧しく、家庭の事情で学校を転校したり、手工芸の仕事をして生計を支えたり、病気で手術をするなど苦労が多く、気持ちが荒れた青春時代を送っていたというが、一七歳の頃、コミュニティの文化行事である音楽でフルートを始めると、翌年にはコミュニティのフルートコンテストで二位を受賞するに至った。これにより、音楽の道に進みたいと考え、自力でお金を稼ぎ、音楽学校に進学するなどの努力を重ねるなかで、同コミュニティのフルート教師となった。現在は子供やコミュニティに対して

写真２－９　コミュニティの音楽隊（筆者撮影）

伝統音楽を教えており、伝統音楽を保存するために、これまで取り組みが乏しかった楽譜への記録にも意識を向けている。またステージ演奏者でもあるため、国内外で伝統音楽を演奏しているという人物である（コミュニティの音楽団のイメージは写真２－９）。

E氏の職業であるコミュニティの音楽教師の仕事は、コミュニティの基金によって運営されており、E氏の地域ではトール（tole）という町の単位で音楽を教えている。E氏によれば、この職業については格別に所得がいいということはないが、伝統音楽を継承できることや子供たちに音楽を教え伝える役割に満足しているということであった。このコミュニティの基金では、こうした音楽や祭事の他、農業を支える基金であったり（肥料や種の供給など）、伝統文化財の保存のために美術品の展示ができたり、演劇を披露できたりする舞台を備えた博物館も持っているなど地域の伝統的暮らしの保全に役立つ組織となっている。

E氏を、先の内発的発展論の要件でみた観点で考えると、祭りや地域の音楽コンテスト、また教師として地域の人々に教え伝えるといったかたちで、地域活動の影響が強く認められる。またそこには顔の見える関係である民際性があり、まちの伝統的祭事を保存する意味でアニミズム性（またネワールの宗教自体が、多神教のアニミズム的要素を持つ）といった形で、先に考察したカトマンズ盆地の都市コミュニティにおける内発的発展の形式がそのままE氏の人生において具体的に生かされていることがわかる。さらに、所得がとても良いといえなくても、歴史ある伝統を保存できることに価値を見出している点は、価値明示的であり、内発的発展論の要件を備えたリーダー的存在であるというキー・パースンの論点にも合致することがわかる。この事例によって、カトマンズ盆地の歴史都市においてコミュニティや地域活動が効果的に機能しており、海外の援助とは無関係に、伝統の維持や社会の変化が起こっている実態が理解できる。

E氏の他に出会ったキー・パースン（地方農村在住者を含む）のなかで、環境活動家のD氏は、E氏と同じく地域の活動が生きた事例である。D氏は子供のころから社会活動に熱心な人物であったが、中学生のころ地方にある地域のエッセイコンテストで入賞すると、これをきっかけに詩を作ることを得意と自覚した。現在は自らも設立に携わった環境活動を行うNGOの役員であるが、活動に利用する教科書や教育プログラムでは、自分で詩を制作して活かしている。これも、地域における文化活動が、個人の能力の発見につながった事例である。こうして地域の活動や人々の交流は、長期的には地域の文化や経済の発展にさらに繋がっており、草の根のこうしたキー・パースンたちによってネパールが維持・更新されている具体的なイメージが湧く。

(3) 社会的交流と内発的発展

先に、一般の人々の心理的な満足度の調査を紹介したが、E氏をはじめ、キー・パースンたちの心理的満足度も同じように高く、また一方でキー・パースンでは自己実現欲求の満足度が高いという特徴があった。興味深いのは、子供の頃の状況は、キー・パースンも一般の傾向とそこまで違うことはない点であった。そこで、何が子供の頃から大人にかけて大きな変化をもたらしたのか、ということについて考えられたのは、「偶然の出会い」（職業的な決定を下すのに影響を与えるような出来事）により、行動の目標が見つかり、それによって持続的に活動を展開し、自己を実現できた、ということであった。先のE氏やD氏は、地域の文化イベント（コンテスト）によって自分の才能に目覚め、この道を進み始め、能力を活かしている。調査した他のキー・パースンたちも、例えば商談会での出会いだとか、就職先で偶然配属された部署での経験がその後の職業を決定したなど、それぞれが人生の歩みのなかで、偶発的な巡り合わせにより人生の目的を見つけていた点が共通であったのである。興味深いのは、必ずしも個人の能力による要因ではなく、偶然の巡り合わせにより活動の契機を得て、能力や、成し得ることに目覚め、あるいは目的を見出し、展開していたことで

表２－１　５名のキー・パーソン（2018 年時点）

調査対象者（民族）	職業・役職	仕事内容	きっかけ	最終学歴
A）男性　30 代（チェパン）	地域の主たる養蜂家から蜂蜜を仕入・流通　起業	蜂蜜の集荷・出荷，生産支援，販売	商談会での取引先との出会い	10 年生（中学）
B）男性　40 代（グルン）	首都圏蜂蜜専門店社長　起業	蜂蜜の仕入・販売・生産者支援	出稼ぎ先の海外での価値観の変化	SLC（高校）
C）女性　50 代（ネワール）	首都圏蜂蜜専門店社長　起業	蜂蜜の仕入・販売・生産者支援	勤め先で偶然に養蜂業と関わる	修士
D）男性　40 代（バフン）	環境 NGO 取締役起業	環境啓発活動，NGO マネジメント	地域のエッセイコンテスト入賞，友人からの起業の誘い	学士
E）男性　30 代（ネワール）	私的自治組合の所属教師	コミュニティのフルート教師	地域の音楽コンテストでの入賞	学士

出所：筆者作成。

ある。こうした偶然ならば世界のどこにでも、誰にでもあるものであり、先進国・途上国の基準では容易に区別ができない要素である。もしも自分の目標に合致するものに出会えたなら、誰にとってもそれが活動の原動力になるのであろう。だとすれば、内発的発展の契機は、世界のあらゆるところにある。内発的発展の契機として必要なのは、事例で見たような暮らしのなかにある、人生の目標に出会うようなきっかけをもたらす多様な社会的交流があることなのかもしれない。音楽コンテストに現れるように、コミュニティの活発な活動を持つカトマンズ盆地の歴史都市のような場所は、そうした要件さえも備えている豊かな都市であるということになる。

６　むすび

ネパールは、自然、民族、言語、文化の多様性によって、あらゆるものが固有性を持っている。今回紹介したカトマンズ盆地の歴史都市は、人々が社会紐帯を持ち心理的に良好であり、コミュニティや文化による活動が豊かであり、活動家も見られ内発的発展の要件を備えていた。こうした場所は、途上国というよりも「（内発的に）発展した国」と言い換えてよいといえないか。そして、こうした要件を満たす場所というのは、ネパールに限らず世界中にあることが想像されるであろう。

人間は社会的な生き物であるから、人が生きる場所にはどこにでもコミュニティがあり、文化的に暮らしていることを疑うことはできない。ないとすれば、それは何らかの事情から歴史や伝統、コミュニティが破壊された場合になるであろう。ネパールはその点、西欧が世界中を植民地にしていた時代にも直接の支配を免れ、培ってきた内発的発展の経験を失うことなく現在に伝えてくれている国としても見るべきところがあり、内発的発展のあり様を強く実感させる力がある。

開発の時代はすでに七〇年以上過ぎていることを考えなければならない。未だに世界の大多数が途上国のままとされていることを考えると、考え方、ものの見方それ自体を内発的発展の視点から変革する必要があるのではないか。本章で紹介できたのはごく一例であるが、ネパールの都市およびそこに住む人々は内発的発展について多くの示唆を私たちに与えてくれる。

[注]

1　本章で歴史都市という言葉を使うとき、ここでは京都市に本部をおく「世界歴史都市連盟」に記載のあるとおり、千年以上の歴史を有する古都としておきたい。カトマンズは世界歴史都市連盟に初期から加盟している。現在の世界歴史都市連盟は、その定義として千年の歴史を有するものと限定はしていないが、固有の歴史やアイデンティティを持つことを前提としており、本章での歴史都市の意味はこちらで考えてもよい。

2　トルーマンの就任演説については次を参照した。https://www.trumanlibrary.gov/library/public-papers/19/inaugural-address（二〇二一年二月二一日アクセス）

3　国連の二〇二〇年の報告によると、先進国三六か国、移行国一七か国、途上国一二六か国であり、移行国を含めると八一%である。United Nations (2020) World economic situation and prospects 2020 -statistical annex, https://www.un.org/development/desa/dpad/wp-content/uploads/sites/45/WESP2020_Annex.pdf（二〇二一年二月二一日アクセス）

4　IDA and IMF (2020) Review of the Poverty Reduction Strategy Paper (PRSP) Approach: Early Experience with Interim PRSPs and Full PRSPs. https://www.imf.org/External/NP/prspgen/review/2002/032602a.pdf（二〇二一年二月二一日アクセス）

5　友松編（二〇〇五）など、ハンドブックとして開発をカテゴリーごとに紹介する本も多い。また、日本ネパール協会編（二〇二〇）『現代ネパールを知るための60章』明石書店では、ハンドブックと類似のカテゴリーでネパールが紹介されており、ネパールを見る視点が開発のカテゴリーに当てはめられていることがわかる。

6　後発開発途上国とは、一人当たりGNI・人的資源・経済脆弱性で判断されるとされる。（外務省）https://www.mofa.go.jp/mofaj/gaiko/ohrlls/ldc_teigi.html（国連）https://unctad.org/topic/least-developed-countries/list（二〇二一年二月二一日アクセス）

7　言語や民族の数は特定が難しいが、例えば小野・湯舟（二〇〇九）によると民族だけでも五〇以上（一〇六以上とも）といわれる。

8　本章では、歴史都市を歴史都市または単に都市と記述するが、盆地の中にできている新興の都市域も含める場合には、カトマンズ盆地の都市部と記述する。

9　本章で市街地とは、住居や商業施設が密集した区域を指して使用する。また本章で旧市街としている部分は、歴史的な市街地の外延部に広がる新興の市街地に対して歴史区域を指すときに使用する。

10　ネパールの王朝王統譜であるバンシャバリの各種を参照している佐伯（二〇〇三）によれば、リッチャヴィ（四世紀頃～）時代以前にすでに三つの王朝があったとみられる。

11　ネパール国勢調査（二〇一一年）より。https://cbs.gov.np/catalog/atlas/tables.html?chapter=2&table=2.1（二〇二一年二月二一日アクセス）

[引用文献]

エスコバル、アルトゥーロ（一九九六）「計画」、ヴォルフガング・ザックス編『脱「開発」の時代』（三浦清隆訳）、晶文社、一八九－二〇五頁。

小野一男・湯舟貞子（二〇〇九）『途上国における国際保健―ネパールの保健医療―』、ふくろう出版。

佐伯和彦（二〇〇三）『ネパール全史』、明石書店。

鶴見和子（一九八九）「内発的発展論の系譜」、鶴見和子・川田侃編『内発的発展論』、東京大学出版会、四三―六四頁。

鶴見和子（一九九〇）「原型理論としての地域主義」、玉野井芳郎編『地域主義からの出発』、学陽書房、二五八―二七七頁。

鶴見和子（一九九六）『内発的発展論の展開』、筑摩書房。

鶴見和子（一九九八）『コレクション鶴見和子曼荼羅Ⅵ魂の巻：水俣・アニミズム・エコロジー』、藤原書店。

鶴見和子（一九九九）『コレクション鶴見和子曼荼羅Ⅸ環の巻―内発的発展論によるパラダイム転換』、藤原書店。

鶴見和子・川田侃編（一九八九）『内発的発展論』、東京大学出版会。

友松篤信編（二〇〇五）『国際開発ハンドブック』明石書店。

中村高志（二〇一八）「名水をたずねて（一二一）ネパール・カトマンズ盆地の名水」、『地下水学会誌』六〇（二）、二二三－二三二頁。

日本ネパール協会編（二〇二〇）『現代ネパールを知るための60章』明石書店。

ダナバジラ、バジラーチャリヤ（一九九九）『古代ネパール史料　リッチャヴィ時代の銘文集成』（佐伯和彦訳）、明石書店。

パント、モハン（二〇一三）「カトマンズ盆地のまちにおける、区分け及びその形態」、玉井哲雄編『アジアからみる日本都市史』、山川出版会、一七三－一八六頁。

パント、モハン（二〇一九）「パタン」、布野修司編『世界都市史事典』、昭和堂、五七二－五七三頁。

米川安寿（二〇一八）『内発的発展論における主体に関する考察―ネパールでの実証研究から―』同志社大学博士論文。

Pant, Mohan (2019) *Thimi-Community and Structure of a Town*. Saraf Foundation for Himalayan Traditions and Culture.

イタリアの社会農業の風景，デイケアセンターの青年たちが世話するハーブ園（撮影：中野美季）

第Ⅱ部 農業・市場・社会

第三章　貧困軽減と食料安全保障の手段としての有機農業
―タンザニア・モロゴロ州での農家調査から―

宮下 智衣、キム・アベル・カユンゼ

1　はじめに[1)]

国や地域がマクロ経済的に発展しても、その発展の陰に成長の恩恵を受けられない人々が存在する。つまり、必ずトリクルダウンが発生するわけではない。多くの場合、彼らは開発の恩恵を最も受けるべき人たちである。国家視点からの開発において、低所得者は見過ごされることが多く、彼らは結局貧困のなかにとどまっている。世界の人口のなかで約二〇億人は、農業のみが生計手段である小規模農家である。農村部の貧困は何世紀にもわたって議論されてきた課題であり、とりわけ小農は一般的に政府や国際機関による開発援助の恩恵を受けていないといわれている（Leonard 2006）。他章でみてきたとおり、こうしたトップダウン型思考に基づいた農業開発戦略に対する対抗言説の一つが内発的発展論である。翻って、本章では有機農業と市場との関係という側面にフォーカスし、本書の主題としてのアグロエコロジー論や取り組みの内発性の有無とは別の次元の論点を考えてみたい。

二〇一九年のタンザニアの一人当たりの国民総所得（ＧＮＩ）は一〇八〇ドルに増加し、中所得国の仲間に入った（WB, 2020）。しかし、この経済成長の効果は農村民には届いておらず、彼らは自分たちの生活の経済状況や食料安全保障が改善されたと感じてはいない（NBS 2014）。タンザニアのような農業に基盤をおく国では、農業改革がなかなか進まず公的支援も充分ではないため、有機農業が小規模農家の福利を改善する代替手段になりうるといわれている。国際有機農業運動連盟は二〇〇八年の総会で次のような定義を示した。「有機農業は、土壌・自然生態系・人々の健康を持続させる農業生産システムである。それは、地域の自然生態系の営み、生物多様性と循環に根差すものであり、これに悪影響を及ぼす投入物の使用を避けて行われる。有機農業は、伝統と革新と科学を結び付け、自然環境と共生してその恵みを分かち合い、そして、関係するすべての生物と人間の間に公正な関係を築くと共に生命（いのち）・生活（くらし）の質を高める」（IFOAM 2008）。経済的な意味に限定しても、有機農業は小規模農家が直面する貧困を軽減する可能性を持っているにもかかわらず、タンザニアの不利な環境下の小規模農家ではほとんど採用されていない（UN 2008; Aher et al. 2012; Andersson et al. 2012）。

以上のような背景を踏まえ、本章は有機農業が条件不利地域の小規模農家の福利（収量、所得、個人およびコミュニティレベルでの食料安全保障）の向上に対してどのように貢献しうるのか明らかにすることを目的とする。特に、地理的、政治的、社会関係上の理由から、よい市場や金融サービス、輸出契約などの有利な環境へのアクセスが限られている開発の便益が限定的な環境下での実態を調査した。

この調査の具体的な目的は、①農家がどのような農業を実践し、作物を売っているかを検証すること、②慣行・伝統的農家と有機農家の収量、所得、食料安全保障の比較をすること、③収量、所得、食料安全保障に影響を与える要因を明らかにすること、④有機農業の課題を明らかにすることである。

2　調査・解析手法

この調査は、二〇一四年九月から二〇一五年一月までの間に、タンザニアのモロゴロ州で行った。タンザニア東部に位置する同州は、中心都市ダルエルサラームの西方約二〇〇キロメートルにある。調査対象としたモロゴロ自治体、モロゴ

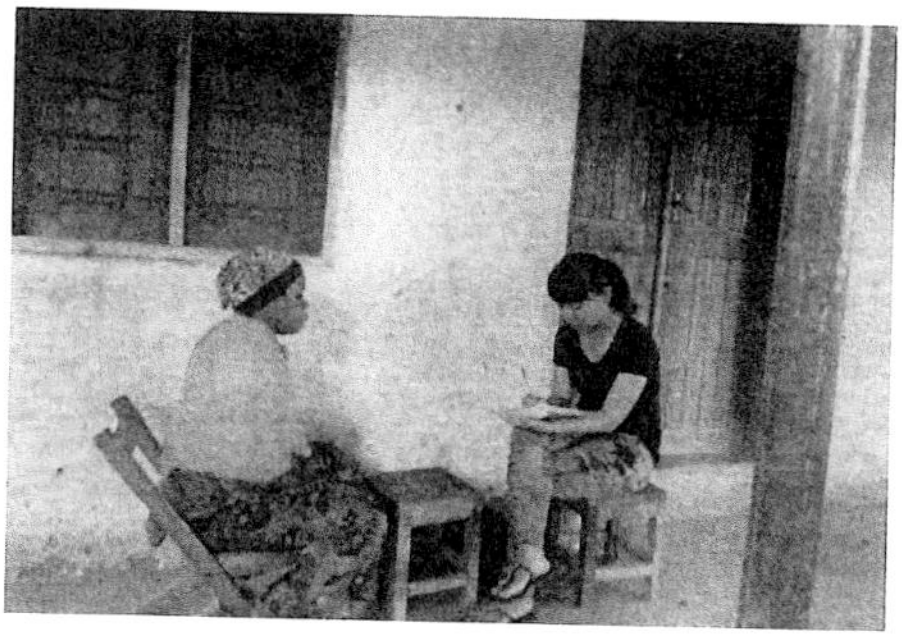

写真３－１　農家へのアンケート調査を行う様子
出典：筆者撮影。

ロ農村地区、ムヴォメロ地区では小規模有機農家が複数の作物を自家消費のために作っていることに注目し、これらの地域を選定した。定量データ収集のため、一六〇の有機農家と一六四の慣行・伝統的農家の計三二四農家を選定し、対面によるアンケート調査を実施した。定性データを集めるために、環境が異なる三地区からの有機農家を選定し、フォーカス・グループ・ディスカッションを実施した。使用言語はスワヒリ語である。

農法と作物の販売については頻度とパーセンテージで検証した。有機農家と慣行・伝統的農家の収量、所得、食料安全保障の比較は、独立標本ｔ検定を実施した。食料安全保障は対象の全農家に過去七日間に消費した食べ物を回答してもらい、食料消費スコア（Food Consumption Score：ＦＣＳ）とエネルギー摂取量により分析し、独立標本ｔ検定により二つの農家グループ間を比較した。収量、所得、食料安全保障に影響を与える要因は多重線形回帰分析により検証した。有機農業の課題は聞き取り内容を加えて分析した。

３　結果と考察

(1) 農法と作物の販売状況

有機農家が栽培する作物の種類は平均八・五四種類で、慣行・伝統的農家の平均は四・七〇種類であった。有機農家の多くは河川のある山間部に住んでいたため七割以上が水を確保していたのに対し、慣行・伝統的農家の八割以上は雨水に頼っていた。山間部は輸送や市場へのアクセス面で不利である。しかし、灌漑用

表３－１　各農家の区別

農家	区別
有機	化学的農業投入物は原則使用しない。有機農法（有機肥料、有機農薬、輪作、間作、テラス、マルチング、カバークロップ等）を実践。
慣行	法律の範囲内で科学的農業投入物を使用。有機農法の実践度は低い。
伝統的	化学的農業投入物はアクセス面・金銭面の理由により使用しない。有機農法の実践度は低い。

の水が確保できるという地理的条件が有機農業に有利に働いた。慣行・伝統的農家のうち、化学肥料や化学農薬を使用している農家は二一・三％であった。化学的農業投入物を使用している農家の割合が低いことから、化学肥料や化学農薬を使用しない伝統的農家が多いことが判明した。このため、本調査では有機農家と「慣行・伝統的農家」に分類した。なお、本調査における各農家の区別は表３－１のとおり

作物の販売市場に関しては、有機農家の方がより利用しやすい状況であった。有機農家の五分の二以上（四三・一％）が定期的な販売市場を持っていたのに対し、慣行・伝統的農家では八・五％にとどまった。このような状況は、栽培作物の傾向や農家の販売意欲に起因していると考えられる。慣行・伝統的農家は有機農家に比べて栽培作物の種類が少ないため、販売できる作物の種類が少ないことが考えられる。また、有機農業を始めてからは、作物を有機農産物として販売することへの意欲も高まっている。有機農家のうち少なくとも一部の作物を有機農産物として販売していたのは三八・一％で、その他の有機農家では有機農産物であることを公表せずに販売していた。農産物の少なくとも一部を有機農産物として販売していた有機農家のうち、農産物を通常より高い価格で販売していたのは一八・一％であった。これは、作物の栽培過程に関して消費者の注目を集めること、そしてその注目をプレミアム価格に結びつけることの難しさを示唆している。

(2) 収量、所得、食料安全保障の比較

有機農家と慣行・伝統的農家のどちらも、トウモロコシ、ササゲ、カボチャが最も多く栽培されている作物であった。これらの作物の収量は有機農家の方が高かったが、表３－２に示すように、有機農家と慣行・伝統的農家の収量の差は有意ではなかった。また、サンプル数が少ないも

表３－２　１ha 当たりの作物の平均収量

（単位：kg）

作物	農家グループ	n	平均値	F 値	p 値
トウモロコシ	有機	141	1156.30	1.251	0.264
	慣行・伝統的	162	1039.44		
ササゲ	有機	80	207.77	0.250	0.875
	慣行・伝統的	92	186.31		
カボチャ	有機	95	409.62	2.436	0.120
	慣行・伝統的	81	261.83		

出典：筆者作成。

表３－３　農家の所得（タンザニアシリング）

農家グループ	n	最小値	最大値	平均値	F 値	p 値
有機	160	-391,000	54,736,000	1,636,608.14	13.652	0.000
慣行・伝統的	164	−1,879,000	16,625,500	146,970.55		

出典：筆者作成。
注：2021 年３月現在 1.00 円＝ 22.06 タンザニアシリング。

のの、トマト、白菜、アマランサスなどの他の作物では有意差が見られた。この三つの作物は、有機肥料や有機農薬などの有機農業の実践に伴ってすぐに変化が見られるといわれており、有機農業の研修会などでもよく使われている（University of Kentucky 2007）。したがってこれらの結果は、有機栽培方法を習った作物の収量がより高いことを示唆している。有機農業の収量が高い理由としては、次の二つが挙げられる。第一に、有機農法は作物が成長する環境を豊かにする。第二に、有機農業研修で学んだ農法（畑での作物の配置など）が収量を高めていると考えられることである。バンバのある有機農家は、研修以前は畑での作物の並べ方を知らなかったためずっと適当に植えていたといった。有機農業の研修において、苗床で必要な植え付け間隔などを学んだ結果、多くの農家が収量の向上を実感していることがわかる。

表３－３に示したように、有機農家の所得は最小値、最大値ともに慣行・伝統的農家より高く、平均所得も慣行・伝統的農家よりも有意に高かった。二〇一三年の慣行・伝統的農家の平均所得は有機農家の一〇分の一以下であった。この差が大きいのは慣行・伝統的農家の多くが赤字に陥ったためである。慣行・伝統的農家のうち、作物生産による収入がない農家は四四・五％、赤字農家は五八・五％であった。一方、有機農家で赤字だったのは一三・一％にとどまっている。これは、有機農家が有機肥料や有機農薬などを自作することで農業支出を減らし、栽培作物の種類を増やして市場と結びつけることで、より収入

表３－４　独立標本ｔ検定による食料安全保障の比較

比較対象	n	平均値	F値	p値
有機農家の食料消費スコア	160	2.77	6.514	0.011
慣行・伝統的農家の食料消費スコア	164	2.70		
有機農家のエネルギー摂取量スコア	160	1.81	4.793	0.029
慣行・伝統的農家のエネルギー摂取量スコア	164	1.76		

出典：筆者作成。

写真３－２　山間部の村で料理を作る女性
出典：筆者撮影。

の向上につなげているからである。有機農家の平均収入は、慣行・伝統的農家の四倍以上であった。有機農業において支出の減少と収入の増加が同時に生じる現象は、有機システムにおける投入コストの削減と収入の増加を示したいくつかの先行研究によっても裏づけられている（Nemes 2009）。

有機農家の食料消費スコアの平均は五一・一七であり、慣行・伝統的農家（四九・四五）よりも高かった。スコアを貧弱（1）、中間（2）、良好（3）の三つのカテゴリーに分け農家グループ間で比較したところ、**表3－4**のように有機農家の平均値の方が高く、有意な差があった。

エネルギー摂取量については、有機農家世帯の平均値（成人一日当たり二九七六・五三キロカロリー）の方が、慣行・伝統的農家世帯の平均値（成人一日当たり二〇一二・二五キロカロリー）に比べて高かった。次に、タンザニアの成人一日当たりのエネルギー摂取量貧困ラインである二二〇〇キロカロリーを境界線として、食料不足世帯と非食料不足世帯に分類した（NBS 2014）。慣行・伝統的農家世帯のなかで境界線を下回っていたのは同カテゴリー世帯全体の二四・四％であったのに対し、有機農家世帯で境界線を下回ったのは同カテゴリー世帯全体の一九・四％であった。**表3－3**に示したとおり、食料消費スコア、エネルギー摂取量スコアのいずれも、有機農家の平均値が慣行・伝統的農家のそれを上回

表３－５　作物の収量、所得、食料安全保障に影響を与える独立変数

従属変数	独立変数	n	B Coefficients	Beta	T 値	p 値
トウモロコシの収量	世帯主の性別	324	-0.337	-0.296	-3.105	0.002
	世帯人数	324	0.061	0.248	2.599	0.011
	販売市場の有無	324	-0.203	-0.216	-2.287	0.024
カボチャの収量	家畜の有無	324	-0.937	-0.38	-3.384	0.001
所得	有機農業の実践年数	324	337206.131	0.375	3.839	0
食料消費スコア	家畜の有無	324	-6.377	-0.244	-2.831	0.005
	世帯主の年齢	324	0.169	0.226	2.622	0.01

注：従属変数に有意な影響を示した独立変数のみを示す。
出典：筆者作成。

る結果となり、この差は統計的に有意（p≦〇・〇五）であった。この両スコアをある種の食料安全保障の指標として捉えれば、有機農業が世帯レベルの食料安全保障に貢献しているといえる。こうした食料安全保障の向上には、二つの理由が考えられる。第一に、有機農場での収量が向上したことで、より多くの食料が手に入ったため、第二に、有機農業による所得で彼らの購買力が高まったためである。

⑶作物の収量、所得、食料安全保障に影響を与える要因

多重線形回帰分析により、作物の収量、所得、食料安全保障に影響を与える要因を解析した（表３－５）。ここでは、トウモロコシに関して、女性世帯主世帯の方がトウモロコシの収量が高いことが示された。これは多くの先行研究（Koru and Holden 2010）とは対照的である。この結果から、これまで男性世帯主世帯よりも収量が低いとされる女性世帯主世帯の不利益な状況が解消されていることが推測され、また女性がトウモロコシの栽培活動に多くの時間とエネルギーを割いて従事していることも考えられる。さらにまた、世帯人数が多い農家ほどトウモロコシの生産量が多いことも示された。これは、世帯人数が多いほど労働力が多いことが理由として考えられる。また、定期的な販売市場があるほどトウモロコシの生産量が多いことも示された。定期的な販売市場があることは販売意欲の向上にもつながり、より良い農場管理に貢献しているといえる。

解析の結果から、家畜を飼育する農家の方がカボチャの収量が高い傾向にあることが明らかになった。家畜からの収入は農業投入物や農具の購入、またカボチャ専用の畑を用意することも可能にする。また、家畜の糞尿を堆肥として利用し、カボチャの

収量向上に貢献していることも考えられる。トウモロコシ、ササゲ、カボチャは最も多く間作に使われる作物であるため、多くの農家はカボチャ専用の畑を持っていなかった。残念ながら本調査では収量を算出する際に間作の有無を考慮していないため、カボチャを間作で栽培する農家のカボチャの収量が低く算出されている可能性がある。

所得に対しては有機農業の実践年数が影響していた。つまり、経験豊富な有機農家ほど所得が高い傾向にある。この理由としては、経験豊富な有機農家は農業投入物を購入する代わりに身の回りの資源を利用して有機肥料や有機農薬を準備することができるが、新規参入した有機農家のなかには、まだ手頃な価格の家畜糞尿の購入先を見つけられていない農家もいることが考えられる。さらに、経験豊富な有機農家は、作物の販売市場を確保することでより高い所得を達成したといえる。

食料安全保障に関しては、食料消費スコアとエネルギー摂取量に影響を与える要因を分析した。多重線形回帰分析の結果、食料消費スコアは家畜の有無と世帯主の年齢によって影響を受けていることがわかり、家畜を飼っている農家と高齢者主導の世帯の方が、食料消費スコアが高かった。家畜を所有している世帯の食料消費スコアが高いのは、家畜保有に起因する副収入が関係していると考えられる。二〇一三年の家畜飼育者の約半数が家畜や卵、牛乳などを販売して収入を得ていた。このような副収入が世帯の経済状況を改善し、食料安全保障の向上につながった可能性がある。世帯主の年齢は、人生経験の豊かさから食料安全保障にプラスの影響を与えたといえる。エネルギー摂取量に関しては、有意な影響を示す要因はなかった。

(4) 有機農業の課題

以上の分析から見出されたタンザニアの調査地域における有機農業の課題をグループ化した（BOX3－1）。BOXでは有機農家から聞き取った内容を引用している。

有機農家にとって、農地の整備費用が大きな負担になっている。市場に関しては、有機農家のなかでも有機農産物販売店での販売が可能なグループと不可能なグループが存在していた。この販売店へのアクセス問題に加え、有機農産物

BOX 3－1　有機農業の課題

農地整備における課題
「1.5haの畑があると，自分ひとりではテラスの準備ができません。テラスを一つ作るために労働者を雇うには5,000タンザニアシリングの費用がかかります。この出費は痛手です。」（ルヴマの高齢女性）
市場の有無
「作物を売る場所が無いんです。アマランサスが腐るまで畑に残っていることもあります。」（キレカの少女）
プレミアム価格での販売の厳しさ
「うちの有機農産物の値段は近所の農家と同じでないと売れません。」（カウゼニの高齢女性）
「人々は有機農業の存在は知っていますが，健康の価値を分かっていません。お客さんに，あなたの有機ニンジン１束は1,500タンザニアシリングだといったとしましょう。お客さんは化学農薬を使って栽培された600タンザニアシリングのニンジンを買いに行きますよ。」（ルヴマの高齢男性）
慣行農家による土壌汚染
「何人かの隣接農家が化学肥料や化学農薬を使っています。私たちの有機作物まで汚染されてしまう。」（カウゼニの高齢女性）
農業水の有無
「野菜を育てるためには水が無いといけないんです。」（ルヴマの高齢女性）

注：表3－3に同じ。
出典：筆者作成。

写真3－3　山間部の畑斜面
出典：筆者撮影。

販売店の規模の小ささも制約となっていた。ある農家は、「作物を五つだけ注文されても、大きな畑では残りの作物が腐ってしまう」と話していた。有機農業を推進するうえで、プレミアム価格の課題は重要である。ルヴマのある農家は、他の農家に有機農業をアピールしても、販売価格が同じであるため魅力を感じてもらえないと説明した。近隣の慣行農家による土壌汚染も難しい問題である。今回の調査期間中は化学肥料および化学農薬を使用していた慣行農家は少なかったが、タンザニア農業開発の一般的動向によれば今後はこれらを使用する農家が増えていくだろう。また、山間部では効率的な土壌浸食対策が行われていないため、土壌が深刻な被害を受ける可能性が高い。最後に、農業用水の有無は重要である。有機農業団体は有機農業の研修を実施する際にホースやじょうろを農家に提供している。だが、ルコベのある伝統的農家は、「野菜を育てるためにバケツ一杯の水を二〇〇タンザニアシリングで買って、野菜一束を二〇〇タンザニアシリングで売ったらもうけはあるのか?」といった。この水の問題は、有機農業を始めようと考えている慣行・伝統的農家にとっては避けられない問題である。

4　むすび

以上でみてきたように、調査地の有機農家は市場面での様々な工夫をしながら、有機農業の利点を活かして生産と販売を実践していることがわかった。有機農家の方が販売市場の確保状況は良かったが、有機農産物の価値に対する認知度が低いため、栽培作物を有機農産物として販売しプレミアム価格を受け取ることができないという課題が残っていた。そのため、有機農産物をブランド化し消費者の認知度を高めることが有機農業を推進するうえでの鍵となる。また有機農業は、支出と収入のバランスを取ることによる所得増加が見込め、さらに食料消費スコアとエネルギー摂取量の面でより良い食料安全保障につながる農法であることが明らかになった。販売市場の有無がトウモロコシの収量に大きく影響していることから、市場の増設は小規模農家がより高い作物生産を達成するのに貢献しうる。有機農業の実践年数は所得に有意な関連性を示しており、有機農業の所得に寄与することが裏付けられた。食料消費スコアから、家畜飼育が食料安全保障の重要な貢献要因であることが示されたため、家畜飼育は農業訓練のなかで教えるべき科目の一つと考えられる。小規模農家が有機農業を円滑に行うためには、テラスの準備が必須とされる山間部の整地問題を解決する必要がある。また、土壌汚染の問題についても、さらなる支援が必要である。

本章は、所得と食料安全保障に関して、いくつかの課題はあるものの、有機農業が小規模農家の福利を向上させるための代替手段に成りえることを示した。地域で調達可能な資源に立脚する有機農業は、持続可能な農村開発のアプローチとして従来の開発努力に代わりうるといえる。こうした政策論としての有機農業の手段的なあり方と運動論としてのアグロエコロジーという存在の間に、技術的知見の共有以外の接合・重なりの余地はあるのか[2]。このことを考えることは今後の課題である。

[注]

1　本章は、Miyashita, Chie and Kim Kayunze (2016) Can Organic Farming Be an Alternative to Improve Well-Being of Smallholder Farmers in Disadvantaged Areas? A Case Study of Morogoro Region, Tanzania, *International Journal of Environmental and Rural Development*, 7 (1), pp.160－166 を翻訳、加筆修正したものである。

2　技術的知見は受容するが、土地や自然に対する精神的態度は保持するような生存戦略（須永 二〇一二）の余地はあるかという問いに置き換えることもできる。

[引用文献]

Aher, Satish, Bhaveshananda Swami and B. Sengupta (2012) Organic agriculture: Way towards sustainable development. *International Journal of Environmental Sciences*, pp.209–216.

Andersson, Georg, Mai Rundlof and Hennik Smith (2012) Organic farming improves pollination success in strawberries, *PLoS ONE*, 7(2), pp.12–20.

IFAD (2011) *Enabling poor rural people to overcome poverty in the United Republic of Tanzania*, International Fund for Agricultural Development.

IFOAM (2008) Definition of Organic agriculture. (https://www.ifoam.bio/why-organic/organic-landmarks/definition-organic, 二〇一一年三月一三日アクセス)

Koru, B. and Stein Holden (2010) *Difference in maize productivity between male- and female-headed households in Uganda*, Ethiopian Development Research Institute.

Leonard, Tom. ed. (2006) Impact of economic development on peasants, *Encyclopedia of the Developing World*, 3, pp.1256–1258.

NBS (2014) *Household budget survey main report, 2011/12,* Dar es Salaam: National Bureau of Statistics (NBS), Tanzania.
Nemes, Noemi (2009) *Comparative Analysis of Organic and Non-Organic Farming Systems: A Critical Assessment of Farm Profitability,* Food and Agriculture Organization in the United Nations.
UN (2008) *Organic agriculture and food security in Africa,* United Nations.
University of Kentucky (2007) Organic farming in Kentucky-A survey poll ranks crops from easiest to hardest to grow organically. (http://www.uky.edu/Ag/CCD/introsheets/organicsurvey.pdf　二〇二一年三月二三日アクセス)
WB (World Bank) (2020) Tanzania-Overview. (http://www.worldbank.org/en/country/tanzania/overview（二〇二一年三月二三日アクセス)
須永和博（二〇一二）『エコツーリズムの民族誌─北タイ山地民カレンの生活世界』、春風社。

第四章　日本の有機農業における贈与と脱商品化

ルロン石原・ペネロープ（須田 文明 訳）

1　はじめに

一九七〇年代に、食品安全性にかかる一連のスキャンダルが起こったことで、多くの主婦は自分の子供の健康に不安を抱き始めた。子供たちはしばしばアトピー性皮膚炎や深刻なアレルギーに苦しんでおり、多くの医師が食品添加物や残留農薬のない食品を勧めるようになっていた。当時、日本は農業の工業化のまっただ中にあり、こうした食品はほとんど手に入らなかった。こうして、このような主婦たちは結集して、お互いに情報交換し、農業者に対して、特定の添加物の禁止を要求し、最終的に農薬使用を放棄するように説得することとなった。彼らの野菜が虫や悪天候のために少しばかり傷んでいようと気にすることなく、彼女たちは、農業者の農薬・化学肥料不使用への転換を支援するべく、彼らの生産物を全量購入することを約束したのである（境野 一九九二）[2]。

一楽照雄（一九〇六－九四）は全国農協中央会の元会長で、次いで協同組合経営研究所理事長であったが、一九七一年に日本有機農業研究会を設立した。この研究会は農業者と主婦たちのみならず医師や様々な農協の代表者を結集させた。こうした農業者と主婦たちとの間で築かれていた関係に導かれて、一楽は一九七八年に「提携十箇条」をまとめ、こうした関係をより広く普及することを決意したのである。[2)]

今日、このテキスト本文は「提携の一〇の原則」として知られており、「提携」は世界における有機農産物の直売の先駆的システムとして考えられている。「協力」を意味しているこの言葉は、それぞれ、農民農業を守る会、地域支援型農業を意味しているＡＭＡＰやＣＳＡと同じように使用されている。ＣＳＡは米国に一九八五年に誕生し、ＡＭＡＰはフランスで二〇〇一年から展開している。しかし一楽が我々に提起したことは、単なる直売システムよりもより意欲的なように筆者には思われる。第一の原則によれば、「生産者と消費者の提携の本質は、物の売り買い関係ではなく、人と人との友好的付き合い関係である」。こうした関係において「両者は対等の立場で、互いに相手を理解し、相扶け合う関係である」（一楽 一九七九：一八頁）。次いで、彼が一九七九年にこれに追加したコメントの中で、こうした関係は、そこで貨幣が流通しているので売買に似ているが、結局のところ、「贈与・反対贈与と同一の性格」のものである、と説明している。[4)]

本章では、初期の二つの事例を通じて、提携はどのような関係を意味するのか、それはどのように形成されるのか、また彼らにとってどのような利益があるのかを検討していく。

2　金子美登の事例

金子美登は、霜里集落（埼玉県小川町）に定着した古くからの農家の長男であり、父親の農場で農業工業化がもたらした結果を見てきて、工業的投入物と外国からの輸入農産物について不信感を持つようになった。一九七〇年に経営を引き継いだとき、彼は地域の自然資源しか使わないことを決心した。次いで、彼が一〇家族ほどに自分のつくる野菜を供給するのに十分な量を生産するようになったとき、自分の農業のやり方の利点を多くの人に知らせるために読書サークルを組織した。この読書会では、例えばレイチェル・カーソンの『沈黙の春』のような、農薬と化学肥料の使用を告発する著作を使用し、その参加者らに彼の野菜を供給し販売促進を行った。

金子はこうして早くから、確信をもった人々の中心となったが、「提携」の一〇の原則に記載されているような関係を築くのにすぐに成功したわけではない。当初は、直売を行っている他の多くの人たちと同じように、彼は自分で野菜のパックを消費者に届け、市場法則から独立して、独自の価格を設定していた。それは、CSAやAMAPにおいて今日、利用されているのと同一のシステムであり、「提携」においても一般的に普及している。これにより生産者は、借金することなく生産するのに十分な所得を得ることができる。しかしこの場合、金子と彼の消費者との関係は、「友好的関係」よりもむしろ契約に似ている。例えば彼は、消費者が援農に来るように、義務的時間数を設定した。ところが当時「提携」のような活動をしている別の農場では援農は消費者の自主的な行為であった。したがって、金子と消費者との関係は、理想ほど自由でもなく自主的でもなかったので、それは間もなく急速に崩壊した。ある人々は野菜のパックに設定されている価格に抗議し始めた。夏に価格は市場よりも安く、消費者により有利であるが、冬の生産量が少ないときにはそれほど有利でないと判断したのである。別の人たちは、彼に対して、彼の農地に対する支援と引き替えに、その所有権を要求した（金子 一九八六）。

結局、最初の試みは二年で終わった。金子は再び「ひとりぼっち」になり、自分の家族のためにしか生産しなくなった。しかし数か月後に、常に自分の家族に必要な量を超えて作付けしていることがわかり、彼は余った分を無料で、関心のある人に分け与えることを決心した。贈与へのこの最初の一歩によって、彼は、食べる人と別の種類の関係を結ぶことができることになる。それは一楽により記述された理想により近いのである。

「結果的に、自分が無料で野菜を供給している人々が、彼に対して常にお返しとして何かをもたらしてくれた」、と金子は述べている。このお返しは、まず、各人の感謝の気持ちに応じて、またそれぞれの懐具合に応じて、貨幣の形でなされたが、この貨幣的支払いを補う様々な贈り物によってもなされたのである。衣服や食器、金子の農場産品から作られたお菓子であった（金子 一九八六）。彼の方からはお返しを求めはしなかったのだが、彼がそのパックに価格をつけていたときと同じくらいの貨幣を受け取ることになった。次いで彼は、彼が野菜を与えた人々が、自分たちの意思で彼に会いにきて、彼の畑で彼を助けるようになっていたのに気づくことになった。こうして、金子の作ったものを食べる人たちと金子の関係は、彼の以前の消費者との間での関係よりも、より自由で、自主的なものとなったである。さらにより自主的なものとなったのである。さらにいことに、こうした関係は、急速に真の友好的関係となり、各人が必要なときには相手を助けようとするような関係となったのである。

それ以降、金子は、より幸福を感じるようになり、「人間的に解放された」とも語っている（折戸 二〇一〇）。現在まで三〇年にもわたって、彼と妻は、一〇家族とこうした同じ関係を継続している。経済的観点から物事を考えるならば、この数は少ないように思われる。しかし、関係が人間的で友好的であり続けるために、こうした関係の数を制限しようとしたのである。[5] 所得の少なさを補填するために、金子は村の小さな市場で別の野菜を販売し、地方の中小企業と協力するようになった。それらの企業は、様々な加工品を作り、地域で販売するために、金子から米や小麦、大豆を購入するのである。二〇〇五年に、彼はソーラーパネルを設置し、これにより彼はもはや東京電力に依存しないですむことができ、夏には余剰電力を売ることができた。さらに農業についての講演を行うだけでなく、彼は一九九九年以来、小川町議会議員となっている。

金子は、その生産物の一部を、価格を設定せずに配分しているが、彼がそれだけで生活していると考えるのは誤りであろう。その他の社会から完全に隔絶しているのではなく、逆に、市場的関係と非市場的な関係（あるいは、功利的理性を批判するフランスの社会学者アラン・カイエ（Caillé 2007）が第一次的な社会性と第二次的なそれと名付けているもの）の間での完全な均衡を見出したように思われる。

結局、金子の例は、一楽により開始された理想に極めて近いとしても、それは特別な事例でしかないといわなければならない。実際、提携の一〇の原則は、関わるアクターをめぐる社会的、文化的、環境的な様々な条件に応じて、極めて独特な形で適用されている。だからこそ筆者は、次の節で、この日本の運動の、より典型的な別の事例を紹介したいのである。

3　相原農場の事例

相原家は、神奈川県藤沢市で一九八〇年から有機農業を行っている。彼らが化学的投入材を一切なしに済ますことができたのは、多くの部分、有機農業運動のパイオニアの一人である浅井まり子との出会いのおかげである。相原家が有機農業を始める一〇年前の一九七〇年に、浅井は藤沢市の二〇人の主婦たちと「食生活研究会」を設立した。当初、彼女たちは、小さな加工場からの豆腐の共同購入しか行っていなかった。この加工場は、彼女たちが見つけたなかで、保存料ＡＦ２を使用していない唯一のものであった[6]。その後、健康と食品との関係について学習するなかから、彼女たちはますます、お茶や米、野菜の残留農薬の問題に不安を覚えるようになった。こうして彼女たちは、相原家が、有機農業に取り組むべく彼女たちとの協力を受け入れることを知って喜んだのである（浅井一九九一）。

相原家を支援するために、このとき、食生活研究会のメンバーたちは、その生産物すべてを買い取ることを約束し、しかもこれは現在に至るまで、それまでと同じ条件でなされている。これにより相原家と彼女らは、売れ残りと市場変動を回避することができるようになった。次いで彼女たちは、相原一家の畑作業を支援することで、また一週間分の収穫について、自分自身の野菜パックを詰め込むことで、慣行的農業よりも多く必要とされる追加的な時間と労力を分担したのである。このように彼女らの努力は相原一家にとって極めて貴重な支援であった。今でも、相原一家は彼女たちに感謝している。しかし年数とともに、別の消費者たちが研究会メンバーに加わるようになっており、また社会の変化に適応するために（とりわけ女性の就業機会の増加）、共同購入は、消費者にとってより簡便な宅配によって置き換わった[7]。こうして相原家は現在八〇家族以上と結びついているが、彼らとの関係は、金子たちのところで観察されるほど強いわけではない。しかしながら生産者である彼らが常に自分たちの野菜の価格を設定しているからといって、特定の人と特別に親しくなることを妨げはしなかった。浅井によれば、こうした関係は、各人が計算なしに助け合うような大家族に似ているようだという[8]。フランス語圏カナダの小説家であるジャック・ゴドブー（Godbout 2000）が親族関係について言及する三つのタイプの贈与を、我々はこの大家族の中に見出すことさえできた。すなわち「贈り物そのもの、サービス、ホスピタリティ」である(Godbout 2000 : 20)。

結局、金子たちの場合と同様、私たちは、多くの小さな気遣い(経済的報酬を補完するように思われる)を認めることができたのである。その人数は減少したが、特定の人々はなお、畑に手助けにやってくるし、相原夫人が病気の場合や不在のとき、炊事の手伝いにくることもある。他の人々は、旅行のお土産や、もはや使っていないもの、相原家では作っていない、もしくは手元にない食べ物など、しばしばちょっとした贈り物をする。逆に農場での受け入れはいつも、非常に温かい。来る人には、いつもおいしい料理が供され、遠くに住んでいる人には宿泊が提供される。次いで、離れていてもサービスがなされる。例えばTさんは、自分の周りの人たちにおすそ分けをするために、一口の契約分以上の農産物を購入し、Yさんは農場のウェッブサイトを作成した。彼女は、自分が援農に来たときに撮影した文章と写真を、サイトで定期的に更新するのである[9]。

相原家の長男の成行は、こうした関係によって、自分が両親の後を継ぎたいという気持ちになった、といつも説明している。あるインタビューの際に、彼は、「援農してもらうことは、必ずしも生産性の観点からは利点があるわけではない」ともらした。というのも、すべてを事細かく説明するのに手間暇がかかり、間違った作業を修正しなければならないからである。しかし、たとえ田んぼでのたんなるピクニックであろうと、農場に人がくることは彼に張り合いを持たせてくれるという。他の農業者と同様、それは、いつもは極めてきつい孤独な仕事にあって、他の人が訪れてそれを共有してくれることは承認とモチベーションの重要な源泉なのである[10]。

4 欲求の重要性について

この二つの事例を比較して、私たちは以下のことを確認できる。つまり「提携」原則に記述されている関係(あるいは、商業的関係から贈与関係への移行)は、必ずしも貨幣システムや、価格貼付の放棄を必要としないのである。こうした結合の創出は、まずは観念の領域（各人がどのように行動を感じ取っているか）に関わるように思われる。例えば、もし金子がすぐにこうした関係を築くのに成功しなかったとすれば、それはまずもって、彼の最初の消費者における欲求の欠如、したがって金子の考え方や行為への承認の欠如によると、筆者は考えている。[11]

結局、「提携」の通常の図式（そこでは、自分の子どものために不安を持っている母親たちが、化学投入物なしに作物を作ってくれるように、生産者に要求しにやってきた）とは逆に、金子は自分自身から、この種の農業を選んだのであり、消費者たちにその重要性を説得したのである。したがってこの消費者たちは、自分たちの欲求が受け入れられたと感じた主婦たち（浅井と、彼女の周りの女性たちのような）とは同じ承認感情を抱くことはできなかったのである。彼女たちが、自分たちのためになされる贈与として、相原家の有機農業への転換と努力を受け入れることができたのに対して、金子は逆に自分で、自らの最初の消費者たちの欲求を作り出してしまったように思われる。したがって金子たちが最終的に、「提携」の最初の原則に記載されている関係を築くことができたのは、返礼としての貨幣や援農を要求することなしに、ただで自らの野菜を配布することによって、より明示的な贈与を行った後でのことなのである。

生産物に価格を貼付するか否かということ以上に、他者のために与えられる時間（ないしは他者のために取られるリスク）と、承認の感覚（他者がこれらを意識したとき、他者のなかに生じる）こそが、アクターたちに対して、信頼と承認、相互扶助からなる関係（この場合、「贈与関係」と呼ぶことができる）に入り込むことを可能とするように思われる。したがって、この場合、貨幣的報酬は、生産者に感謝し、その労働の価値を承認し、とりわけ最も確実なやり方で彼らを支援することを可能とさせる（というのも、生産者が生産し、まっとうに生きることができるためには、もとよりお金を必要とするのだから）、自明の、当然のお返しとして、消費者によって受け入れられるように思われる。しかも、こうした報酬は、「最低限の」、不十分な、したがって、絶えず他のものによって補完されるべきお返しとしてしばしば考えられてさえいる。

結局、生産者について、また、彼の生活水準、日常、労働が必要とするすべての努力について消費者が知るとき、生産者から要求されている価格は、消費者である自分が受け取ったと考えているものに対して、微々たるものとなるのである。したがってまた、流通しているものの価値は全く観念的なものであるように思われる。この価値は、貼付されている価格とは何の関係もない。さらに、不十分と思われる貨幣的報酬を埋め合わせるようになり、これによって好循環するかのように、生産者は自分が消費者に与えているよりもいっそう多くを受け取っている、という印象を抱くようになる。このことが、生産者と消費者がよりお互いに打ち解けて共生・共愉的（コンヴィヴィアル）に受け入れ合い、生産者がより多くの歓びと熱意をもって、消費者のために生産するように促すのである。「提携」と結合して、農業者の仕事（メチエ）は、貨幣を得るためにしなければならない単なる労働以上のものとなる。この仕事は人の役に立ち、より人間的に豊かな関係において他者と自らを結合させることを可能とさせる、より悦ばしい、満足感のある義務として現れるのである。

5　むすび

最初に指摘しておいたように、「提携」は単純な販売システムとはまったく異なっている。こうしたシステムで最も重要なことは、「離脱すること」、他者に対するすべての義務から解放されることなのである。[12]「提携」で交換されているものは物質的なことを超えており、アクターたちは、ある種の絶えざる債務によってお互いに義務づけられているようにさえ見える。それは、家族における贈与について、ゴドブーが「ポジティブな相互的債務」と語っていたことである。債務者を「苦しめる」経済的債務とは逆に、この債務者は、アクターたちによって「望ましい、優遇されている」状態として考えられているようだ（Godbout 2000：56）。各人はつねに、自分が他者に与えるよりも多くを受け取っていると感じ、したがって、いつまでも債務を負っていると感じてはいるものの、こうした感情は決して否定的で、抑圧的ではないのである。このように、こうした感情は、「提携」において生産者と消費者を結合させる関係の、絶えず更新される起源であると同時に結果としても理解されるように思われる。

実のところ、提携の一〇の原則を通じて、一楽が何よりもまず促進しようとしていたことこそ、有機農業の普及よりもむしろこうした関係の全般化なのである。こうした関係こそが、アプリオリに対立的な利害をもった諸個人を結合させるのは、古い社会における贈与のように、価格競争戦争を放棄させることによってなのである。一楽はそこに、すべての人間存在に対して、以下のものにアクセスすることを可能とさせる、理想社会の鍵を見ていたのである。すなわち①人々を養う大地、②人々の生活に意味を与える承認、③彼らの異なった知識と能力を共有することで、人々に対して一緒に生きていくことを可能とさせる相互扶助、である。

[注]

1 本章は、Pénélope Roullon (2016) Don et démarchandisation dans l'agriculture biologique au Japon, (*Japon Pluriel, 12, Autour de l'image: arts graphiques et culture visuelle au Japon*, pp.673-682) を翻訳したものである。

2 慣行的な流通システムでは彼らの農産物は、厳密に大きさを測られ、選別されていたので、農業者は、形も大きさも、色もまちまちな彼らの産品を他のところでは販売することができなかったことであろう。したがってこれらの女性たちのコミットメントは彼らの有機農業転換において大きな支援となった。

3 こうした一〇の原則のフランス語訳は国際的なネットワーク URGENCI のサイトで掲載されている。これは、世界中の、「生産者と消費者の間での地域的で、連帯的なパートナーシップ」全体を結集させている。http://urgency.net/French/principles-of-teikei/

4 雨宮裕子によるフランス語訳（Amemiya 2011 : 345）。

5 このような選択は「提携」の原則九条と関連づけることができる。そこでは関係の質を壊さないように、適切な規模を維持することが重要なのである（一楽 一九七九）。

6 ＡＦ２の有害性は一九七一年には認められていたが、厚生省は長きにわたり無視してきた。こうして浅井とそのＮＰＯはその禁止を要求する長期にわたる訴訟に関わることになる。そこには、全国の他の多くの団体が結集することになり、主婦連や日本消費者連盟が含まれる。この運動のおかげで、ＡＦ２は一九七四年に禁止されることになった（浅井 一九九一）。

7 パックは今では、相原家自身によって詰められ、出荷されるので、これは最初の頃よりも彼らに多くの時間を要求する。しかし、他の「提携」グループと同様、消費者が行っていたこうした努力は、今日、多くの農業研修生の受け入れによって軽減されている。

8 相原農場での筆者による聞き取り（二〇一六年一〇月二三日）。

9 記事の内容は www.rangers.bz/~aihara-farm を参照。

10 相原農場での筆者による聞き取り（二〇一五年二月三日）。

11　カイエによれば、マルセル・モースにより記述される贈与の三重の義務に、四つ目の時間を追加しなければならない。かの有名な「与えること、受け取ること、返礼すること」の以前に、必然的に、暗黙的にであれ欲求の時間がなければならない。すなわちそれなしには、贈与は、これを受け取る人によって、かかるものとして感じ取ることができないであろう（Caillé 2007）。

12　「離脱すること」（ラテン語の quietus、つまり静謐であること）は、倫理的ないし社会的な義務から解放されていることを意味する。「誰かに対して離脱していることとは、承認するよう要求していたことを、彼に履行したことなのである」（*Dictionnaire de l' Académie française,* 1878 7e édition, Paris, Institut de France ,pp.150-151）。

[引用文献]

浅井まり子（一九九一）『ハイヒールを脱ぎ捨てて、有機無農薬で安全な食を』、家の光協会。

一楽照雄（一九七九）「生産者と消費者の提携の方法について」、『土と健康』、通巻七八号。

金子美登（一九八六）『未来を見つめる農場』、岩城書店。

折戸えとな（二〇一〇）『「お礼制」、古くて新しいもの：小川町霜里農場四〇年の試みから』、立教大学。

境野米子（一九九一）『有機農業運動に生きて』、福島土といのちを守る会。

Amemiya, Hiroko. ed. (2011) *Du Teikei aux AMAP-Le renouveau de la vente directe de produits fermiers locaux,* Presses Universitaires de Rennes.

Caillé, Alan (2007) *Anthropologie du don. Le tiers paradigm,* La Découverte.

Godbout, Jacques (2000) *Le don, la dette et l' identité. Homo donator versus homo économicus,* La Découverte.

コラム

フランスのアグロエコロジーと有機農業

須田 文明

1 フランスにおける近年の有機農業の発展

(1)有機農業のメインストリーム化

日本と同様フランスでも、これまで有機農業は生産力主義とは相性が悪かった。しかし、二〇〇七年のサルコジ政権下で開催された「環境グルネル」懇談会を契機に有機農業や地産地消がメインストリーム化の道を辿ることになる。この懇談会は国や地方公共団体、NPO、農業者団体、研究機関の代表からなる広範なステークホルダーを結集し、その会議での主要な結論を法制化した。この懇談会の第四分科会「持続的生産・消費様式（農業・食品・地域）」が、二〇一八年までに農薬使用量の五〇％削減、有機農業面積の二％から二〇％への拡大、二〇一二年までに団体給食における有機農産物調達二〇％などを目標とするロードマップを策定したのである。こうした手法はマクロン政権下で二〇一七年の「食料国民会議Egalim」でも踏襲され、Egalim法（二〇一八年）では、二〇二二年までに団体給食における農産物・食品調達の五〇％以上を公的品質表示産品、地産地消産品などの持続可能性を配慮したものとし、うち二〇％を有機農産物とするとした。

近年、有機農産物の生産と消費が顕著に増加してきている。有機農業生産者は二〇一九年に四万七一五六経営、二〇二〇年には五万三〇〇〇経営で（データは Agence Bio の HP, La France Agricole 誌、二〇二二年一月四日）、二〇一〇年は経営全体に占める有機農業経営の割合は四％にすぎなかったが、現在、十二%となっている。有機農業経営数は二〇一〇年から現在まで、ドイツが六〇%増加したのに対して、フランスでは一六二%増加している。また有機面積は五年間(二〇一四-一九年)で、一一〇万haから二五〇万haへ倍増し、その面積割合は九・五%である(二〇一九年)。さらに、慣行的農業において四〇歳未満の経営者が一七%を占めるのみであるのに対して、有機農業では二七%である。フランスの有機農産物販売額は二〇一五年から二〇二〇年に七〇億ユーロから一二七億ユーロとなり欧州第二位で、ドイツとフランスだけでEU有機農産物販売額の五八%を占める。

(2) 有機農業の発展要因と懸念材料

このように長い雌伏の期間を経てビリからトップに躍進したフランスの有機農業の発展要因はどこにあろうか(以下 Agra Presse Hebdo, no.3816, 2021, pp.1-6を参照)。まず二〇一三年の共通農業政策CAP改革で補助金額の引き上げがあり、フランスが有機農業維持への補助を三年から五年に延長したことがあげられる。さらに近年、耕種部門における技術普及により除草やカバークロップによる管理を通じて有機面積が上昇したことがある。有機農産物関連の加工や流通、輸出入企業数が二〇〇五年の五〇〇〇社から二〇二〇年の二万六〇〇〇社に増加していることに見られるように、川下企業での有機バリューチェーンの高度化がある。農村の中小の食品企業にとって、有機への転換は巨大食品企業を前にして生き延びるための手段であった(Synabio会長のD. Perreol氏)。

今後の有機農業の発展はけっして順風満帆な訳ではなく、ここにきて有機農産物の消費動向に陰りが見られる。二〇二一年の有機農産物販売額は前年度比で三・一%の減少、小麦粉一八%、バター一二%、牛乳七%、卵六%、果樹野菜は一一%、それぞれ減少している。フランス最大の酪農協同組合Sodiaalは二〇二一年以降、新規就農者を除いて有機転換を停止し、二〇二二年二月から有機生乳の集荷を三-一〇%削減し、民間乳業最大手のラクタリス社は有機生乳を三〇%以上、慣行生乳として集荷し(二〇二一年)、新規の有機転換を凍結している(La France Agricole誌、二〇二二年一月一四日)。コロナ禍で購買力の低下のため有機食品の購入が減少しているほか、より安価な地産地消産品、「残留農薬ゼロ」表示、フランス版農業工程管理（GAP）である「高環境価値HVE」表示と有機農産物の競合が見られるようになっている。とりわけHVEは次期EU共通農業政策（CAP）改革でも有機農業と同一レベルの補助金を得られる予定であるので競合が激化しよう。

果樹野菜部門の業種委員会 Interfel 会長の L. Arudin 氏は有機産品消費低迷について、二〇一八年の新食品法（Egalim 法）も役には立たないとする。同法は団体給食での二〇％の有機調達を目標とするが、外食（民間レストランおよび団体給食）は野菜消費の一〇％を占めるのみで、団体給食はさらに五％でしかなく、うち有機野菜の消費量の〇・五％しか占めていないので、消費低迷を相殺しないというのである（La France Agricole 誌、二〇二二年一月一八日）。高等計画庁（HCP）は有機果樹野菜の競争力向上が必要であるとする。二〇一九年に果樹野菜部門は五九億ユーロの純輸入がある。同一の同量の果樹野菜品目のバスケット（二〇一九年）で有機産物では九〇・七八ユーロで慣行的産物（四九・九五ユーロ）より四〇ユーロ高く、二〇一〇年ではその価格差は三〇ユーロでしかなかったのである（HCP, Ouverture, 2021, no.9）。有機農産物の高い付加価値が維持されていることは成長の要因となろうが、コロナ禍と原油高等による家計費圧迫が続けば中間層による有機消費は減退することになろう。

2．成長戦略としてのアグロエコロジー

欧州グリーンディール、とりわけ「農場から食卓へF2F」戦略を通じてEUは世界農産物市場での脱炭素化競争においてイニシアチブを取ろうとしている。その柱としているのが上述の有機農業やアグロエコロジー的移行であり、コロナ禍はこうした移行を加速させることであろう。EUに牽引される形で先進各国は、脱炭素化を通じた国際競争力を獲得するべく、農業食品分野におけるデジタル化や代替肉開発などへと投資資金を呼び込もうとしている。

フランス政府もまたすでに二〇一四年の「農業の未来の法律」以来、アグロエコロジーを推進し、アグロエコロジーとして一三の基本要素をあげている（フランス農業省HP）。すなわちカバークロップと輪作、気候変動、土壌の生物多様性、豆科作物による窒素固定、作物と家畜の連携、知識の共創・共有、生物学

的防除、アグロフォレストリー、生物多様性、受粉種、水管理、持続的種子、エネルギー管理である。政府は二〇一四年の社会党政権発足以降、アグロエコロジーを国際的に推進するべく、FAOなどを舞台に国際外交を積極的に展開している（須田 二〇二二a）。

3．社会運動としてのアグロエコロジー

フランスでのアグロエコロジーはまず市民社会の側から提示され、二〇〇〇年代以降、環境運動家ピエール・ラビの「ハチドリ運動」や有機農業団体「自然と進歩 Nature & Progrès」などにより、ラテンアメリカ出自のアグロエコロジーを進めようとしている。Nature & ProgrèsのHPには、この団体の理念は「社会的公正と自然の調和の尊重に基づいた、ラテンアメリカ農民運動によって歴史的にもたらされたアグロエコロジーの中にある」とされている。このように市民社会レベルではアグロエコロジーは、ほぼ小農的有機農業の同義語である。ラテンアメリカの運動が土地なし農民の農地アクセスを、先進国での市民社会がコモンズとしての農地を強調することに違いがあろう（須田 二〇二二）。

フランス政府のアグロエコロジー・プロジェクトの運営には困難が予想される。一方で不耕起農業の普及を進める国際的な巨大農機具会社や種子・農業資材企業のバイエルやシンジェンタなどを構成員とする「持続的農業研究所IAD」が自らをアグロエコロジーの推進者とする。他方で、ビア・カンペシーナ（Via Campesina）や農民連盟などは「企業に掌握された投入物に農業が依存するならば、食料主権は実現不可能である」とし、「アグロエコロジーは農民的でしかあり得ない」とする（Arrigonon 2020：33）。こうした相対立する集団が政府のアグロエコロジー・プロジェクト運営委員会に参加し、機会あるごとに自らの主張を展開している。

4．地域食料プロジェクトPAT

二〇一四年の「農業の未来の法律」が全国食料プログラム（PNA）として、「社会的公正」と「食育」「食品ロス防止」「地域への根付きと伝統的資産の活用」という優先目標を設定し、またそれぞれの地域

圏（région, 州に相当）レベルで策定される、地域圏持続的農業プラン（ＰＲＡＤ）を規定した。これらの目標やプランを達成するために、「未来の法律」は、地域のボトムアップ型のプロジェクトとして地域食料プロジェクト（ＰＡＴ）を規定している。これは、地域の農業と食料について、アクターたちの間で共有された地域診断に基づいて、生産者と加工企業、流通、地方公共団体、市民社会アクター、消費者を連携させる。この場合、対象となる地域は多くの場合、広域の市町村連合であり、場合によって地域圏や県、市町村などの地方公共団体である。担い手となる地域レベルでは、すでに欧州農村振興政策のリーダー事業のローカル・アクション・グループ（ＬＡＧ）などが、それまでの活動の延長線上に、ＰＡＴに取り組む事例が多い。ＰＡＴの主要なテーマとしては団体給食の食材の地場調達や都市近郊農地の整備、就農支援、貧困者の食料アクセスなどがある。

　トゥール市を中心とした周辺市町村を含んだ都市圏広域連合（メトロポール）（人口三〇万人）のＰＡＴを分析したSerranoらによると（Serrano et al. 2021）、周辺一五㌖以内から野菜を、八〇㌖以内から精肉を調達することがＰＡＴ運営委員会で取り決められている。ＰＡＴは二〇二二年までに学校給食の五〇％を地場産、20％を有機農産物で調達するというEgalim法の目標を満たすために、地場産食材を給食センターに調達するべく農業会議所が地域診断を行った。農業会議所の調査によれば、この地帯の野菜農家は二つのモデルに基づいている。一方では、多角化モデルにより、生産者は多品種少量の野菜を、産消提携的出荷方法（ＡＭＡＰなど）や野外市場で直売する。他方で、大量生産モデルにより、少品種の野菜を卸や農協に大量に出荷する慣行的生産者がいる。オルタナティブ系の農業普及機関（Inpact）は、前者のモデルを主張し、有機農業での農民的農業による新規就農を促進しようとする。農業会議所は農業者全体の代表という立場から、むしろ既存の農業経営の発展を促進させつつ、地域の野菜の過剰生産を警戒している。こうした地域農業についての分岐した見方を仲介し、調整することもＰＡＴの重要な役割である。このメトロポールのＰＡＴの運営委員会は、学校給食に十分な量の食材を提供するためには、作付け計画の他、生産者の組織化、ロジスティックが重要であるとして、野菜の集荷加工施設を設立することになった。この地方公共団体（メトロポール）は学校給食と加工施設という二つの梃子により、供給をとりまとめ、需要を確保し、仲介的なインフラを整備することで、農業経営を地域に埋め込んだのである（須田二〇二二b）。

5．成長を超えて

脱炭素化を通じた輸出競争力獲得と持続可能性をめぐる議論が活発になっている。現在の資本主義は経済格差の拡大に対する社会的批判と並んで、より多くの個人の自律性の向上、均一性への拒絶といった芸術家的批判、さらに近年、ますます顕在化しているエコロジー的批判に直面している。こうした批判を受けて農業・食品部門では、有機農業や地産地消、代替肉普及など多様な実践が発展しつつある。

成長戦略としてのアグロエコロジーは農業者の所得を、あるいは生活の質を向上させることができるのだろうか。農業者はとりわけその過酷な労働条件によって多くのストレスに曝され、フランスで自死率が最も高い職業が農業者なのである。二〇一八年にフルタイム農業者は週五七・九時間働き、それに対しフルタイム肉体労働者三七・八時間、事務的従業員三八・〇時間である（INSEE, Durée et conditions de travail 2019）。驚くべきことに、一九七五―八五年に農業者の労働時間は五五時間であり（Deffontaine 2019 : 125）、農業の機械化は、少なくとも労働時間から見る限り、農業者の負担を軽減させることはなかった。こうした背景においてPATのような学校給食を通じての地産地消的な生産システムの構築は、農業者の所得の安定性と、地域での孤立を回避させることにつながるように思われる。PATは、国際競争に翻弄されない、これからの持続的でレジリアントな地域農業を模索するさいの「柔軟体操」（スコット二〇一七）として機能することであろう。

［引用文献］
スコット、ジェームズ・C.（二〇一七）『実践 日々のアナキズム』（清水展ほか他訳）、岩波書店。
須田文明（二〇二二）「プロジェクトとしての都市食料主権：フランスの『地域食料プロジェクトPAT』等を事例に」、『総合政策』第二三巻、五一－六八頁。

須田文明（二〇二二ａ）「競争戦略としてのアグロエコロジー的移行とＳＤＧｓ」（木村純子・中村丁次編著『酪農部門におけるＳＤＧｓの展開』、中央法規出版。
須田文明（二〇二二ｂ）「フランスにおける資本主義的農業発展の複数の道：脱炭素化蓄積体制をこえて」、『総合政策』、第二三巻、七五－九四頁。
Arrignon, Mehdi et Cristel Bosc (2020) *Les transitions agroécologiques en France,* PUBP.
Cheyns, Emmanuelle et Nora Daoud (2021) "Contester et prendre soin: Des forms de solidarities d' achats locaux, en Gasselin, et, al (eds.) *Coexistence et Confrontation des Modèles Agricoles et Alimentaires,* Quae, pp.255-271.
Deffontaines, N. (2019) Mal-Etre et Risque de Suicide, en Doidy, E., Gateau, M. (eds.) *Reprendre la terre,* Kairos, pp.123-137.
Haut-Commisariat au Plan (HCP) (2021) Consommation et pratiques alimentaires de demain: quelle incidence sur notre agriculture?, *Ouverture,* no.9.
INSEE (2021) Dureé et conditions de travail, INSEE Références.
Serrano, J. et al. (2021) Le rôle des collectivités locales dans la gouvernance alimentaire, *Economie Rurale,* no.375, pp.39-57.

第五章　農業と社会をつなぐ包摂の場
―イタリアの社会的農業―

中野　美季

1　はじめに

　農村とは何か。農業を行う場所が農村なのか。農業とは何か。農作物を生産するのが農業なのか。今この定義が揺らぎ変化しつつある。本章のテーマである社会的農業は、その先端に生まれた新しい農業、従来の農業の枠を超え、食物を生産しながら社会サービスを創出する多機能な農業である。それは、イタリアの市民の間から始まり、地域に即して多様な形をとりながら、農業生産活動を通して保健・福祉サービス、社会的弱者の雇用を創出し、大きな流れとなって二〇一五年に国法が成立した。

　本章ではまず、イタリアと他のヨーロッパの社会的農業の概況、イタリアの一地方の事例から社会的農業の着想が人間の中に宿り社会の中で実現される過程を辿る。次いで、イタリアにおいて農業と社会が出会い社会的農業が生まれた二筋の歴史の流れを俯瞰し、「時代」と人々の「行動」の相互作用、歴史の中で人間の「意思」が果たす役割と可能性を考察する。経済成長期のイタリアにおいて、伝統的農業地帯を工業化の波が洗い、地域と人間の基盤が失われかけたとき、一人の人間の深い洞察と意思が周囲の人々を巻き込み、地域を癒した。土台には農業があった。

なお、以下において、出典表記がない情報はすべて筆者による現地調査（二〇一二－一九年）で得たものである。

2　社会的弱者を包摂する農業

社会的弱者を包摂する農業生産活動をイタリアでは社会的農業（agricoltura sociale）と呼ぶ。具体的には、農業の仕事の場に社会的弱者（障がい者や難民など）が参加し、生産者から農業指導、保健機構やＮＰＯからサポートを受けながら自分に適した仕事を見つけ、無理のないペースで就業する。社会的弱者は社会とのつながりをつくりながらやがて仕事を覚え、生活習慣・健康増進・充足感・一定の収入などが得られ、農場は人手を確保できる。行政から見れば何年も公共の福祉・保健予算による保護の対象であった障がい者が、農場で正規雇用され、納税者になる。社会的農業ではそのようなことが起こる。

障がいを福祉や医療の枠組みから出して、難民や受刑者の社会的困難を施設の枠組みから出して、農村に場を移す。はじめは農家にとって、教えたり仕事を試すことに根気がいるが、社会的農業の現場にはＮＰＯや社会的協同組合から専門的サポートが付く。試行錯誤の段階を乗り越えれば、農家の頼れる助っ人になるかもしれない。あるいは仕事はほどほどであっても、行政の支援があれば生産者の負担はバランスが取れる。そこには他のものも創出されている。障がい者の家族の喜び、受け入れる農場との絆、農場と地域の信頼。これらは経済では量りきれない。

イタリアの社会的農業は孤立した実践ではなく、農業生産者以外にも多くの人々や組織が関わっている。ネットワークに協力する組織は各々の立場や目的で参加するが、これらをつなぐのは「地域への意識」である。農業が土に根をおろすように、社会的農業の実践はその地域と人に根をおろしている。

社会的農業が上手く機能すると、実践に関わる各セクターにメリットが波及し、ウィンウィンの関係が実現する。

表5－1　社会的農業に関する国際共同研究

<table>
<tr><th></th><th>期間</th><th>名称，研究代表者</th></tr>
<tr><td rowspan="3">1</td><td rowspan="2">2004 年 4 月～現在</td><td>実践コミュニティ‘ファーミング・フォー・ヘルス’</td></tr>
<tr><td>代表者：Jan Hassink (Wageningen University and Research Centre：オランダ)</td></tr>
<tr><td colspan="2">参加国：13 か国（オランダ，ノルウェー，イタリア，ベルギー，スロヴェニア，スイス，ドイツ，オーストリア，イギリス，スウェーデン，フィンランド，ポーランド，アメリカ），以降増加</td></tr>
<tr><td rowspan="3">2</td><td rowspan="2">2006 年 5 月～
2009 年 2 月</td><td>多機能農場における社会サービス（略称‘So Far’）</td></tr>
<tr><td>代表者：Francesco Di Iacovo (Pisa University：イタリア)</td></tr>
<tr><td colspan="2">参加国:EU 圏 7 か国（イタリア，オランダ，ドイツ，ベルギー，スロヴェニア，フランス，アイルランド）の 7 大学と公立機関</td></tr>
<tr><td rowspan="3">3</td><td rowspan="2">2006 年秋～
2010 年 8 月 26 日</td><td>COST Action866　農業におけるグリーン・ケア</td></tr>
<tr><td>代表者：Bjarne O.Braastad (Norwegian University of Life Sciences：ノルウェー)</td></tr>
<tr><td colspan="2">参加国：スタート時 14 か国，最終 20 か国（オーストリア，ベルギー，スイス，チェコ，ドイツ，デンマーク，フィンランド，ギリシャ，イスラエル，アイスランド，イタリア，マルタ，オランダ，ノルウェー，ポーランド，ポルトガル，スロヴェニア，スウェーデン，トルコ，イギリス）</td></tr>
</table>

出典：Hassink & Dijk (2006)，COST866 (2007)，Di Iacovo & O'Connor (2009) を基に筆者作成。

3　ヨーロッパとイタリアの社会的農業

(1) 国際共同研究にみる概況

二〇〇〇年代にイタリアのほか欧州のいくつかの地域で「農業資源を利用して、農産物と同時に農産物以外の人間への価値を創造する活動」が認識され始めた。[1] 農業資源を従来の用途（食物の生産・加工）と異なる目的（福祉、保健、社会的目的等）に結び付け、人間へのサービス創出や社会的課題解決を図るこの実践は、新たな発想と有効性が注目され、EU圏を中心に二〇〇四年以降三つの主要な国際共同研究が実施された（表5－1）。

研究によって明らかになった参加国の状況は、イタリアを含め国内に実績のある国、目立った活動が発見されなかった国など、大きく異なっていた。また、活動の存在した国であっても、歴史社会的背景の違いから、活動分野やターゲットなどに大きな違いがあった。[2]

(2) 「薬草の庭プロジェクト」にみる展開過程

イタリア社会的農業の代表的事例の一つ、トスカーナ州ヴァルデーラ連合区の「薬草の庭プロジェクト」は二〇〇二年に公認された。発案者は保健機構に長年勤めた精神科医マウロ・ガレヴィ

写真５－１　オリーブ畑が広がるヴァルデーラの丘陵部

出所：筆者撮影。

（一九四〇－二〇〇八）。それはデイケアセンターの通所者（知的・精神的障がい者）と農業実習をするというプロジェクトだった。

一五の市町村からなるヴァルデーラ連合区の中心都市ポンテデーラは、平野部に発達した工業地帯と丘陵部の伝統的農業地帯の二つの側面を持つ人口三万人弱の中規模都市である（写真５－１）。生涯にわたってポンテデーラのＵＳＬ５（第五地域保健機構）成人精神保健センターの精神科医であったガレヴィ医師は、工業化の進展により多くの人が離農して工場労働者になった一九七〇年代以降、廃れていく農村の様子と工場労働者の間で発症した精神障がいがしばしば農村に戻ると回復する様子を観察してきた。この経験からガレヴィ医師は「農業は人間の精神衛生に役立ち、耕作放棄地の再生は農業の伝統を持つこの地域の再生に役立つ」との思いを強め、精神障がい者と農業を行う社会的農業の構想を温め、定年を迎えた二〇〇〇年頃からこれを実行に移した。

プロジェクトは「薬草の庭」（Giardino dei semplici）[3]と命名され、ＵＳＬ５の七人の通所者（知的障がい者四名、精神障がい者三名）がガレヴィ医師とともにデイケアセンター近くの耕作放棄地を耕して「緑の教室」（菜園）の整備を始めた。並行して、ガレヴィ医師は地域の様々な機関（行政機関、保健・福祉機関、個人農場、農業生産者団体、教育機関など）を訪問し、協力者を開拓していった。

二〇〇二年、プロジェクトはヴァルデーラ連合区長会議で承認され、初めのささやかな財政援助を得る。完成した「緑の教室」で七人の通所者に対し

写真５－２　ビオコロンビーニ農場で出荷作業をするマリア

出所：筆者撮影。

て六か月の農業実習と座学の講座が始まった。やがてビオコロンビーニ農場ら二つの農場が協力を承諾し、農業実習は緑の教室から一般農場へと発展し、「社会的農業の原型」が形成されていった。二〇〇二年当時の話を、ヴァルデーラ連合区庁の責任者ジョヴァンニ・フォルテに聞いた（二〇一六年一〇月）。以下はその概要である。

ガレヴィ医師はある日役所に電話をかけて面会を申し込み、プロジェクトの話をしにやってきた。何度も通って熱心に「地域精神保健と農村の再生プロジェクト」の提案をした。二〇〇二年一一月、提案に連合区として少額の予算をつけることを決定した。農業実習が始まりプロジェクトが進むにつれて予想を超えた好循環が生まれ、参加する各方面に以下のようなプラスの効果が観察された。

①《労働弱者》マリア（仮名）は精神障がい（抑うつ症・障がい者度数七五％）で一五年以上デイケアセンターに通い投薬治療を続けていたが、ビオコロンビーニ農場で農業研修を受け、できる仕事が見つかって働くうちに一年ほどで症状が改善した。自分で作った野菜を市場で販売したことをきっかけに人との接触、接客ができるようになり、その後運搬のため運転免許も取得し、研修後に農場の無期限正規雇用を獲得し[4]、二〇〇三年から現在まで働いている[5]（写真５－２）。

②《生産者》家族経営のビオコロンビーニ農場は人手不足と販路開拓に課題を抱えていたが、社会的農業を始めて州の優遇措置（障がい者雇用分人件費の軽減、公共給食への優先導入など）を受けながら人手が増えた。また、地域福

祉への貢献によって地元で評判が上がり、二〇〇〇家庭と野菜の直売契約を結んだ。

③《地域住民》削減される行政サービスに甘んじていた地域住民は、ビオコロンビーニ農場から野菜を買って応援し始めた。地域福祉に貢献する農場を支えながら、地産地消の有機栽培野菜が購入できることは二重の満足感となった。

④《地域行政》従来、連合区は保健、福祉、職業教育等に分野別に出費していたが、社会的農業に少額の投資をしたところ各方面に効果が及び、従来の方法に比べて行政の出費は全体として軽減された。さらに、地域には市民による新たな連帯の経済（市場を介さない農と食の流通ルート）が生まれた。

これをきっかけにヴァルデーラ連合区は社会的農業の政策的支援を開始した。ガレヴィ医師が足で築いた地域の協力機関ネットワークは拡大し、現在も継続している。二〇〇八年以降は行政が音頭を取って公式なプロトコル[6)]を作成・署名し、協力者間の情報共有と透明性確保に留意して専門性の高い協力関係を支えている。社会的農業では、すでにある農業資源を活用するため農家の初期投資の負担は少ない。一人、二人といった小規模な受け入れから始めることも多く、大きな失敗に至りにくいことも利点である。

4　イタリアにおける社会的農業国法の成立

二〇〇九年頃の社会的農業の状況について、イタリア農林食料政策省は次のように発表している。「（国立農業経済研究所による推定で）二〇〇九年時点でイタリア国内に約一〇〇〇の社会的農業プロジェクトが存在し、約四〇〇〇人の雇用が創出されており、これはＥＵ圏最先進国に位置づけられる」（MIPAAF 2014）。

二〇〇〇年代にイタリアで急速に社会的農業が発展した背景には経済不況とそれを加速した二〇〇八年の金融恐慌がある。農村部、縁辺地域では社会サービスが削減され居住性は低下しており、住み続けるためには何らかの方法で社会サービスを補う必要があった。農家、市民、非営利組織、カトリック団体など地域の様々な主体がそれぞれの立場からできることを試みた。使われていなかった農村資源（耕作放棄地や建築物）を利用して仕事場と社会的弱者の居場所を創り出す活動は、「社会的農業」と呼ばれるようになった。資金不足を人々のネットワークの知恵で補った。

イタリアでは初期の社会的農業の事例が二〇〇〇年代に認識され始める。国内に実践が増えるにつれ、ボトムアップで生まれた革新的な保健・福祉政策として注目され、州法に採り入れて支援する州が現れ、[7]地域行政レベルで社会的農業の存在感・期待感は強まっていった。二〇一五年の国法制定時にはイタリア二〇州のうち一一州に社会的農業に関する州法が制定されていた（中野・山路 二〇一五）。既存の一〇〇〇余りの実践とこれら州法の実績が後押しとなり、二〇一五年八月に「社会的農業国法」（法律一四一号「社会的農業に関する規定」）が成立した。

イタリアの社会的農業の多くは地域の必要から生まれた実践であったため、地域ごとの異なる事情を反映して主体も活動形態も多様であった。社会的農業国法制定に向けた最大の課題は、この多様性に富む社会的農業をどう定義するかであった。その状況を潜り抜け二〇一五年に成立した国法は、社会的農業を以下のように定義した。

> 「社会的農業とは民法二一三五条に規定される個人またはグループ[8]の農業経営者、および一九九一年一一月八日法律三八一号の規定する社会的協同組合によって行われる、以下の目的を持つ活動である。（中略）(a)障がい者・社会的弱者の仕事を通じた社会への包摂（社会・労働参入）、(b)地域社会の日常生活に資する社会・サービス活動、(c)医学的・心理学的・リハビリテーション的療法のサポート活動。動物・植物栽培を介する方法も含む、(d)教育農場、受け入れ・滞在施設を通じた、環境・食・生物多様性・郷土知識の教育プロジェクト」。

この定義によって、イタリアの社会的農業の活動は、(a)仕事を通じた社会への包摂、(b)日常生活のサポート、(c)療法・リハビリテーション、(d)食・環境教育、という四つの分野に分類される。

社会的農業がカバーする活動範囲は非常に広く、社会的農業の受益者は社会的弱者にとどまらず、健常者を含む地域コミュニティ全体となっている。二〇〇〇年代にオルタナティブな保健・福祉政策として存在を示し始めた社会的農業は、二〇一五年の国法で包括的地域政策へと飛躍した。いわば社会的農業を通じて法的にも農業と社会が結びついた。イタリアにおける農業は「食物生産」の枠を超え、「保健・福祉政策」の枠も超え、「地域社会の日常生活に資するもの」と認定されたのである。

ここでイタリア社会的農業の特徴として押さえておくべきは、この法律が対象とする「社会的に不利な立場に置かれた人々」とは、身体・知的・精神障がい者はもとより、薬物・アルコール依存者、虐待を受けている者、移民、刑余者など、幅広い社会的困難を抱える者を指していることである。日本における一般的な支援対象の概念より幅広い。制度の射程は福祉・医療分野を超えて、社会の抱える課題であることが表れており、「社会的」と呼ばれる所以である。さらに、ターゲットに加えて実践主体も幅広い。社会的農業の多くが民間の有志によって始められ、中心人物を核に農場、協同組合、NPO、教育機関、公共機関など分野を横断する多様なアクターのネットワークが関わって運営される事例が多い。組織の形態を工夫し、味方を増やし、ネットワークメンバーの専門的な知恵を資本に、公共予算をあてにせず地域に必要な社会サービスを自ら創出するのである。

国法成立後の状況については、現在も調整が続いている。国法の定義から漏れた既存の社会的農業は、形態の変更、州法レベルでの救済などが模索され過渡期にある。国法に沿って整備・調整することが二〇州に対して義務付けられた州法は、ほぼ出揃った[9]。農林食料政策省の下に新設が法により定められた社会的農業活動を束ねる機関「社会的農業観察機構」は、メンバーが選出され、ガイドラインの策定が進められている（二〇二一年七月現在）。

5　社会的農業に至る二つのルート

(1)社会的イノベーションとしての社会的農業

社会的農業はイタリアおよびヨーロッパのいくつかの国で異なる形態で発展し、二〇〇〇年代に存在と有効性が認識され、近年EUレベルで推進される「社会的イノベーション」の有力な一形態と見做されている。注目度は高いが多様性の強さによりＥＵ圏における統一的法規は未だに存在しない。このように「イノベーション、新しい現象」と認識されている社会的農業であるが、イタリアの国法成立を後押しした既存事例は必ずしも新しいものばかりではない。調査によれば八〇％は二〇〇五年以降に（Rete Rurale Nazionale 2017）設立されているが、残り二〇％のなかには設立時期が一九七〇年代に遡るものもある。イノベーションと呼ばれる現象内部の新旧の混在をどう解釈すればよいだろうか。

事例の背景を調べるうちに、社会的農業に至るルートは大きく二つあることがみえてきた。一つ目は「農業から社会へ」のルート。二つ目は「社会から農業へ」のルートである。いずれも社会と農業が出会ったとき化学反応が起こり、今必要とされる現代的課題への解決策が生まれ、イノベーションと評価されたのである。

(2) ルート１：農業から社会へ、アグリトゥリズモ法制定

一つ目のルートは、農業の新たな可能性を探求する生産者の努力と工夫から社会的農業に至るルートである。生産物や加工品を作るだけではない「農業の持つ様々な効用 "多面的機能"[10]」を活用して経営多角化にチャレンジし、多機能農業を実践しながら社会に働きかける生産者の登場である。

今日のイタリア農業は「副業」による多機能化が進んでいる。二〇一八年度のＥＵ圏の総農業生産額のうち、副業分野の生産額においてイタリアは一国でＥＵ圏の約四分の一（二七・六％）を産出している（ISMEA 2019）[11]。このイタリア農業の多機能化は一九八五年のアグリトゥリズモ法が起点となっている。

戦後の工業化・都市化の進展に反比例して一九八〇年代の農村部の過疎化は深刻であった。イタリア農政は離農抑制のため、農家に副業を推奨し、収入手段の多様化・収入の安定を図った。一九八五年、アグリトゥリズモ法（法律七三〇号「アグリトゥリズモに関する規定」）の制定である。アグリトゥリズモ（agriturismo）とは農を意味する接頭辞 agri とツーリズム（turismo）を合わせた造語であり、法律では「農業経営者が自らの農場を利用して行う受け入れ及び宿泊提供の活動」と定義され、具体的には農家ホテル、農家レストラン、自家生産物直売所などの経営を指す。「アグリトゥリズモ法」ではアグリトゥリズモを農家の「副業」、すなわち農業の一部と認定し、この活動による収入は税制上

農業収入とみなして申告の簡素化を図った。放棄されていた農村建築物の修復に関して規制緩和を行い、改装して宿泊提供やレストランを始める農家に対して補助金など優遇措置を設けた。放棄された農村建築物を修復しながら特産物に光を当てる活動が、地域固有の農業を復活させ、農村地帯の景観・環境が改善され、新しいツーリズムが育ち、農家の収入安定に貢献した。初期には山間部、高原等の条件不利地域の振興が目的であったが、やがて平野部の農村地帯へも広がった。二〇一三年には二万件を突破し、現在まで増加が続いている（ISMEA 2019）。

アグリトゥリズモの発達により農村が開かれ、滞在者を受け入れて農業の仕事・農業の価値を伝える経験を積んだ生産者は発信力を磨き、意識が向上した。二〇〇〇年代には、農業の多面的機能を活用した経営多角化の次のステップとして、「教育的活動（教育農場）」「社会的活動」（社会的農業）へと発展する者も現れる。

「教育農場」（fattoria didattica）とは、生産者が農場に学校のクラスを受け入れて先生役を務める体験学習である。自らの農業の仕事場を子どもたちに開いて、農業を伝える半日〜一日のプログラムを生産者が考案する。民間機関の調査で二〇〇〇年には二七六件であったが、二〇〇八年には二九八九件の存在が推定された[12)]（Orefice & Rizzuto 2012）。

少し遅れて二〇〇〇年代半ば頃には、菜園、家畜の世話、チーズや加工品造り、教育農場の子どもたちへの対応、農家レストランの調理やサービスといった一般農場やアグリトゥリズモの仕事に、「労働市場における弱者」が就業する姿を目にするようになる。「社会的農業」の登場である。収入と人手を確保しつつ農業を通して社会に働きかける意識を持った生産者による、「社会的な機能」を発揮する農業である。トスカーナ州など先進的な州が社会的農業を最新の農村振興政策と位置づけて支援したことも普及に貢献した（BOX5-1）。

以上の動きはイタリアにおける多機能農業を推進することとなった。アグリトゥリズモの成功を受け、イタリア農政はさらに農業の概念を見直していった。副業の範囲を拡大し、法律を制定し、多機能化する農業を制度面から支えていった。以下にその歩みを整理する。

①一九八五年「アグリトゥリズモ法」：農家が、調理・接客・販売を行えるようになった。アグリトゥリズモが農家の副業と認定されるには「農家が通常自らの仕事に使用している農業資源を使う」という条件を課し、他業種から

BOX 5－1　アグリトゥリズモ　バウジャーノ
（Oasi Agrituristica Baugiano）（2012年9月訪問）

進化する生産者の多機能農場　（トスカーナ州モンタルバーノ自然公園）

トスカーナ州の国定自然公園にある家族経営の農場「アグリトゥリズモオアシス・バウジャーノ」は、1999年に1500年代の農家建築を修復しながら新規就農し、翌年アグリトゥリズモとしてオープンした。バイオダイナミック農法のオリーブと野菜栽培を軸に、牛を飼ってヨーグルトとチーズ造り、豚を飼ってサラミ加工、自然公園の保全、アグリ動物園（ロバ、ウサギ、ヤギ、ガチョウ、カモ、鶏）、教育農場、社会的農業と、多機能農業を実践している。運営するのは女性経営者ステファニア、父アンドレア、娘ミリアムとセレーナ。家屋の修復から畑仕事までこなすアンドレアは教育農場で訪れる子どもたちに「畑のおじいちゃん」と慕われる。2人の娘はそれぞれデザインと調理学校を卒業して農場の仕事に就いた。2006年に開始した、ステファニアが先生役を務める情熱的な教育農場には、年間1万人もの児童が参加する。教育農場はステファニアにとって子どもの心に種を蒔きメッセージを伝える機会であり、オリジナル教育プログラムが27種ある（写真5－3）。平日は小学校・幼稚園のクラスがバスで訪れ、週末は親子の宿泊体験、アグリ誕生会など様々な企画を実施する。

数年前から少しずつ社会的農業も始めた。週末にアグリトゥリズモの厨房や掃除を手伝うのは2人のナイジェリア難民女性、週何日か午前中に動物の世話と牛の搾乳をするのは自閉症の青年、教育農場で子どもと遊ぶ人気者のお兄さんは発達障害の当事者だ。トスカーナ州は早期から社会的農業を支援しており、バウジャーノではヨーグルトを学校給食に納入し、人件費の軽減を受けていた。2007年WWF認定農場への選定、2009年イタリア耕作者連盟「オスカーグリーン・地域発展賞」、2011年COPA-COGECA女性農業者賞、2012年農林食料政策省DE@TERRA賞、2013年にEU共通農業政策4大ベストプラクティスに選定され撮影隊が来訪など、受賞の話題に事欠かない。

写真5－3　ステファニアのオリジナル教育プログラム「穀物とパン」

出所：筆者撮影。

の参入を防いだ。

②二〇〇一年「農業部門現代化の指針」：アグリトゥリズモ活動に加えて、「農業の多面的機能」の活用および発揮に関する活動を広く農家の副業に認定した。具体的には田園・森林景観保全、水路保全など農村地域の保全活動により行政から収入を得る制度を整えた。

③二〇〇六年「改正アグリトゥリズモ法」（一九八五年法はこの法律に吸収・廃止）：一九八五年法の路線を強化し、地域性に立脚するアグリトゥリズモの理念をより明確に打ち出した。提供する食物の由来、品質に関する規定は一層強化された。

④二〇一五年「社会的農業法」：社会的弱者の包摂、食・環境教育、療法的農業など、農業の発揮する多様な機能が広く社会的農業と認定された。この法律により教育農場は社会的農業に包括された。農業は、食料生産の枠から飛躍し社会的な役割を担う多機能な存在になった。

(3) ルート2：社会から農業へ、社会的協同組合

社会的農業に至るもう一つのルートは「社会から農業へ」である。社会変革のための人々の行動がやがて農業へとつながった。二〇〇〇年代の経済不況下で地域のために行動した人々、そして遠く一九七〇年代により民主的な社会を希求した人々がいた。

第二次大戦後のイタリアでは戦後復興の後、工業化、奇跡の経済成長（一九五三－六三）を経て、急激な都市への人口移動、過密化、生活環境の劣化による「新しい貧困」層（ホームレス、薬物乱用、精神障がい、家庭に問題を抱えた若年層等）が出現した（ボルザガ 二〇〇七）。その問題意識から高まった労働運動は、理想を掲げた民主化運動のうねりとなって労働者から学生までを巻き込み一九六〇－七〇年代のイタリアを覆った。一九六九年の熾烈な労働争議「熱い秋」に続き、一九七〇年代はテロリズムの嵐が吹き荒れる鉛の時代に突入する。より良い社会への人々の熱い希求が時代の追い風となり先進的な法律が次々と成立した（Ciaperoni 2005）。なかでも「一九七七年の学校教育改革法」（事実上の特殊学級

廃止)、「一九七八年の精神保健法」(通称 バザーリア法、精神科病院廃止) は人権における最先端といえるものだった。

この精神科病院廃止が、イタリア社会的農業の主要な担い手の一角を占める「社会的協同組合」の誕生に深くつながっている。その動きは北イタリア、トリエステで始まった。

一九七一年、トリエステ県立サン・ジョヴァンニ精神科病院長にフランコ・バザーリア (一九二四−八〇) が着任し、入院患者の人権回復、精神科病棟開放 (可能な限り退院させ、必要があれば通常の病気と同じように通院治療する) が始まった。バザーリア法成立に先立つ一九七〇年代前半より、順次、何十年も病棟に閉じこめられていた一二〇〇人の精神障がい者が普通の暮らしのある太陽の下に解放された (Rotelli 2015)。市中に何か所かの精神保健センターを設置し治療・投薬を外来で実施する体制を整え、当事者の意思に反した強制的な入院、治療は廃止した。これら街に暮らしながら治療やリハビリを続ける人々の受け皿として、就業、住居、生活の支援を目的とした様々な形態の「社会的組織」がボランティアを中心とした人々の手で創造された。右派、左派の十数年の議論を経て一九九一年にこれらの組織が「社会的協同組合」の名で法制化されたのである (田中 二〇〇四)。一九九一年に約一〇〇〇であった社会的協同組合は、二〇〇八年には約一四〇〇〇に迫り職員は三一万人を越えた (Andreaus et. al. 2012)。この社会的協同組合のなかには農業を行うものがあり、これが二〇一五年の国法により「社会的農場」と認定され、今日の社会的農業の重要な一角を占めている。

「社会的協同組合」は、多様な困難を抱える人々を社会に包摂する意思と試行錯誤の中からイタリアで創出された新しい協同組合である。従来の協同組合は組合員の利益 (共助共益) のための組織であるのに対し、この社会的協同組合は社会に資する公益を存在目的に掲げ、就労者の三〇%以上を構成する社会的弱者と健常者がともに働く場である。困難を抱えて排除に瀕する隣人をどうしても社会につなぎとめようとする限りのない努力の歴史に圧倒される。(日本人である) 私の中に「なぜそこまでできるのか」という問いがある。

現在ではかつて精神病院のあった丘の上の広大な傾斜地はサン・ジョヴァンニ地区と呼ばれ、バラ園が点在する公園である。元病棟群はリノベーションされて大学や市民に開かれ、メインパビリオンには、トリエステ県精神保健局、ラ

写真５－４　高い天井から日差しが落ちる
出典：筆者撮影。

写真５－５　日常の背景にバザーリアがいる
出所：筆者撮影。

ジオ局、リサイクル本図書館、多くの社会的協同組合の事務所や工房がある。天井の高い空間。二〇一六年にサン・ジョヴァンニ地区の日常の中で数日を過ごした。天井の高い白い建物の中に流れる空気を肌で思い出す。就労支援を行う精神保健局に調査に通い、バザーリア亡き後も一日一日非常に大きな努力とともに歴史が継続されていることをみた。気を許せば後退する、人間はそういうものなのだと聞いた。あの空気の中に答えがあるのだろうか。

　白い壁面の所々から、モノクロ写真パネルのバザーリアがタバコを手に視線を投げかけていた（写真5－4、5－5）。

6　社会的協同組合

社会的協同組合（cooperativa sociale）とは、一九九一年法律三八一号「社会的協同組合法」（Disciplina delle cooperative sociali）で制度化された協同組合である。歴史社会的文脈からイタリアで創造された新たなカテゴリーの協同組合であり、従来の協同組合が組合員の「共助共益」を目的とするのに対して、社会的協同組合は「公益」を目的に掲げ、社会サービスの提供・社会的弱者の雇用創出を行う。専門家により社会サービスとケアを提供する「A型」、社会的弱者の雇用創出を目的に多様な分野で活動し有給労働者の三〇％以上が社会的弱者で構成される「B型」がある。A型は活動分野が社会・保健サービス、教育の提供に限定され、B型は活動分野に制限はなく農業を行うものもある。[13)]

国法により社会的協同組合には下記のような優遇措置が定められている。①社会的に不利な立場の雇用者に関する社会保険料の免除、②二〇万ユーロ以下の公共事業は、公共入札を経ずに、法の定める公共団体、公共企業との直接契約に基づき受託できる、③事業遂行に用いる不動産に関する不動産税、抵当権税は四分の一に軽減される。ほか、州レベル、地方レベルの優遇措置がある。

農業を行う社会的協同組合の事例として「農業カポダルコ」（Agricoltura Capodarco）（二〇一五年九月訪問）の概要を記す。「農業カポダルコ」は一九六八年にカトリック、フランチェスコ会の司祭（神父）ドン・フランコ・モンテルッビアネージがマルケ州カポダルコ村に創ったコムニタ（共生コミュニティ）を起源とする「コムニタ・カポダルコ」の一つである。障がい者の生活と仕事の自立を目的に、拡大家族のようにともに生活するコムニタ・カポダルコが、当時国内にいくつも設立された。カポダルコのプロジェクトでは各自が生活のなかでできる仕事をするため、設置された場所の条件に合わせて様々な職種が実施されていた。

「農業カポダルコ」は、ローマ近郊グロッタフェッラータで一九七八年に同じフランチェスコ会の修道院が所有する土地四〇ヘクタールを借り受けて一二人（身体的・知的障がい者を含む）が移り住み、農業を始めた。当初は住居周辺の一ヘクタールの農

写真5－6　ハーブの出荷作業をする人々
出所：筆者撮影。

地を耕し、鶏を一〇〇羽飼い、自給自足から始めた。その頃のイタリアは精神科病院開放など民主化運動の高まりのさなかにあり、各地にコムニタが生まれていた。

二〇〇〇年に経営を見直し、ボランティアに依存せず経済的持続可能性を実現する方向で借入金で投資を行った。農地を借り足し、商品の種類と量を増やし、組合員は五〇人に増えた。二〇〇四年にアグリトゥリズモ関連の設備を建設し、二〇〇席の多目的スペースは自家生産物を提供するレストラン、イベント、セミナー、ワークショップなどに活用されている。労働弱者は農業をはじめ農場のあらゆる分野で働いている（写真5－6）。訪問時には全就業者は約一五〇人、うち四八人が労働弱者であり、敷地内の共同住居には二一人の労働弱者が居住していた。地域社会、生産者、市町村、保健機構、大学などのネットワークで様々な共同プロジェクトが進められており、プロジェクトに応じて多様なタイプの労働弱者を雇用し、通常雇用契約、労働参入型（就労支援金、見習い雇用）などケースに応じた雇用形態をとる。

行政から委託されるプロジェクトの内容・対象は幅広い。例えば、ローマ県労働教育政策省の委託による二つの農業教育プロジェクトがある。一つは、「農業による労働参入の道」で四八人の障がい者と失業・未就業者を対象とする。もう一つは「Drugs don't Work」で、対象は六〇人の薬物乱用歴のある失業・未就業者である。また、近郊ワイン産地フラスカーティ市の委託で、精神保健センターと共同で実施された「Viva-IO」プロジェクトでは、デイケアに通う異なる二グループのユーザー（A：知的障がい・自閉症、

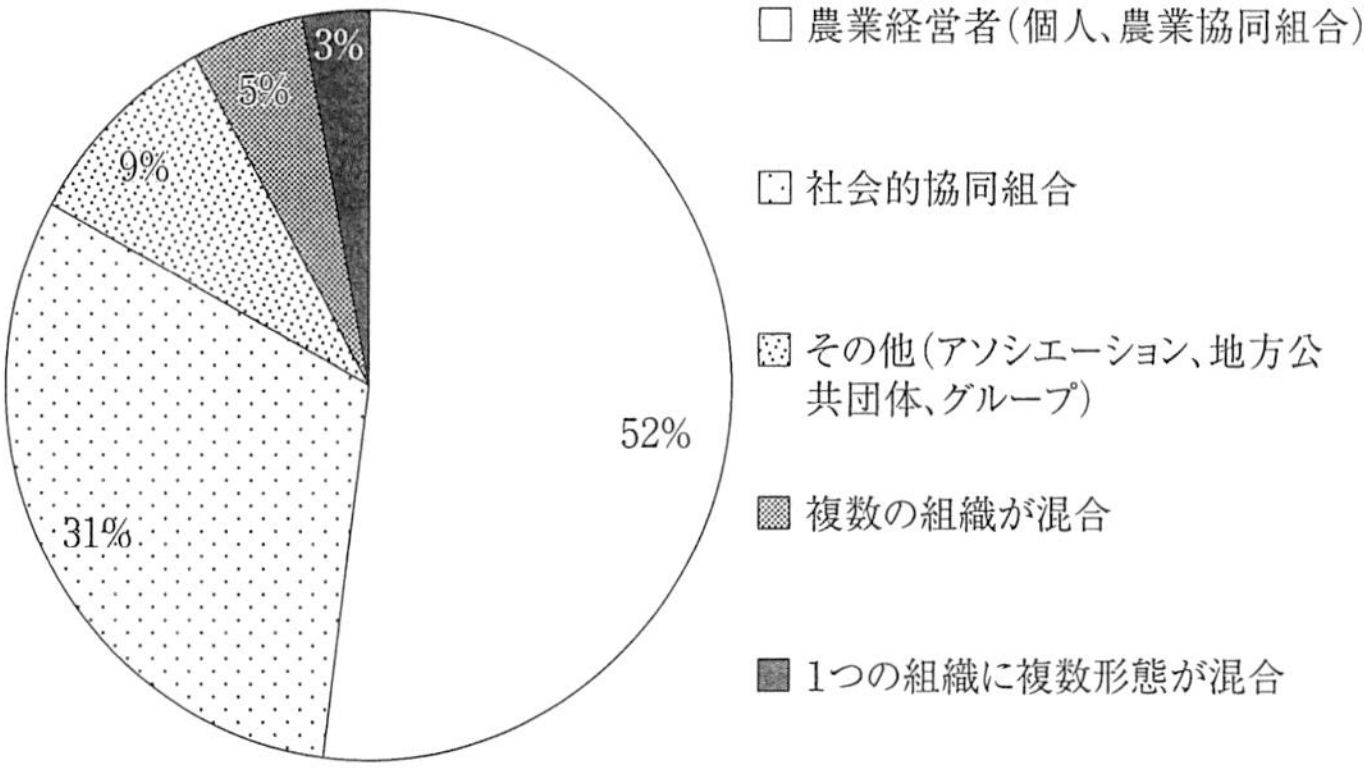

図５－１　法人形態

Ｂ：精神障がい、特に社会的コミュニケーション障がい）が月曜～金曜の午前、午後に分かれてハウスでブドウの苗木栽培に従事した。プロジェクトは、精神科医、心理学者、ソーシャルワーカー、生物学者、農学者、音楽教師、サポートのボランティア、農場の事務責任者各一名がチームを組んで実施され、二〇〇九年のソーシャルビジネス・ワークショップのグッド・プラクティスに選定された。

7　社会的農業の実践者像

社会的農業を担うのはどんな人々・団体なのだろうか。二つのアンケート調査からその背景と意識を垣間見ることができる。出典は（1）（2）がISMEA（2018）[14]、（3）（4）がRete Rurale Nazionale（2017）[15]である。

⑴ 法人形態（図５－１）

農業経営者（個人または農業協同組合）五二％、社会的協同組合三一％。この二法人形態がイタリア社会的農業の中心となる実践主体であり、この調査でも八三％を占めている。五％は二組織以上の共同運営[16]、三％は一組織が二つの法人形態を所有[17]、その他九％はアソシエーション、地方公共団体、インフォーマルなコミュニティなど。

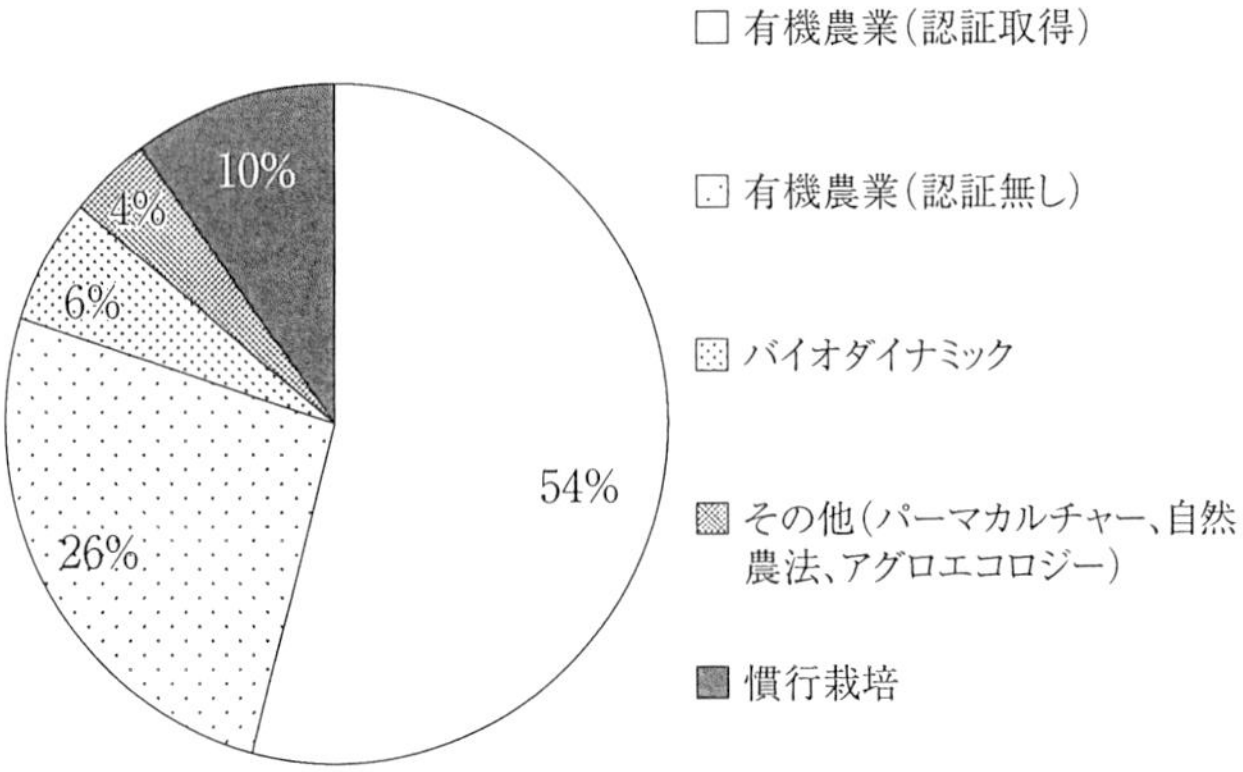

図５－２　農法

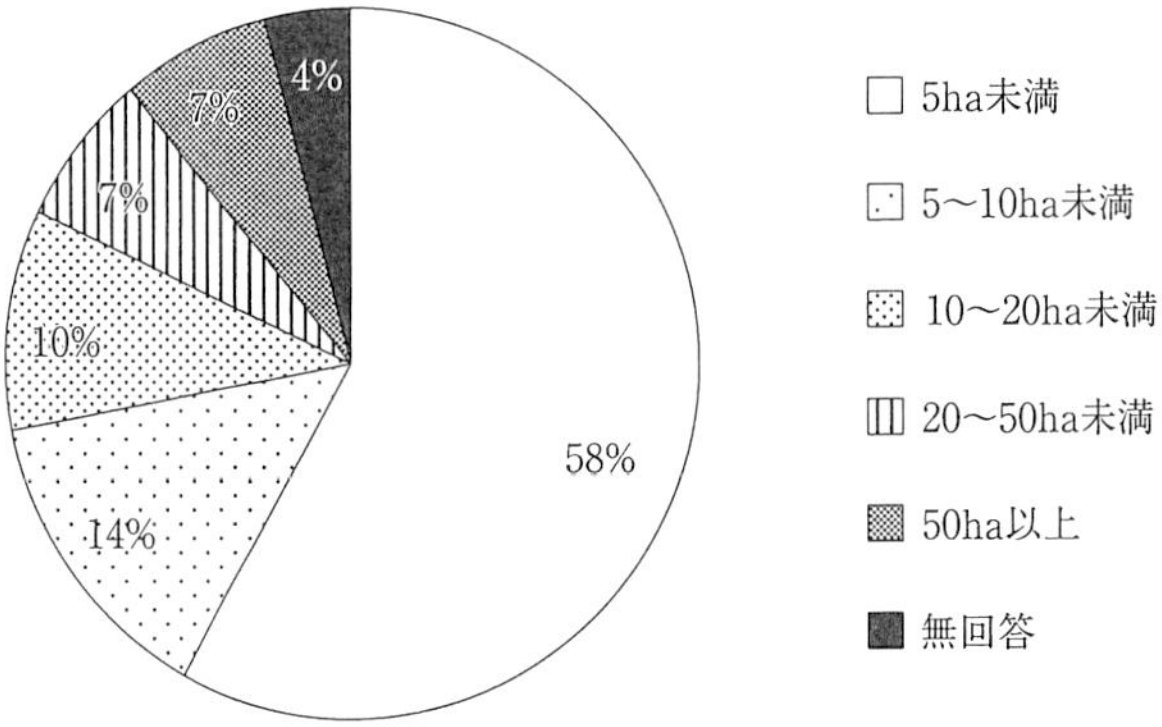

図５－３　経営面積

(2) 農法（図５－２）

農法は九〇％が環境保全型を選択。内訳は、有機（認証取得）五四％、有機（認証無し）二六％、バイオダイナミック六％、その他四％（パーマカルチャー、自然農法、アグロエコロジー）。

社会的農業と有機農業をはじめとする環境保全型農業は親和性が高く、他の調査でも同様の結果が出ている。地域に結びつきが強く地域の環境への意識が高いこと、障がい者の就業に手作業の必要性が高い有機農業の分野が適している、誰にとっても仕事の場として安全性が高い、手間をいとわず高品質・高付加価値を志向する傾向がある、といった要因が考えられる。

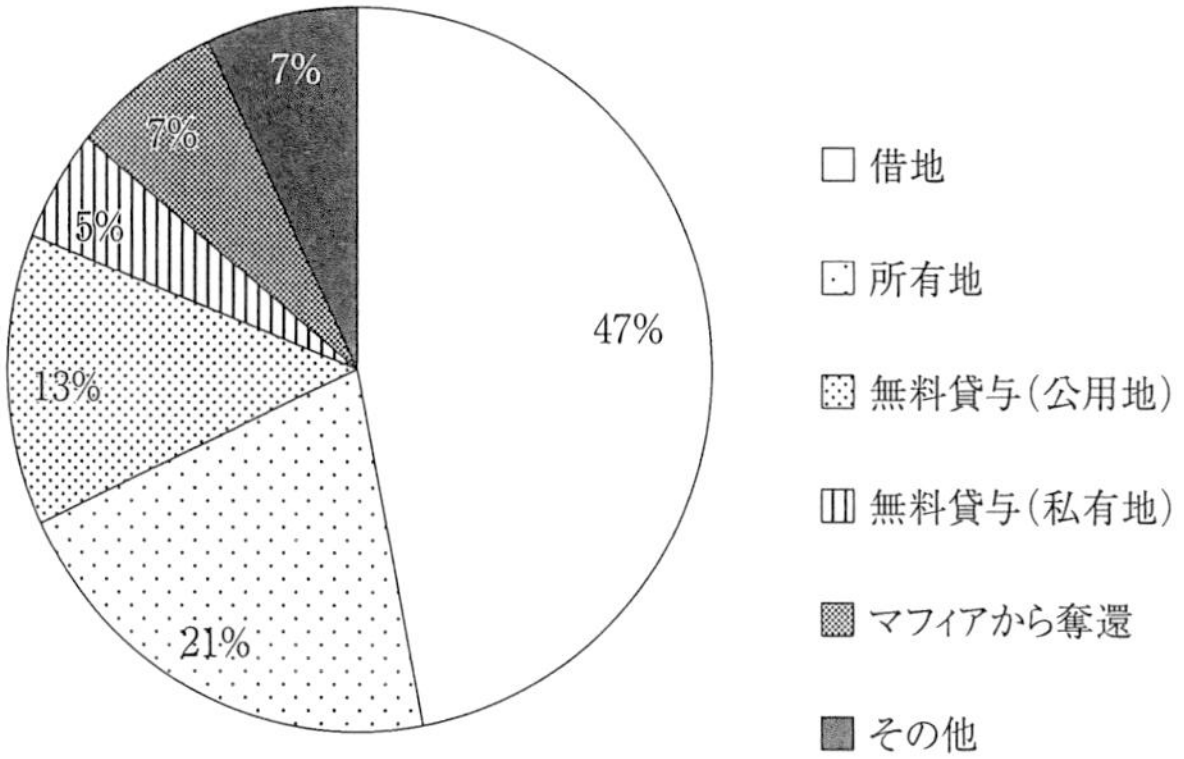

図5－4　土地の所有形態

(3)経営面積（図5－3）

平均二五ヘクタールだが、件数分布では小規模経営が多い。五ヘクタール未満が五八％を占め、イタリア農業の平均経営面積七・九ヘクタール（二〇一〇年第六回国勢調査による）と比べても小規模である。

(4)土地の所有形態（図5－4）

所有地は二一％のみで、いろいろな形の借地を耕作している。有料の借地四七％、荒廃した地域や川沿いの公用地を保安目的も兼ねて無料貸与されている例などが一三％。こういった公用地には近年市民が菜園を設置する例も増えている。教会や財団の耕作していない私有地を無料貸与されている例などが五％ある。一九九六年に成立したマフィアなど犯罪組織から奪還した不動産を社会的目的に使うことを定めた法律[18]により、社会的協同組合に優先的に貸与された土地を耕作する例が七％ある。社会的農業を行う菜園は刑務所、学校、菜園・動物療法を行う施設、リハビリテーション施設などにも普及している。

以上から描かれる社会的農業実践者像は、小規模であっても高品質な生産を志向し、環境への配慮、社会への意識を持ち、利益追求に勝る使命感・倫理観の存在がうかがわれる。そして、他国との比較におけるイタリア社会的農業の固有性は、「農業経営者」と並ぶ主要な実践主体である

「社会的協同組合」の存在にある。その意味するところは、イタリア社会的農業の存在目的には弱者の社会的包摂が重要な部分を占めているということである。

8　むすび：マウロ・ガレヴィとは誰だったか

数年間の調査から、農業と社会をつなぐ社会的農業の成立プロセスが見えてきた。そして、私がこの分野の研究に深く踏み込むきっかけとなった薬草の庭プロジェクトの位置づけも見えてきた。地域を俯瞰する一人の人間の意思が周囲の人々を駆り立てた大きな物語である。時代のなかで二つの社会的農業が合流する、その接点にマウロ・ガレヴィがいた。

工業経済への移行によって衰退する農村部。土地から切り離されて工場労働者となり心病む人々。工業化社会から規格外の烙印を押されてはじき出される弱き人々。一方にはそんな社会に異議を申し立て平等な「より良い世界」を希求する社会運動の高まりと、痛みを伴い時代の果実のように実現していく先進的な法律があった。一九七八年に精神科病院の廃絶が決まる。そのときトリエステの精神科医フランコ・バザーリアは五四歳。ヴァルデーラのマウロ・ガレヴィは三八歳。マウロは若い精神科医として精神科病院開放が全土に波及していく時代を呼吸していただろう。保健機構の後輩であった保護士パオラ・パッラの記憶のなかのマウロは、診療所にとどまらず、熱心に往診にでかけていた。人々に慕われる穏やかな人だったが、内部には独立独歩の自分があったという。筆者はマウロの家族に会いに行った。彼は患者のことと同様に苦境にあった地元の農場のメリットを考えていたという。だから、そこにあるたくさんの一般の農場を巻き込んでいったのだろう。

農業の伝統のあるこの地域が衰退していくことも、自分の根を失った人々が心病むことも、はじき出された人々が片隅に追いやられることも、マウロは座視しなかった。どうすれば良くなるか、精神科医という立場でこの地域の変遷に立ち会ってきた彼には見えたのだろう。行動しながら、笑顔で粘り強く、繰り返し人々を巻き込みに行った。人々は初め警戒しながら少しずつ近づき、やがてマウロの信念が周囲に伝染し、実績もで出来始め、精神保健と地域再生のための熱い協力ネットワークが編まれ、プロトコルの準備が進む。そのさなか二〇〇八年にマウロは病で急逝した。

デイケアセンターの後輩だった心理学者パオロ・カントレージは、少し憮然と「後には、非常に強いモチベーションを持ったワーキンググループが残された」と言葉を切った。グループはなおさら強く彼の遺志を前に進めたに違いない。その後薬草の庭プロジェクトは発展し、やがて少しずつペースを落とし、現在も続いている。人々のなかには今も深い喪失感が残っている。人間的な、人間臭い物語だ。

課題を抱えるとはどういうことか。弱さとは何か。自己完結せず何かを必要としている状態と見れば、弱さは開かれたひとつの資源であり、他者と出会うことで完結する。イタリアにおける社会的農業の実践のなかで、農村の課題×社会的弱者は、実際に新たな価値を生み出した。もしイタリア政府に潤沢な資金があったとしたら、農村が万事順調であったとしたら、社会的農業は生まれなかった。イタリアの中央政権の求心力は弱く、人々は自分たちが動かなければ何も変わらないことを知っているから、行政の介入を待たずに誰かが行動する。頼りない国はともかく自分の足元の日常生活を大切にし、身近な人と土地を愛する。これらが市民の当事者意識、名高いイタリアの家族愛と郷土愛につながる。政権の脆弱性にさえ何かのための歴史の意図があるのかもしれないが、ひとつひとつの現象は総体としての現実の多角的な側面の現れであり、一枚のコインの裏表なのだと、イタリアの事例を前に改めて思う。良いことずくめであるはずのない等身大の現実から生成する、思いがけずポジティブな力。弱さは欠点ではない。ここに価値のパラダイム転換の端緒をみる。

[注]

1　この活動に対する呼称は国や言語により一定しない。英語ではソーシャル・ファーミング、グリーン・ケア、ケア・ファーム等の呼称が用いられる。

2　フランスでは失業者の社会への再統合のための「参入支援農園」、オランダでは農家で障がい者や高齢者のデイケアを行う「ケア・ファーム」、英国では植物療法が盛んである等、国により中心となる分野にも違いがあった。

3　名詞センプリチは「民間薬のためのハーブ」（薬草、香草）を指す。形容詞センプリチは「素朴な」の意。障がいを持つ素朴な人々の意味が込められている。
4　一九九九年、法律六八号「障がいを有する労働者の労働に関する権利」により、障がい者度数四八％以上の障がい者の雇用主に税の軽減が行われる。
5　マリアと同時期にビオコロンビーニ農場で農業研修を受けた五人のうち、マリアを含む四人は、途中休職をはさみながらも現在まで各自に合った形で就業を継続している。
6　二〇〇八年版プロトコルでは一〇組織、二〇一二年の更新版では二六組織が署名した。分野横断型の専門性の高いネットワークであり、公共組織（ピサ県、ヴァルデーラ連合区、地域保健機構、ピサ大学、家畜保護実験研究センター、司法省機関）、民間組織（耕作者連盟、有機農業者連盟、個人農場など）、民間非営利組織（社会的協同組合、NGOなど）が加盟した。
7　二〇〇九年カラブリア州法、二〇一〇年トスカーナ州法、フリウリヴェネツィアジューリア州法に採用され始め、国法成立以前に計一一州法が存在した。
8　二〇〇一年の法改正により小規模協同組合は三人以上の組合員で設立できる。
9　ヴァッレダオスタ一州を残すのみである。全州法とガイドラインが整備されると、州レベルの社会的農場認定が実施できるため、正確な数を含めて社会的農業の全体像が明らかになる。
10　ちなみに、日本では、農業の「多面的機能」は以下のように定義される：「国土の保全、水源の涵養、自然環境の保全、良好な景観の形成、文化伝承など農村で農業生産活動が行われることにより生ずる食料その他の農産物の供給機能以外の多面にわたる機能」（食料・農業・農村基本法、第三条（一九九九））。一九九〇年代後半よりEU圏、日本など小規模な農村文化を擁する国々がアメリカ、オーストラリアなど新大陸国の大規模農業と異なる自国農業の性質を表現するために提唱した概念。一九九九年に発表されたEU共通農業政策「アジェンダ二〇〇〇」では農業生産に限らない「農業の多面的機能」を重視し持続可能な生産を志向する「ヨーロッパの農業モデル」を打ち出した。
11　この調査における副業は、従来の農業生産以外の分野のうち、農業の多面的機能に関する活動（アグリトゥリズモ、直売、再生可能エネルギー、緑地管理、ほか）を指す。
12　二〇一五年の社会的農業法により教育農場は社会的農業の一部門に認定され、州への登録が義務づけられた。二〇一九年度には全州で三〇一〇件が登録されている。

13 農業による収入が二分の一を超え、かつ社会的農業による収入が三〇%を超える社会的協同組合は、社会的農場と認定される（国法二条四項）。

14 ISMEA（2018）：社会的農業実践者へのＷＥＢ質問票調査。有効回答一七〇件対象。

15 Rete Rurale Nazionale（2017）：社会的農業実践者へのＷＥＢ質問票調査。有効回答三六七件対象。

16 「社会的協同組合＋保健機構＋アソシエーション（法律規定の緩い社団）」「農業協同組合＋社会的協同組合」「農業経営者＋社会的協同組合」。

17 「農業経営者＋社会的企業」「農業経営者＋ＯＮＬＵＳ（社会的有用団体＝非営利団体の法人格）」「農業事業体＋アソシエーション」「社会的協同組合＋アソシエーション」。

18 一九九六年法律一〇九号 Disposizioni in materia di gestione e destinazione di beni sequestrati o confiscati.

［引用文献］

田中夏子（二〇〇四）『イタリア社会的経済の地域展開』、日本経済評論社。

中野美季・山路永司（二〇一五）「イタリア社会的農業の研究」、『農村計画学会誌』（三四巻論文特集号）、三二一－三二六頁。

ボルザガ・カルロ（二〇〇七）「イタリアサードセクターの進展」、カルロ・ボルザガほか編『欧州サードセクター』（内山哲朗・柳沢敏勝訳）、日本経済評論社、六一－八二頁。

Andreaus et. al. (2012) *La cooperazione in Italia:un'overview*, EURICSE Working Paper, N.027/12.

Ciaperoni, Anna (2005) *Quaderno AIAB*, AIAB.

COST866 (2007) *COST Action 866 Green Care in Agriculture*. Available at: https://www.cost.eu/actions/866/（二〇二一年七月二七日アクセス）

Di Iacovo, Francesco and Deirdre O'Connor (2009) *Supporting policies for Social Farming in Europe, Progressing Multifunctionality in Responsive Rural Areas*, ARSIA.

Hassink, Majken van Dijk (2006) *Farming for health: green-care farming across Europe and the United States of America*, Springer.

ISMEA (2018) *Agriturismo e Multifunzionalita' Scenario e Prospettivo, Rapporto 2018*, ISMEA.

ISMEA (2019) *Agriturismo e Multifunzionalita' Scenario e Prospettivo, Rapporto 2019*, ISMEA.

MIPAAF (2014) *L'Agricoltura Sociale in Italia*, MIPAAF.

Orefice, Giuseppe and Rizzuto Margherita (2012) *Fattoria Didattica come organizzare, come promuovere*, Agra Editore.

Rotelli, Franco (2015) *L' Istituzione Inventata*, Edizioni alphabeta Verlag.

Rete Rurale Nazionale (2017) *Rapporto sull' Agricoltura Sociale in Italia*, Rete Rurale Nazionale.

第Ⅲ部

内発的発展と食料主権

奈良県で伝統野菜の保全と利用を行うプロジェクト「粟」（レストラン・営農組合・NPO の協働事業）を訪問し，代表の三浦雅之さんの説明を聞くアフリカからの訪問者

（撮影：西川芳昭）

第六章　ＣＳＡの実践による越境する持続可能な社会形成
―イギリスとカナダの現地訪問から―

西川　芳昭

1　はじめに

二〇二〇年はＣＯＶＩＤ－19に明け、ＣＯＶＩＤ－19に暮れた一年であった。本原稿を執筆している二〇二一年春現在、感染予防の方法として最も期待されている予防ワクチンの接種が世界中で開始されているが、実際にこの新しい感染症が人間の生活にどのような影響を与えるのかはいまだ誰も予測できない。現時点で世界的な食料不足は報告されていないが、一部食料輸出国からの禁輸措置が行われたこともあり、すでに食料価格の高騰傾向もみられ、二〇〇八年および二〇一〇年から二〇一二年にかけて食料の不足と価格高騰が引き金となって数か国を襲った政治的混乱の懸念もくすぶっている（Barrett 2020）。実際に筆者が二〇二〇年春に滞在していた英国コベントリー市においてもスーパーマーケットの棚から小麦粉やパスタが消えることを目の当たりにした。カロリーベースで三八％しか食料を自給できない日本とは異なり、英国は農業生産条件が良くない中で国内需要の小麦をほとんど自国産でまかなっている。英国内で小麦生産が滞ったわけではない。小麦の消費が中食・外食で行われる割合が多いため、家庭用に小麦粉を販売するためのパッケージが無くなったことが原因だと、農業関係者から教えられた。

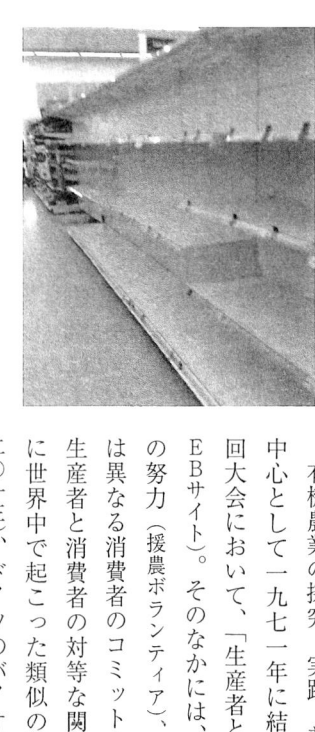

写真６－１　2020年３月16日の英国中部コベントリー市内のスーパーマーケットの様子（小麦粉やパスタがなくなっている）
（西川撮影、以下同じ）

そこで、本章では、生産者と消費者がリスクを負い合って、持続可能なコミュニティーを形成する仕組みである地域支援型農業（community supported agriculture：以下ＣＳＡ）を取り上げ、本書のテーマである新しい農本主義・内発的発展を考える際に、参画する人々のどのような意識や思想、実践、仕組みが参考になるか、情報を整理したい。

食料自給の問題は国家レベルや地域レベルにおける安全保障（セキュリティ）の問題としても、自分たちの食料をどのように調達するかを決める食料主権（ソブレンティー）の問題としても注目されている。この問題への取り組みの一つとして、地産地消や産消提携が注目されてきた。その一つの流れが、市民組織・ＮＧＯによる先進国と途上地域との農業生産・流通等に関する国際協力であり、もう一つが先進国内部における有機農業・自然農法・バイオダイナミックなどと呼ばれる、化学農薬・化学肥料を使用しない農業である。

有機農業の探究、実践、普及啓発、交流等を目的に生産者と消費者、研究者を中心として一九七一年に結成された日本有機農業研究会は、一九七八年の第四回大会において、「生産者と消費者の提携の方法」をまとめた（有機農業研究会ＷＥＢサイト）。そのなかには、生産計画への消費者参加、全量引き取り、相互理解の努力（援農ボランティア）、（消費者主体の）学習活動の重視など、一般の流通とは異なる消費者のコミットすべき内容が多く含まれている（枡潟ほか 二〇一九）。生産者と消費者の対等な関係が明示されていることも特徴的である。同時代的に世界中で起こった類似の運動は、スイスのＡＣＰ（産消近接契約農業）（波夛野 二〇一三）、ドイツのバイオダイナミック農業（西川・根本 二〇〇七）や、フランスのＡＭＡＰ（農民農業を守る会）（アンベール＝雨宮 二〇一七）、本章の中心テーマである北米で広く展開される地域支援型農業（ＣＳＡ）（門田 二〇一九）など多様な形態をとった（波夛野・唐崎 二〇一九、ヘンダーソン 二〇一〇）。北米の運動は、北野が第八章で論じるとおり、日本の草の根的な農家と市民による運動を起源のひとつとしている。これらの運動は、共通して食と農、人間と自然の乖離を問題視し、関係するステークホルダー間の関係性を再構築する試みを行ってきた。いずれの運動も、生産者と消費者とを一般的な市場を通さずにつなげることと、市場流通においては生産にかかるリスクをほとんど生産者のみが負うことに対して、消費者も一定程度のリスクを負おうとする点で共通点を持つと考えられる。多投入の農業生産や長距離輸送が地球環境にかける負荷の大きさが認識され、低投入かつローカルな生産が注目され、また小農・家族農が世界の食料生産・農地を中心とする環境保全に貢献していることの認識が広まってきたことから、広い意味でＣＳＡ＝提携に連なる運動の急速な広がりが注目されている。

二〇一五年に国際連合が合意した「持続可能な開発目標」（ＳＤＧｓ）には、社会分野で貧困・飢餓の問題、経済分野で産業・消費と生産の問題、環境分野で生物多様性、横断的分野として制度や国際協力が目標にあげられており、食と農の問題は国際社会およびその構成員一人一人が取り組む重要な課題となっている。これに先立つ約二〇年前の一九九六年に開催された国連「世界食糧サミット」ではすべての人の食料安全保障や飢餓人口の二〇一五年までの半減などについて加盟国の合意が得られた（古沢 二〇一九：一二一 - 一二九頁）が、貿易による実現やバイオテクノロジーの推進が意識され、必ずしも人間と自然の関係に踏み込んだものとはならなかった。前後して、市民社会は、「食料主権」の概念を成立させ、食の尊厳性の実現を目指す運動が盛んになった。中心となった農民団体「ビア・カンペシーナ」は、「食と農の営みの根源において生命や自然との交流・交歓があり、精神的・宗教的意味を含む地域の民族文化や歴史が深く蓄積されている崇高なもの」として、食料主権・食の尊厳性を主張した（古沢 二〇一九：一一九頁）。筆者は、この権利を「自分の食べたいものを自分で決め、実際に食べられる社会」と考えている。そのために、生産者・消費者・流通加工に関わる人すべてが当事者になることが期待されている。そのような仕組みとして、産消提携・産直・ファーマーズマーケットなどと並んで、地域支援型農業（ＣＳＡ）が注目されている（枡潟 二〇一四、枡潟ほか 二〇一九）。

二〇一四年から有志によって行われているCSA研究会の議論を踏まえて、その代表者波夛野（二〇一九）は、CSAを「地域の生産者と消費者が食と農で直接的に結びつき、コミュニティを形成して生産のリスクと生産物（環境を含む）を分かち合い、たがいの暮らし・活動を支え合う農業」と説明している。

CSAを構成する要素として、C（community）は既存の空間的なコミュニティを指すだけではなく、農業に伴うリスクや価値観・思想を共有するコミュニティを意味している。CSAの順序を入れ替えて、ASCとし、農業が支えるコミュニティという考え方もある（ヘンダーソン＆ヴァン・エン 二〇〇八）。CSAのCとAがそれぞれ独立しては存在できず、相互性の上に成り立っているのがCSAの特色の一つとも考えられる。A（agriculture）については、農業一般を指すのではなく、有機農業を中心とした健全な農業の存在と持続を含意しており、実際に欧米の調査では大半のCSAが、認証の有無はあるものの有機農業・バイオダイナミック農業を実践している（波夛野 二〇一九）。S（supported）は、支援だけでなく、分かち合い（share）の意味も持つ。後に述べるが、筆者がカナダで訪問したCSAの関係者は、このshareという言葉を好んで用いていた。何を分かち合うのかというと、もちろん生産物が重要であるが、それ以上に大切なのは、通常圧倒的に生産者が負うことの大きいリスクを消費者がともに負うことである。そのために、生産者と消費者が直接結びつくこと、原則的に前払いで購入すること、（生産者と消費者が話し合ったうえで内容を決めることも多いが）原則的に消費者は生産者が用意した生産物のセットを受け取ること、消費者も農場の運営に関わることなどが求められている。実際の運営においては、このすべてを実践する場合と、一部の項目のみ実践する場合があり、多様な運営形態がある。

日本におけるCSAの実践例は多くはなく、認知度も高くないが、農村開発や食料自給の観点からの政策的研究も実施されている。例えば、二〇一三年には農林水産省関係の国の研究機関農村工学研究所においてCSAに関する研究「生産者・消費者の連携によるCSA導入の促進」が実施され（農研機構WEBサイト）、「CSA（地域支援型農業）導入の手引き」が上述のCSA研究会の協力を得て公開されている（国立研究開発法人 農業・食品産業技術総合研究機構 農村工学研究所 農村基盤研究領域 二〇一六）。さらに、欧米のCSAのルーツの一つとして、一九七〇年代に日本で一定程度普及した「提携＝ＴＥＩＫＥＩ」があり、日本における農業思想の発展を議論する際にＣＳＡについて検討することを通してその世界における位置づけを検討することが可能である。

本章では、以上の背景のもとに、筆者自身がＣＯＶＩＤ－19蔓延下に訪問した英国ファイブエイカー・コミュニティファーム（ＦＡＣＦ）の事例を中心に、過去十数年にわたって訪問した国内外のＣＳＡおよび関連組織や活動から学んだことをまとめ、国内外のＣＳＡおよびシビックアグリカルチャー研究者の議論を参照したうえで、ＣＳＡが持続可能な社会形成に持つ意味について検討する。

2　英国におけるＣＯＶＩＤ－19下のＣＳＡ訪問でみたこと、教えられたこと

筆者は英国コベントリー大学でアグロエコロジーと食料主権および英国の在来品種保全運動の背景にある思想の研究を行う予定で二〇二〇年三月に渡英したが、ＣＯＶＩＤ－19の蔓延によって、緊急帰国を余儀なくされ、日本国内からリモートワークで研究を進めることとなった。現地での研究再開の目途が立たないため、住居撤収を兼ねて八月に短期間渡航し、その際にＣＯＶＩＤ－19下にあるＣＳＡとして、ＦＡＣＦを訪問した。ＦＡＣＦの圃場と事務所は、筆者が訪問研究員としてお世話になっていたコベントリー大学アグロエコロジー・水・レジリエンス研究センター（ＣＡＷＲ）と同じ、英国でもっとも大きい有機農業団体ガーデン・オーガニック（Garden Organic）[1]の敷地内にある。大学の研究センターは、科学・実践・運動をつなげる環境および社会の持続性を目指すアグロエコロジーを中心に食料主権や資源管理の学際的研究を行っている。研究センターの職員の多くがＦＡＣＦのメンバーになっているとともに、研究センターが実験に使用した作物は、データを取った後の収穫物が農場のメンバーに配布されている。研究組織・市民運動体・非営利組織などの多様な組織が同じ敷地内にあることでゆるやかに連携し、コミュニティを形成して生物多様性と地域農業の大切さを共有している。敷地内には、ＦＡＣＦ・ＣＡＷＲのほかにも持続可能な農業に関係する多様な組織がある。その一つ、ヘリテージ・シードライブラリー（ＨＳＬ）[2]は、一九七〇年代から野菜を中心に多様な伝統品種の収集・

保存と種子の配布を行っている非営利組織（NGO）である（西川・根本二〇〇五）。持続性について考える組織が集積しており、ホームエデュケーショングループの訪問などは敷地内の組織全体として受け入れており、相互に緩やかな連携を行っている。

ＦＡＣＦは、二〇一二年に組織が設立され、二〇一三年のシーズンから作物栽培を始めた比較的新しいＣＳＡである。英国には一五〇程度のＣＳＡが存在するとされているが、その形態は多様であり、生産者がイニシアティブを持つものから消費者が中心になって運営するもの、さらにはＦＡＣＦがそうであるように、法人を設立して組織的運営を目指すものなど多様である。ＦＡＣＦは、英国の法律に基づき、コミュニティ利益会社（Community Interest Company: ＣＩＣ）の形態をとっている。組織として大切にしている考え方（エトス）は、オーガニック（有機）・ローカル（地域）・シーズナル（旬）の三点であり、それらが持続性を作り上げると考えている。また、英国のボックススキームでよく行われている他の生産者から購入して消費者が必要とする野菜の組合せを作る販売はしておらず、あくまでもこの農場でその時期に生産するものだけでボックスを構成している。そのため、通常の年は、供給品数が減る春先の時期（ハングリーギャップ）には新しいメンバーの受付けは行わないように工夫していた。また、食料の国内あるいは地域内自給に関して、穀物はグローバルでもいいが、野菜はローカルであるべきという考えで運営されている。年間一四トンの野菜を出荷しており、原則として収穫したものすべてをメンバーに分配し、どうしても余ったものは市場に出すか、ローカルマーケットで販売している。一般にスーパーで買い物する人は、料理内容を決めてから買い物をするが、ＣＳＡの場合は配布されたものを見てレシピを決める必要があることが特徴である。

二〇二〇年夏現在三六口のフルシェア（家族向け：うち三口は喫茶店の販売用）と五三口のハーフシェア（一人または小世帯向け）のメンバーが契約をしていた。会費はフルシェアの場合月額五二ポンド、ハーフシェアの場合三一ポンドに設定されている。会員は年間を通じて、毎週火曜日または土曜日に農場で野菜を受け取る。会員をやめる人の率は毎年一五％くらい（全国ＣＳＡ平均は二〇％と説明された）で、その理由は、引越・経済的問題・家庭の問題・健康上の問題（食事制限を含む）などであり、スタッフたちは基本的に農場の理念はメンバーに共有されていると考えていた。

写真６－２　毎週のシェアを受け取りにきたメンバー（原則として１人が持ち帰る種類と量が決められているが，苦手なものは残していく選択はできる）

コロナ蔓延直前の二〇一九年四月から二〇二〇年三月年度の収入は四一五三八ポンド（うち会費三九〇七二ポンド＝九四％）、支出は三八〇二四ポンド（うち賃金一九五一一ポンド＝五一％）となっている。年間一五〇品種以上の野菜栽培を行い、作物品種の多様性を市民が楽しみながら体験利用する仕組みを作っている。メンバーの所得について公表できるデータはなかったが、担当者の感覚では貧困層は少ないが、必ずしも富裕層というわけではない。メンバーは毎年決まった金額を先払いすることによって農場が再生産可能な形で食料生産に関わり、収穫物の配分を受けるだけでなく、ボランティアとして栽培や収穫作業を農場スタッフの指導を受けながら行うこともできる。訪問した八月四日は、ジャガイモ、ケール、コールラビ（赤および白）、ブロッコリなどの収穫を、メンバーが野菜を受け取りに来る前の午前中に行っており、家族連れでボランティアが参加していた。収穫しながら、あまり一般的に流通していない野菜であるコールラビの食べ方や保存の仕方を伝えており、消費者を育てる側面も見られた。

主に働いているスタッフは、栽培担当者、組織運営担当者、技術アドバイザーの三名で、ほかに農作業のパートタイマーとボランティアによって作業が行われている。栽培担当者は、ＷＷＯＯＦ（World-Wide Opportunities on Organic Farms：有機農業体験と交流のＮＧＯ）経験者で、農業専門学校で有機農業の訓練を受け、パーマカルチャーの団体での経験も経て、ＦＡＣＦ設立時に雇用された。組織運営担当者は、もともとＩＴ関係にいたが、自給自足的生活を支える事業内容に興味を持って転職してき

写真６－３　野菜受け取りにきた人々がお茶をともにして交流する

ていた。技術アドバイザーは元々同じ敷地にあった有機農業研究機関（ＨＤＲＡ：注1参照）の研究・技術者であった。

聞き取りの中で注目すべきこととして、三点指摘しておきたい。

第一は、会員になる前にお試し期間のようなものを設けていて、実際に会員になるのはお試し経験者の八割程度ということであった。お試し期間（trial）の間に、ローカル・持続性・有機・旬のものというこのＣＳＡが持っている考え方が自分に合致しているかどうか判断してもらう。したがって、メンバーは農場でその季節に収穫できるものを食べるという考え方を共有している。不作で供給できなかった際（ネギ類が病害の影響でできなかった）に、他のボックススキームのように他の農場から購入してメンバーに供給すべきか検討したことがあったが、メンバーからはその必要はないとの合意があったと説明された。リスクの共有に関して一定程度の意識共有ができていることがうかがえた。

先にも触れたように、会員の持続性を担保するために、供給する野菜の少ないハングリーギャップには新規会員の受付けは行っていない。会員として一年間ＣＳＡの仕組みや考え方を経験したうえで、ハングリーギャップの不自由さに出くわしても通年でＣＳＡに参加することの意味を評価することができると考えられる。二〇二〇年に関してのみ、遠方の親族の紹介によってＦＡＣＦ周辺に住む高齢者に供給する場合などを特例としてこの時期の新規会員を認めていた。

第二は、年間一五〇品種以上の野菜を栽培していることから、種子は原則的に購入しており、その費用は支出の一〇％（二〇一九年会計年度＝一八七三ポンド）にも達する。それだけの支出であっても、圃場の有効利用のためには、自家採種は経営的に考えられないとの判断をしている。伝統野菜などのめずらしい品種の保有を行なっているHSLの採種圃場と隣接しているため、交雑防止のためもあってコミュニティファームでの採種はしていない。多様な品種を栽培することで、化石燃料を使用せずに収穫時期を長くしたり、病害虫の影響を分散させたりしている。化学農薬の使用は一切なく、圃場内では蜂蜜の採取も行われている。

第三は、スタッフと会員のコミュニケーションの仕方である。世界的な食の運動でよく使用される「食料主権」のような言葉は、ＦＡＣＦでは積極的には使用されていなかった。その理由として、有機農業の民間研究機関に長く関わってきたＦＡＣＦスタッフは、「『食料主権』のような権利を主張するラディカルな表現は一般市民には受け入れられにくい考えであり、地域で新鮮な旬の野菜を生産することの実践こそが食料安全保障およびコミュニティのアイデンティティにとって最も大切である」と説明する。言い換えると、「主権」という権利概念よりも、「コミュニティ」という活動の場所の共有意識を大切にしており、農場における社交の場の提供を重視している。「コミュニティが自分たちで食料供給するのがあたりまえの主権であり、実際にそれが出来ていることに気づく形で自信を持つことが実践のありかたである」とも説明する。

市場経済のシステムのなかでは、多くの消費者が選ぶモノやシステムが残っていく。法律や制度・イデオロギーの喧伝ではなく、地域コミュニティにおける多様性利用実践を中心にコミュニティメンバーの生活感覚が支持する作物栽培を行うことが、結果として「食料主権」の実現につながる。二〇二〇年夏の訪問は、コロナウイルスの蔓延により、国境を越える広域物流や家庭用食品パッケージ供給に支障が出て市民生活に不安が広がるなかで、自分の住んでいる地域で新鮮な野菜が、生物文化多様性も保全しつつ供給されることに市民が安心感を得ることができていることを体感できるものであった。さらに、自分のシェア（分配される野菜）をファームに受け取りにくる際に、スタッフや他のメンバーと言葉を交わすことも、コロナ禍における外出規制のなかで重要な社会的関係維持の場所と機会を提供していた。政治的主張ではなく、生活の延長にある（ことを標榜する）農場の社会的価値は大きい。

3　過去のCSAおよび関連活動調査から考えたこと

筆者の専門は、農業および食料に関連する生物多様性の管理の組織制度について、開発社会学、行政学、農学の境界領域で研究することである。特に、開発途上国に多く存在するとされている作物の在来品種や近縁野生種の多様性保全を、農民を中心とするステークホルダーがどのように管理することが多様性の持続とステークホルダー間の衡平で公正な利益配分につながるかを、特に法律や制度によらない関係者の自発的な行為を中心に分析してきた（西川 二〇一二）。長い間、先進国の科学者や開発援助の関係者は、開発途上地域の農民たちは無知であり、農業の生産性の向上には主に先進国や国際機関の科学者・技術者が生み出した近代的手法や投入物を国または企業の農業普及制度を通じて導入することによって実現できると考えてきた。同時に、一九八〇年代からチェンバースやスクーンズらが参加型開発の重要性、特に農民の主体性を提案し、その考え方は部分的に開発プロジェクトに導入された（池上 二〇一九）。参加型資源管理についてはカナダ・オランダ・ドイツ等が主導的な役割を果たし、多くの開発協力を政府機関とも協力してNGOが実施してきた。カナダにおいては、このようなNGOに関わる人々がその経験をもとに自らのコミュニティでの活動につなげている事例が見られる（西川 二〇一二）。筆者がCSAと明示的に出会ったのは、カナダにおける国際協力NGOを訪問したときであった。そこで、本節では、カナダにおけるCSAをはじめとする市民が主導する食に関する運動や組織との出会いを振り返り、その経営の理念や活動を紹介するとともに、CSAの意味づけを考えたい。

⑴ 一〇〇マイル食料運動を訪問

第一の事例は、自分の住む地域から一〇〇マイル以内で生産・加工されたものを食べることを実践する一〇〇マイル食料運動である。そもそも植民地農業として発展してきたカナダの農業は、自分たちの食料、特に野菜や果物を充分自給することができずに、多くを隣国のアメリカやメキシコからの輸入に頼っている。一〇〇マイル食料運動は、ヨーロッパから移民として持ってきた自分たちの祖先からの知恵を取り戻そうとする運動でもある。訪問したカナダ中西部のマニトバ州は広大な農地の広がる農業地帯であり、十九世紀から輸出産業としての大規模農業が行われている。その穀物集散地であるウイニペグ市において二〇〇六年から一〇〇マイル食料運動が始められた。二〇一〇年秋にウイニペグ市にあるカナダメノナイト大学[3]での講演に招かれた筆者は、一〇〇マイル食料運動のリーダーの一人でオランダ系カナダ人のジェニファー（Jennifer Degroot）と知り合うことができた（西川 二〇一三）。彼女によると、運動のきっかけは、自分たちの生活が外国はもとより自分たちの地域の多くの人々を搾取していることに気づいたことである。例えば、自分たちが着ているシャツは海外の児童労働の結果として安い賃金と過酷な労働のなかで作られている、マニトバ州において、自分たちが便利な生活をするために作られたダムによって、北部に住む先住民がこれまでの魚やムースを利用する生活を続けられなくなっていること、などである。スーパーマーケットでは、ほとんどの食品が無記名（anonymous）になっており、誰が作ったか、どこで作られたか、何からできているかがわからない。カナダで消費される有機農産物の多くがカリフォルニアからきており、その多くはメキシコからの不法移民労働者によって作られている。多くの消費者は有機農産物を倫理的に正しい（ethical）食物だと考えて消費しているが、それは事実に反する。メキシコ人労働者は、砂漠を歩いて越境してくるが、不法移民であるがゆえに何の権利も保障されておらず、ときには銃で撃たれること、移動中に病気で倒れることもある。こうして作られた食物が三〇〇〇マイル運ばれて、マニトバの食卓に載っている。この状況を市民として改善する方法について考えた結果が一〇〇マイル食料運動であったという。

具体的には、「冷蔵庫の中に過酷労働・低賃金工場があるのか？」という呼びかけ文で集会をよびかけ、集まった人たちが、食べ物のシステムについての問題（problems）に対して、何ができるのか（solution）について話し合った結果、一〇〇人が一〇〇日間一〇〇マイルの範囲でできた農産物で食べていってはどうかというアイデアが生まれた。ここで、大きなポイントは、一〇〇マイルという原則を絶対視せず、どこまで含めるか、何を例外にするかを参加者の判断に委ねたことである。ある家庭はミルク（当時マニトバでは有機乳製品は他州で生産されたものしか入手できなかった）を例外とし、また塩やコーヒーを例外にした人もいた。他の家に招かれたときや特別なお祝いのときなどは、その目的や

写真6－4　夏の間毎週届けられる野菜の箱

気持ちを重視して、原則にこだわらないこととした。あくまでも、方向性を変えることへの自分たち自身による約束を重視した（commitment to directional change）。

実際に一〇〇マイル食料運動をやってみて、参加者はなにを感じ、考えたのであろうか。「食事」を意味する英語の「diet」には制限という意味（something is missing）があるが、多くの参加者はこれを規則と考えずに機会（opportunity）と考えた。また、一週間なら実感はわかないが、三か月だと生活のスタイルも身体の調子も変化した。期間終了前日にメディアのインタビューに多くの人が翌日以降も続けると答えた。制限された食事（「diet」）ではなく、「feast」（大宴会）だったと振り返る人もいた。また、農家から直接購入することによって、関係を作ることができたとも評価された。多くの人は再度やりたいと述べた。

一方で、新鮮な野菜が恋しいという声もあり、ジェニファー自身もカリフォルニアから三〇〇〇マイル運ばれてくるレタスが本当に新鮮かと問いかけつつ、クリスマスには購入している。多くの人は外食や加工食品の利用が減り、農家に買いに行くのは単なる買い物ではなく、農家との交流を含めた楽しみ（entertainment）となり、生産の場所を見ることも楽しみの一つとなった。地域の農産物・農業・農家への関心、生態系や環境問題への懸念、フードシステムの変化についての興味、食育や自己訓練のため、コミュニティ構築の必要性、移民の子孫としてのルーツや先祖の知恵の確認など、参加者の多様な動機をそのまま受け入れている点にこの運動の長所があるかと考えられる。

筆者が、都市の富裕層のような一部の人しかできないのでは？と問いかけた

写真６－５　ウエンズファーム看板

ことに対して、支出は減るし、必要な栄養をとるための食料の量も減るので、例えばパンの値段が二倍になっても購入量が減れば支出は抑えられるので多くの人が実践可能との返事であった。

(2) 二つのコミュニティ共有型農場（community shared agriculture）の事例

次に、カナダで最も早く始められたＣＳＡの一つであるマニトバ州にウイニペグ市郊外にあるウエンズ・シェアードファーム（Wiens Shared Farm）（エミ 二〇一九）と、最西端のバンクーバー島で行われているサーニッチ・オーガニクス（Saanich Organics）について、実施者自身の語りを中心に筆者の体験を報告し、食料主権との関連について議論したい（西川 二〇一三）。なお、カナダにおいてＣＳＡは、コミュニティ共有型農場と呼ばれることもある（波夛野 二〇一九）。

〈ウエンズ・シェアードファーム〉

代表者のウエン氏は、一九八六年アフリカに農業支援に出かけたが、住んでいる人たちによる社会的・生態学的にバランスのとれた生活や、農業を通じた人の輪に気づいた。食料生産や消費に対する考え方を変える必要のあるのは途上国の人々ではなく、むしろ北アメリカに住んでいる人々のほうであると実感し、帰国して有機農業を始めた。当時の農産物価格の低さから、多くの農家は政府に対して支援等を求め抗議をしていたが、このような問題は政府によって解決する問題ではなく、それはむしろ（社会の）システムの問題であり、生産者や消費者の考え方ややり方を変える必要があると考えた。農家と都市生活者の間に多くの流通加工関係者が存在し、農家は都市生活者を理解しておらず、都市生活者は農家を理解していないことが問題である。この問題意識は、前節で述べた一〇〇マイル食料運動の意識と共通している。その解決方法は政府からの新しい支援ではなく、農家と農家が作った作物を食べる人の距離を縮めることであると考え、一九九二年に二〇〇人ほどの都市生活者とともに、農場を設立した。ローカルな食料生産を目指してスタートしたが究極的には、農業に支えられたコミュニティ（agriculture supported community：ＡＳＣ）建設を目指していることを、二〇〇八年の訪問時にすでに明確に表明していた。

年会費（二〇〇八年当時二〇〇ドル）で、五月から一〇月の間の収穫期に作物を受け取ることができる。都市側では、地域のコーディネーターやボランティアが農場から届いた野菜の分配を行い、生ごみの回収及び農場への運搬を通して「閉鎖系（循環）」を目指していた。お金や時間に余裕のある消費者だけを対象とするのではなく、新しい移住者・シングルマザーなどの都市部の低所得者数百人の参画を得て、メンバーが毎週決まった曜日に農地へ行き、農作業を行うことの見返りとして、必要な野菜を供給される仕組みも作り上げていた。

食料安全保障を地球規模で考え、地域で実践することについて、ウエン氏は、「生存に不可欠なものを作っているのにもかかわらず、農家だけが経済の不安定さの荒波の中に取り残されてきた。農家は消耗品になっていた。教師が子どもにものを教えて・育てて（nurturing）経済から取り残されることがないように、農家も土づくりやよい食料を作って（nurturing）取り残されることがないようにするべきである」と主張している。

〈サーニッチ・オーガニクス―協力を通じた持続可能な農業モデル〉

サーニッチ・オーガニクス（Saanich Organics）はカナダ最西端のバンクーバー島南部で、三人の女性農業従事者によって所有、運営されている。三人とも、農業のバックグラウンドを一切持たず、借地で事業を始めた。彼ら三人は共通して、文化系の大学の学位を持っており、また環境に対する価値観、屋外での肉体労働に従事したいという熱意を共有していた。サーニッチのあるバンクーバー島南部はマニトバのようなカナダの穀倉地帯とは異なり、その温暖な気候から通年で野菜などの収穫が可能であり、ＣＳＡのような消費者との連携が行いやすいと考えられる。ファーマーズマーケットも多く存在し、これらの活動にも多くの女性が関わっていた。サーニッチ・オーガニクスは生産された農作物をすべてＣＳＡで販売しているわけではない。中心となるボックスプログラム（box program）は一月を除く年間一一か月間毎週二五ドル相当の野菜の詰合せを直接家庭に販売していたが、レストランと小売店には注文に応じて出荷し、さらに余剰はファーマーズマーケットで販売して、収入を確保していた。

サーニッチ・オーガニクスは持続可能な共同農業の一つの可能性を示唆している。有機農業を取り入れることは、伝統的知識と現代技術の恩恵の均衡を目指すことにつながる。若い移住者たちが中心になって価値、目標、将来のビジョンを築く新しい枠組みの中で、事業を創造し、食に対する関わりを創りだしている。また、ＷＷＯＯＦを通した交流も行っている。単に肉体を支える食料を供給するだけでなく、農業の文化的思想へのつながりを提供してくれる食料を販売している（Tunnicliffe 2008 : 21–22）ことを、明示的に主張している。

同時に、市場における他の商品との差別化も意識していた。価格での競争はできなくても、彼女たちが考えていることを伝えることが一つのストーリー（物語性）を持ち、競争力を持っている。「サーニッチ・オーガニクス」というブランドで彼らの「グローバル化する世界のなかで農業が抱える課題に取り組むために団結できる」ストーリーを語ることで、より多くの利益を出している。

このアプローチの弱点としては、バンクーバー島南部の農地の地価の高さと、農家が生産コストを取り戻す際の障害となる農産物の価格低迷である（Tunnicliffe 2008 : 21–22）。カナダの農家数が減少していくにつれて、それを埋め合わせるための若手農家の発掘が課題となっていることは、日本をはじめとした他の先進国と共通の課題と言える。

(3)カナダ訪問で気づかされたこと

ローカルな生産物にこだわることは食べ物にコストがかかることにもつながるが、一〇〇マイル食料運動やＣＳＡに関わる人々は、その代価は価値があると評価する人々であろう。一〇〇マイル食料運動の参加者は、「食品の買い物にこれまでより多くの時間を使う」「保存食を作るのには多くの時間を費やすがそれが楽しい」「日常的に購入する食品の量が減った」と表現していた。ある人は自分たちの地元の生産者の作物に費やすお金が全体の食費の四〇％から九〇～九五％に増えたという。重要なことは、生活の基本である食べることを通じて、ほとんどの参加者が地元の生産者（マーケット、直売所、都市への宅配などを通して）とのつながりが持て、このような相互関係を楽しんだ点であろう。数十人で始まった運動が社会全体に大きな変化をもたらす可能性を秘めている。

ただし、日本の有機農産物がそうであるように、都市側・消費者がＣＳＡに参加する一番の理由は、おいしい野菜が食べられること、二番目の理由は化学薬品を使わない野菜であること、その次に重要なのが、地元の経済と農家を支援すること、となっており、リスクの共有などは必ずしも完全に実現しているわけではなかった。

カナダのＣＳＡをはじめとする食に関する市民の活動の特徴として、身の回りの生活と地球全体のグローバルな問題とが日常的につながっていることである。サーニッチの、環境への負荷を小さくした生活をしたい、食料安全保障・食料主権を達成したいという情熱は、農業に関係する世界中の人々と連携し社会正義の観点からの活動となっていた。カナダは、（そのときどきの政権によって多少の差はあるが）市民レベルでも国家レベルでも、先進国のなかでも積極的に途上国を支援している国である（高柳 二〇一六、二〇一九）。その中で、援助機関が、単に先進国の技術や資本を途上国に投入・移転するのではなく、途上国の農家の主体性や知恵を認識している。

たとえば、大手のＮＧＯの一つであるＵＳＣカナダ（当時、現在はShare Seedに名称変更）[4] は援助の実践にあたって四つのカギとなる考え方として、

一　農民は豊富な知識を持った生産者である、

二　伝統的な地域の作物品種は栄養的にも環境への適応的にも外部から投入された品種より優れている、

三　農民は地域の専門家であり農学者として生産性を高める重要な働きをする、

四　利用と選抜を通した保全が不可欠である、

を二十一世紀初頭にすでに明確に掲げていた。サーニッチもウエンズ関係者も理事という形でUSCカナダの事業経営に関与しており（西川 二〇一三）、カナダ国内の農業・食料の課題と途上国の農業・食料の課題は不可分であることが明確に理解されている。

カナダでCSAを推進する人々の持つ理念・ビジョンは多様であるが、公約数をまとめてみると「現代の工業化されたフードシステムでは、人は自分の食べる食料がどこで作られ、どのように加工されているのかをほとんど知らない。それ故、都市部で生活し食料が作られる現場へのアクセスが限られている人と食料が作られている場所とをつなげることが必要」のように表現される。冬場はメンバーに配布される野菜の供給量が減少するが、問題点は季節自体ではない。むしろ欲しいものが何でも欲しい時に手に入る、という人の態度が問題であるとの考えの下で多くのCSAは運営されていたことが強く印象に残っている。

4　むすび：CSAの実際から何が学べるか

北米のCSAは、産直提携と地産地消（旬産旬消）のそれぞれの要素を含むが、産地と消費地が地理的に隣接していることは産直提携と異なり、メンバーシップ間の活動であることが地産地消とも異なる（波夛野 二〇一九）。経営形態別にみると、以下の四つの類型に分類できる（ライソン 二〇一二）。①農家主体型CSA（farmer-directed CSAs）では、消費者は「寄付者」として関与し、日々の生産活動は農家が主導する。②消費者主体型CSA（consumer-directed CSAs）では、消費者のグループが生産者をリクルートして、生産を受託する。作付け計画などに対する消費者側の発言権は大きい。③農家間連携型CSA（farmer-coordinated CSAs）では、複数の生産者がネットワーク化し、より広範な消費者との提携を志向する。CSAのなかでも大規模なものにみられる。④農家消費者協同組合（farmer-consumer cooperatives）では、生産者と消費者がほぼ対等な立場で、生産資機材を購入し、作付け計画や条件も合同で行う。

CSAの現代的意義を理解するには、トーマス・ライソンが提唱するシビック・アグリカルチャー論の視点が有効である（ライソン 二〇一二）。ＣＳＡは、ファマーズマーケット、直売所、市民菜園などとともに、シビック・アグリカルチャーの主要形態の一つだとされる。ライソンによれば、ＣＳＡには農産物流通のオルタナティブの一形態を超える意義がある。民主的な市民社会の建設を人々が取り組むべき主要アジェンダと考えれば、小規模な家族経営農家やローカルフードシステムの存在は市民社会と民主主義の基礎要件とされる。地域農業を破壊する経済のグローバル化・自由貿易主義は、資源の収奪と富の一極集中を引き起こす。これは地場経済や生態系への脅威となるだけでなく、実は、アメリカが信奉する民主主義そのものに対する重大な脅威であるというのがその要諦である。ＣＳＡをはじめとするシビック・アグリカルチャーは、それ自体が民主主義の構成要件の一部であると考えられる（第八章も参照）。

カナダの農業は最初から経済的側面が極端に強く、ヨーロッパへの食料供給基地として植民され組織化されてきた歴史を持つ。その背景を踏まえつつ、ＣＳＡのような運動が消費者側からも生産者側からも起こっている。カナダにおける一〇〇マイル食料運動やＣＳＡなどの消費者側および生産者側双方からの取り組みは、食と農のグローバルシステムからの離脱を促すだけではなく、生活の新しいスタイルを築くことを目標としている。彼らの考えの根底には、自分たちの食べるものを自分たちで決めようとする意識と、自分たちの行動が地球の裏側に住む人々の生きる権利・尊厳を傷つける可能性があるという想像力の上に成り立っていた。カナダの途上国への国際協力に関わる農民ＮＧＯメンバーが途上国の現場を訪問することで、自らはヨーロッパに輸出する産業的農業を継続しつつも、途上国における農業のあり方をカナダから技術移転するのではなく、それぞれの地域での内発的な発展をすることが望ましいという思考にたどり着いている（西川・根本 二〇〇九）。国内でも穀物集散地であるウィニペグのような都市で一〇〇マイル食料運動が行われ、カナダ最初のＣＳＡが成立したことは、産業的農業のなかにいる人々が、ＵＳＣカナダのような媒体が存在することによって、その問題点に気づくことが可能であることを示唆している（西川 二〇一三）。

食を地域の中で循環させることで、グローバルなシステム全体の循環とは異なる小さな循環を起こすことができる。このような小さな循環に対して、多様なステークホルダーが関わるシステムの果たす役割は大きい。現時点では補完的システムに過ぎないかも知れないが、開発途上国や条件不利地の農業・農村開発で多様な参加者に基づく多様な価値利用を実施していく内発的なシステム構築が世界レベルで同時にかつ着実に進んでいる。食料主権の実質化のためには、このようなローカルなシステムを持続・助長していく必要がある。補足になるが、ヨーロッパで宗教上の迫害から逃れてきたメノナイト派信者の子孫が、一方ではカナダの産業的農業の担い手として活躍し、もう一方では、彼らの出自であるヨーロッパ辺境地域の伝統農業や食の文化を継承しようとしていることも興味深い。

地域での循環の持続が、途上国との交流によって先進国で実現することは、日本でも事例がある。一つだけ紹介すると、山形県長井市で実施されてきた「台所と農業をつなぐながい計画」(通称レインボープラン)も、直線的な開発に疑問を持った農家や地域住民、学校関係者が主体となった運動である。堆肥を作りたい農家、使われていない農地から野菜を自給したい消費者が、生ごみの地域内循環を核としたローカルな独自のまちづくりでもある。この運動の関係者は、アジア農民交流センターを通じて東北タイなどの農家との交流を通して、暴走するグローバル化から地域を守る横の連帯を実現している(松尾 二〇一八)。第八章で北野が論じている越境する連帯は、カナダだけでなく日本でも実現しているといえよう。CSAに話を戻そう。

日本ではCSAの歴史は長くなく、またその数も多くはないが、着実に広がっている。カナダのウエンズ・シェアードファームで働いた経験のあるメノナイトの信徒でもあるカップルが、北海道で一九九五年に他の二組の夫婦とともに始めたメノビレッジ長沼が先駆的事例の一つであろう(唐崎 二〇一九、レイモンド・荒谷 二〇一九)。メノビレッジは、有機農法を実践するとともに、消費者である都市住民とのコミュニケーションを重視している。設立に当たって意識されたことは、コミュニティの構築であり、グローバルな経済システムにのみ込まれるのではなく、顔と人格を持ったリアルの人がお互いに関わり合う社会の形成を、食物を通じて目指した。消費者会員の多くは、自分や家族の健康などを理由に参加することが多いようだが、実際に生産の現場である有機農場の畑を訪れたり、ニューズレターを読んだりするうちに、環境、経済、地域社会などの諸問題に気づく。本土から研修生として滞在している若い人もおり、食事を共にすることによってビジョンの共有を行っている。ただし、「生産者」と「消費者」という分類そのものが、お互いがつながることを市場を通した価格以外になくしてしまっていることに気づくべきであり、食べる人と作る人が一緒に農業をしているという思いの大切さを訴えている。このような活動を通じて、食の問題だけでなく、新しい経済や文化を創りだそうという意識も生まれてくることを、設立者たちは期待して事業を継続している。同様のことは、神奈川県のCSAないろ畑の経営者である片柳（二〇一七）も指摘しており、コミュニティの成立しにくい都市部と、過疎化によってコミュニティ成立が難しくなっている農村地域を抱えている日本において、CSAが単に安全でおいしい食べ物を生産するだけではなく、消費者が農業に関わり農産物を分かち合うことによるコミュニティを生み出したことを紹介している。

二〇一六年に開催された第三回ヨーロッパCSAミーティングにおいて採択されたヨーロッパCSA宣言の前文では、「私たちは、自らの食料の生産から分配、消費にわたるフードシステムを自らの手に取り戻そうと、ヨーロッパ中から集った。（中略）私たちは力を合わせ、自らの食料及び農業のあり方を自らが決める権利、すなわち食料主権を確立しよう。今こそまさに、工業的フードシステムの破滅的影響に対処すべきときだ。食料は単なる商品として扱うべきものではなく、もっと重要なものだ。CSA運動は、食料のこうした危機に対して、実践的で、包括的な解決策を提示している。私たちは多くの、多様な仲間の連携である。このつながりを連帯へと高め、すべての人に開かれた、経営的に存続可能で、環境面でも持続可能な食料システムを構築する義務を果たそう」と述べられている（久保田 二〇一九）。このような、農業生産方法のみならず、食料の生産から消費にわたるシステム全体への市民の関わり方を通じて社会そのものの仕組みを改革していこうとする政策的志向までも含めた運動、そしてその運動が互いに連携しあっていくことが欧米におけるCSAの総体的な方向性といえる。

しかし、FACF訪問で見たように、メンバーが実際に期待していることや、スタッフが日々のコミュニケーションのなかでメンバーに伝えていることは、権利や社会構造の問題ではない。山本（二〇二〇）は、日本の提携運動を母体とする有機農業と共同購入を実践する団体の活動の変遷の研究から、このようなシステムが持つ「予測できない野菜」「農業現場の理解」「予測できない野菜を食べる知恵と技術」の三要素の結合を積極的に豊かさと捉える消費者の存在が指摘されている一方で、「選べない」ことが活動継続にネガティブに働くリスクも認識しており、消費者が何を求めているのか、それにどのような形で生産者や組織としてのＣＳＡが応答していくかが問われている。

有機野菜購買層のセグメンテーションについて、日本国内のボックススキーム利用者を中心に調査した谷口（二〇一六）は、購買層を「安全・利他」「自立・利他」「快楽・安全」「自己高揚」という四つのライフスタイルの特性に分類し、多様なタイプが存在する有機野菜購買層を分析するとともに、それぞれのなかにある多様な評価軸を指摘している。この点からも、理念としてのＣＳＡと実践としてのＣＳＡの間にどのような架橋を行うのかについてさらなる議論が必要である。大垣（二〇一九）は、ＣＳＡの消費者会員のあり方を分類するときに、それが農業の持続を支えるような側面を持ちつつも経済的関係が中心であるモデルと、実際の農業を行う支援を含めて消費者会員が農場に実際に集うような社会的関係までも持つようなコミュニティ形成を意識したモデルを提示し、後者の理想を目指しつつ実際的には生産者・消費者・農場の位置する地域の特徴などによって多様な形態を取っていることを紹介し、そのための生産者側の工夫の必要を提言している。波夛野は、有機農産物はあくまでも有機農業を行った結果の産物であるため、その「プロセス」の価値を認めることが重要であると述べている（筆者聞き取り）。有機農産物が市場流通で自由に購買できる現代社会において、あえて、リスクを負担してまでＣＳＡを通じて野菜を調達するメリットを見出す消費者が欧米にも日本にも程度の差こそあれ一定程度存在していること、ＣＯＶＩＤ－19の蔓延がＣＳＡの仕組みの現代社会における可能性を示唆していることは、本来の農業および食のシステムのあり方を考える参考になるであろう。

宇根（二〇〇〇）は、農業の近代化が自給を否定し、生産性向上のなかで農業の自給部門を「趣味」の農業に貶めておきながら、国家レベルでは自給の議論が行われていることの矛盾を問いかけている。食料主権の中心は食料システムにおいての決定権を市民が主張することである。これは食料がどのように生産され、どこから来ているのかについて人々が意見を言い、決めることができることを意味する。食料主権は人間と土地の関係や、食べる人と生産する人との間の関係を築きなおすことを試みる。経済力をつけることの本来の目的が人々の生活を物心両面で豊かにするためであることを理解し、経済をむやみに成長させることは、資源管理や環境負荷の点から持続的ではないということをより多くの市民が認識することが急がれる。食料システムのグローバル化・普遍化に伴う弊害は、ＣＯＶＩＤ－19によって、より鮮明になった。しかし、同時に、生産する側だけではなく消費する側（彼らは生産者と消費者とは呼ばずに作る人と食べる人と呼んでいる）の主体性に根差した一〇〇マイル食料運動やＣＳＡ等の市民運動が、このような問題を軽減するだけでなく、結果として、一人一人の市民の参加を通じた地域の自律に基づく「食料主権」の実現へとつながると考えられる。

付記

本章の現地調査の一部は、ＪＳＰＳ科研費「地域の生物多様性と社会的環境管理能力構築にかかる研究」（一九五一〇〇四四、基盤研究（Ｃ）、研究代表者・西川芳昭）および「地域における「食料主権」を支える種子システム研究（二四六五八一九四、挑戦的萌芽研究。研究代表者・西川芳昭）の助成を受けて実施した。また、ＣＳＡ研究に関する情報をくださった波夛野豪氏（ＣＳＡ研究会代表）および久保田裕子氏（日本有機農業研究会理事）に謝意を表する。

[注]

1　Garden Organic は、正式名称（非営利組織としてイングランド・スコットランド・ウェールズ各政府に登録）を Henry Doubleday Research Association（ＨＤＲＡ）と言い、天然肥料としてのハーブ・コンフリーを英国にもたらした一九世紀のクエーカー教徒の小自作農の名前にちなんでいる。創設者であるローレンス・ヒルズは、フリーランスのジャーナリストであり、熱心な有機栽培者で、一九五四年エセックスに小さな土地を借りて実験を始め、特に害虫駆除のための「コンパニオン」植栽を含む有機栽培の研究を支援するための会員組織を設立した。一九八五年に現在のコベントリー市郊外に移転し、有機栽培の実践が、国の規制や大企業からの脅威にさらされていることを認識して、有機栽培のみならず、有機的な生活全般に関する研究と教育を市民が中心になって行っている。
Garden Organic ＷＥＢサイト（二〇二二年二月一四日アクセス）
https://www.gardenorganic.org.uk/our-history

2　一九七〇年代以降、ヨーロッパ共通の農業政策、特に種子に関する規制によって、栽培や流通が制限され絶滅の危機に瀕している何百もの野菜品種を保護するために、一九七五年に Heritage Seed Library（ＨＳＬ）が設立された。ＨＳＬは、市民が、広く入手できない野菜の品種、主にヨーロッパの品種を保存して入手できるように、会員が採種し配布している。歴史的にまた国際的に、作物遺伝資源は主要な穀物を中心に食料増産のための資源として管理され、野菜の伝統品種などは国家機関や国際機関の優先順位が低かった中で、当時ＨＤＲＡが英国最大の国際協力ＮＧＯのオックスファム（Oxfam）などと協力して野菜のジーンバンク設置を推進していた。しかし、そのジーンバンクは、一般の農家や趣味の園芸家には解放されなかったため、ＨＳＬがその役割を担い、現在の自家採種運動の基盤を築いた（Curry 2019：西川 二〇〇五）

Garden Organic ＷＥＢサイト （二〇二二年二月一四日アクセス）
https://www.gardenorganic.org.uk/heritage

Helen Anne Curry (2019) 'Gene Banks, Seed Libraries, and Vegetable Sanctuaries: The Cultivation and Conservation of Heritage Vegetables in Britain, 1970-1985' *Culture, Agriculture, Food and Environment* Vol. 41, Issue 2 pp. 87-96

3 キリスト教プロテスタントの宗派であるメノナイトの信仰を建学の精神とする大学。メノナイトは、（本人の意思とは関係なく幼児洗礼を行う：筆者補筆）ルター派を中心とした国教会が主流であった一六世紀当時のヨーロッパの多くの国において、キリスト教の聖礼典のひとつである洗礼と教会の会員資格が成人の自発的な選択として理解されるべきであるという信念を含む点について教会改革を行おうとしたグループに歴史的ルーツを持つ。幼児洗礼ではなく、大人の洗礼を信じていた彼らは、アナバプテスト（再洗礼派）と呼ばれ、国教会に属さなかったことから、各地で迫害を受け、多くはカナダを始めとした新大陸に渡った。オランダのアナバプテストの指導者の一人はメノ・シモンズであり、そこからメノナイトの名前が生まれた。彼らの聖書理解および歴史から、自身のコミュニティ内および、世界中の場所における和解の実践に取り組むことをミッションとしている。カナダに渡ったメノナイトは、大きく分けてスイス・南ドイツ系のグループと、オランダ・北ドイツ系のグループがあるが、マニトバには、後者のロシア・ウクライナ等東ヨーロッパから十九世紀にわたってきたメノナイトの子孫が多く住む。筆者が出会ったのもそのような背景を持つ人々と考えられるが、当時の筆者にはその知識がなかったため、明確な関係は明らかではない。

メノナイトに関する詳細はカナダメノナイト大学ＷＥＢサイト　https://www.cmu.ca/about/cmu/mennonites

およびカナダメノナイトマガジンＷＥＢサイト

https://canadianmennonite.org/stories/10-things-know-about-mennonites-canada#:~:text=Today%20Mennonites%20can%20be%20found%20across%20Canada.%20Some,Kitchener-Waterloo%2C%20Aylmer%2C%20Leamington%2C%20Markham%20and%20 the%20Niagara%20Peninsula.

4　Uniterian Service Committee, Canada（USCカナダ）は、ナチスの迫害から逃れてチェコからカナダに移民した難民であるLotta Hitschmanovaによって設立されたチャリティ組織でオタワに本部を持つ。二〇一九年にSeedChangeと改名し、途上国の困難な状況にある農民の生活を改善するために、また生物多様性の喪失、気候変動、食料主権の問題に対処する手段として、持続可能な農業（農業生態学と地域適応による）に焦点を当てて活動を実施している。現在理事会メンバーはFirst Nationsの住民を含むカナダ国内のみならず、ペルー、ネパール、フィリピンなどの途上国から多く選ばれている。二〇一三年、USCカナダは、Seeds of Diversity Canadaと提携して、カナダの種子の保全活動にも参入し、カナダ全土で持続可能・回復可能な種子の生産・流通・調達のシステムの構築を目指している。このプログラムは、市民社会、政府、企業的農家、種子生産者、研究者などとともに、生物多様性を保護・促進し、市民の種子へアクセスを維持し、生態学的種子生産に関する研究・研修を行い、農家の知恵と知識の向上に貢献しようとしている。詳細はSeedChange　WEBサイト参照　https://weseedchange.org/our-work/our-history/

［参考文献］

Barrett, Christopher B. (2020) Actions now can curb food systems fallout from COVID-19, *Nature Food* Vol.1, pp319-320.

Tunnicliffe, Robin (2008) Saanich Organics: cs; A model for sustainable agriculture through co-operation, BCICS Occasional Paper Series Volume 2, issue 1, University of Viceoria, pp.1-29.

アンベール＝雨宮裕子（二〇一七）「ひろこのバニエ―フランスで取り組んだ共生の産消商提携」、西川潤／マルク・アンベール編『共生主義宣言　経済成長なき時代をどう生きるか』第六章、一六七－一九七頁。

池上甲一（二〇一九）「SDGs時代の農業・農村研究―開発客体から開発主体としての農民像―」、『国際開発研究』二八（二）、一－一八頁。

宇根豊（二〇〇〇）「『自給』の技術の長き不在　環境の技術論を求めて」、山崎農業研究所編『食料主権　暮らしの安全と安心のために』、農山漁村文化協会、一〇〇－一〇六頁。

エミ・ドゥ（二〇一九）「グローバルに考え、ローカルに動くカナダのCSAの精神」、波夛野豪・唐崎卓也編『分かち合う農業CS

A』創森社、二一一‐二三〇頁。

大垣志織（二〇一九）「CSA（Community Supported Agriculture）における〝C〟の特性―東京都市圏三地域のCSA農家を対象に―」、『お茶の水地理』五八、二一‐三〇頁。

片柳義春（二〇一七）『消費者も育つ農場　CSAないろ畑の取り組みから』、創森社。

門田一徳（二〇一九）「食の生活基盤を支えるアメリカのCSA」、波夛野豪・唐崎卓也編『分かち合う農業CSA』、創森社、五八‐八一頁。

唐崎卓也（二〇一九）「日本におけるCSAの成立と展開」、波夛野豪・唐崎卓也編『分かち合う農業CSA』、創森社、一一八‐四〇頁。

久保田裕子（二〇一九）「食と農を地域に取り戻すCSA・「提携」の国際的な連帯を求めて　ギリシャ・テサロニキ市で、第七回URGENCI＝提携CSA国際シンポジウム開催」、『土と健康』四八九、一八‐二〇頁。

国立研究開発法人　農業・食品産業技術総合研究機構　農村工学研究所　農村基盤研究領域『CSA（地域支援型農業）導入の手引き』四七頁　国立研究開発法人　農業・食品産業技術総合研究機構（農研機構）WEBサイト
http://www.naro.affrc.go.jp/project/results/laboratory/nkk/2013/nkk13_s21.html（二〇二一年二月二八日アクセス）

高柳彰夫（二〇一六）「カナダ・ハーパー保守党政権下の国際開発CSOと政府の関係」、『フェリス女学院大学国際交流学部紀要』一八、一三七‐一五八頁。

高柳彰夫（二〇一九）「カナダのJ・トルドー政権のフェミニスト国際援助政策と市民社会パートナーシップ」、『フェリス女学院大学国際交流学部紀要』二一、一三七‐一五八頁。

谷口葉子（二〇一六）「有機野菜購買層の多様性とセグメンテーション：Basic Human Valueを用いた類型化をもとに」、『有機農業研究』八（二）、一二‐二五頁。

西川芳昭（二〇一一）「地産地消から地消地産へ―カナダにおける食料主権運動に関する一考察―」、『久留米大学産業経済研究』五一（四）、三五‐六〇頁。

西川芳昭（二〇一二）『生物多様性を育む食と農―住民主体の種子管理を支える知恵と仕組み』、コモンズ。

西川芳昭（二〇一三）「カナダにおける食料主権運動から学ぶ社会の持続可能性を作る仕組み」、伊佐淳・西川芳昭・松尾匡［編著］

『市民参加のまちづくり【グローカル編】―コミュニティへの自由―』、創成社。

西川芳昭・根本和洋（二〇〇五）「在来品種遺伝資源管理の現状と将来の方向性―英国における旧国立園芸研究所蔬菜ジーンバンクとHeritage Seed Library の事例から―」、『産業経済研究』四六（一）、四五―六二頁。

西川芳昭・根本和洋（二〇〇九）「地球規模で考え、地域で活動する環境保全と食糧安全保障を創造する市民運動―種子と食の主権確立を目指して活動するカナダの諸団体―」、『信州大学環境年報』三一、一三七―一四七頁。

根本和洋・西川芳昭（二〇〇七）「オルタナティブな農業のための種子供給システム」、『信州大学農学部紀要』四三（一）、七三―八二頁。

波夛野豪（二〇一三）「CSAの現状と産消提携の停滞要因―スイスCSA（ACP：産商近接契約農業）の到達点と産消提携原則」、『有機農業研究』五（一）、二一―二九頁。

波夛野豪（二〇一九）「CSAという方法の源流と原型」波夛野豪・唐崎卓也編『分かち合う農業CSA』、創森社、一〇―二七頁。

古沢広祐（二〇一九）『食・農・環境とSDGs　持続可能な社会のトータルビジョン』、農山漁村文化協会。

ヘンダーソン、エリザベス（二〇一〇）久保田裕子訳「世界に広まるCSA　コミュニティ・サポーティッド・アグリカルチャー」、『土と健康』二〇一〇年六月号、八―一〇頁。

ヘンダーソン、エリザベス、ロビン・ヴァン エン（二〇〇八）『CSA 地域支援型農業の可能性―アメリカ版地産地消の成果』（山本きよ子訳）、家の光協会。

舛潟俊子・谷口吉光・立川雅司（二〇一四）「はじめに」、舛潟俊子・谷口吉光・立川雅司編『食と農の社会学　生命と地域の視点から』、i―v頁。

舛潟俊子（二〇一四）「ローカルな食と農」、舛潟俊子・谷口吉光・立川雅司編『食と農の社会学　生命と地域の視点から』、ミネルヴァ書房、一六九―一八二頁。

舛潟俊子・高橋巌・酒井徹（二〇一九）「持続可能な農と食をつなぐ仕組み・流通」、澤登早苗・小松崎将一編『有機農業大全　持続可能な農の技術と思想』、コモンズ、一三八―一六三頁。

松尾真奈（二〇二〇）「Community Supported Agriculture ～分かち合う農業～について考える」、『医と食』一二（四）、二〇三―二〇七頁。

松尾康範（二〇一八）『居酒屋のおやじがタイで平和を考える』、コモンズ。

山本奈美（二〇二〇）「「選べない食実践」の再評価：使い捨て時代を考える会／安全農産供給センターの野菜セットを事例に」、『有機農業研究』一二（二）、二一-一五頁。

有機農業研究会ＷＥＢサイト　https://www.1971joaa.org/%E6%9C%AC%E4%BC%9A%E3%81%AB%E3%81%A4%E3%81%84%E3%81%A6/%E7%94%9F%E7%94%A3%E8%80%85%E3%81%A8%E6%B6%88%E8%B2%BB%E8%80%85%E3%81%AE%E6%8F%90%E6%90%BA/（二〇二一年三月二五日アクセス）

ライソン、トーマス（二〇一二）『シビック・アグリカルチャー――食と農を地域にとりもどす』（北野収訳）、農林統計出版。

レイモンド、エップ（二〇一九）「人と人・土がつながり合う社会を目指して」、澤登早苗・小松崎将一編『有機農業大全　持続可能な農の技術と思想』、コモンズ、一一四-一二一頁。

レイモンド・エップ・荒谷明子（二〇一九）「日本初のＣＳＡとしてのメノビレッジ長沼」一四六-一五六頁。

波夛野豪・唐崎卓也編（二〇一九）『分かち合う農業ＣＳＡ～日米欧の取り組みから～』、創森社。

第七章　「本当の幸せ」のための開発と発展を求めて
―タンザニア地域社会の主体性回復と内発的発展の試み―

下田　道敬

1　はじめに

一九六〇年代に次々と独立を遂げたアフリカ諸国は、先進国や国際機関の援助に大きく依存しながら国づくりと社会経済開発を進めてきた。その一方で結果的にそれらの国々の多くが援助依存度を増し、国際機関や先進国政府などの強力な介入に甘んじざるをえずかえって主体性を奪われてきた側面は否定できない。また、ミクロのレベルを見ると、地域コミュニティにおいても政府やドナーが入ってきて事業を進めることに慣らされ、ここでも主体性、内発性の喪失が顕著である。こうした状況が現在の発展途上国の「人々の幸せ[1]」をかえって阻害し、貧困からの脱却をより困難なものにしている側面がある。

本章では、こうした開発協力の負の側面への疑問からこれを克服すべく当事者（国・地域・人々）の主体性と内発性を重視した国づくり、地域づくりに挑戦してきたタンザニアでの事例を紹介する。またその過程で日本の大分一村一品運動や水俣の「もやい直し」の経験からの学びが大きな意味を持ったが、これらも含めて、外部者が定義した「幸福」ではなく、人々の自己決定に基づいた「本当の幸せ[1]」を実現するための開発と発展のあり方について考察したい。

また本章の最後では、同じ文脈で、我々日本の社会自体が経済成長と開発のなかで失ってきたものを地域社会の重要性の観点から再考し、日本という国と地域社会の将来への危機感についても触れたい。[2)]

2　途上国への開発協力にみる近代化の功罪

(1) 二十世紀の開発協力の底を流れる基本思想—近代化論と構造調整プログラム

国際開発協力は、第二次世界大戦後にアジア諸国、そして一九六〇年代にアフリカ諸国が独立したのを契機として始まった。それまで植民地として宗主国に支配されてきたこれらの諸国のほとんどは、好むと好まざるとにかかわらずその建国当初から先進国や国際機関からの開発協力を前提とした国家建設と経済社会開発の道を歩んできた。そこでは西欧先進国を発展の先にあって到達すべき目標あるいはモデルとして位置づけ、途上国それぞれの社会が持つ「非近代的なるもの」を「近代的なるもの」にできるだけ速く置き換えることが発展とされてきた。いわゆる「近代化論」である。

ところがそうした開発の努力がなかなか発展に結びつかず国づくりもままならないなかで、一九七〇年代の二度の石油危機を発端として途上国の多くが深刻な累積債務・国際収支危機に陥る。これを救済すべく国際通貨基金（ＩＭＦ：International Monetary Fund）、世界銀行（以下、世銀）は支援融資を準備したが、この支援を受けるための条件として「構造調整プログラム」という改革努力が途上国政府に課された。それは、マクロ経済の成長と国際収支・財政収支の改善を目指してそれまでの保護主義的な規制や関税を撤廃し（自由競争原理の導入と市場経済化・貿易自由化）、国営企業の民営化や公務員削減をはじめとする「小さな政府」を指向する行政の効率化、ならびに緊縮財政によって財政赤字を解消することを求めるものであった。ちなみにこれは日本の「小泉構造改革」と同様のものである。彼らの論理は、こうした構造改革を通じてマクロ経済を発展させなければ貧困問題の解決はありえないし、逆にマクロ経済が成長すればその恩恵はいずれ全ての国民に行きわたる（トリクルダウン理論）というものであった。

ところが、その結果何が起こったか。資本主義的世界システムに組み込まれ市場経済化と貿易自由化が進むなか、国際競争力を持たない途上国の多くでは、国際収支は改善するどころか悪化を続け、国民の困窮度は却って深刻化した。また、国内では「自由競争」という美名の下、一握りの強者が「勝ち組」として富を独占し、それ以外の負け組（国民の大部分）は貧困の度合いをより悪化させた。緊縮財政は、教育、保健医療、公衆衛生、農業普及といった、弱者が必要とする最低限の公共サービスの機能不全を、それまで以上に致命的なものにした。

(2) 構造調整の失敗からガバナンス改革支援、援助協調へ

上記のとおり構造調整の矛盾が顕在化し、その再考を迫られた世銀・ＩＭＦと主要援助国は、二十一世紀に入り「貧困削減」という開発協力の基本に立ち戻るとともに、各援助国・機関がばらばらに援助するのではなく協調して一つのプログラムで支援する戦略を打ち出す。その一方で、構造調整が成功しなかったのは途上国のガバナンスが悪かったせいであるという分析も打ち出され、これがガバナンス改革推進の動きにつながった。これらの動きは過去の反省から出されたものであり、一見すると良い方向に進んだようにみえる。しかし、実際にはこの動きこそが途上国の主体性と内発的発展を阻害する結果となってしまった側面が否定できない。本章で扱うタンザニアの事例の背景もこのような文脈のなかから出てきたものである。

(3) タンザニアで起こっていたこと

タンザニアは一九六一年に独立した。国民は「独立の父」ニエレレ初代大統領の下に団結し、希望に満ちて国づくりを始めた。ニエレレ大統領は一九六七年に「アルーシャ宣言」を発して、長い抑圧の後やっと独立して自分たちの国を手にしたタンザニア国民が、平等に誰一人として飢えることなく幸せに暮らせる「アフリカ型社会主義国家」建設を目指した。

ニエレレの「国づくり」は国民に優しいユニークなものであった。部族主義を克服し、タンザニア国民としての連帯

を促進するため部族酋長制を廃止した一方、集落や村レベルでの住民の協働による地域づくりを奨励し、国民に対して自分たちの手による地域づくり＝国づくりを進めるよう指導した。一九六〇年代から七〇年代を通じてニエレレ政権下のタンザニアでは集落ごとに自分たちで話し合ってルールをつくり、皆で集まって道普請や学校、診療所、共同水道、小規模灌漑その他自分たちが必要とする社会経済インフラの建設保守を自分たちの手で当たり前に行ってきた。住民の自助努力（共助）による地域づくりである。

余談になるが、アフリカでは部族間の争いが絶えず国民統合に苦労する国が多いなか、タンザニアは部族間紛争がほとんど見られない珍しい国である。なぜタンザニアだけが部族間協調をこれほど見事に達成したか。それは独立当初からニエレレ大統領が中学校を寄宿舎制にしたことによるところが大きいといわれている。全ての中学生は自分の出身地から遠く離れた地域の学校に入れられた。そこで異なる部族の生徒たちと同じ屋根の下で「同じ釜の飯」を食い、多感な十代の人生を共にすることで、理屈ではなく自然に部族間のわだかまりが消えていったのである。今もタンザニア人の間では異部族間、異宗教間の結婚は普通に見られる。このニエレレの思い切った政策は多様性をある程度包摂した国家の統合、安定と発展に大きく寄与したものとして今もタンザニア人の間で高く評価されている[3)]。

以上のように、タンザニアはニエレレ大統領という優れたリーダーの下、国民が力を合わせて平和で穏やかな、貧しいけれども幸福度の高い国を築こうとしてきた。他方、経済的には「アフリカ型社会主義」は他の社会主義圏の国々同様、一九八〇年代になって苦境に立たされることになる。ソ連東欧圏の社会主義政権が次々と崩壊するなか、タンザニアも累積債務・国際収支危機に陥った。こうしてタンザニアは他の多くの途上国同様、上記で言及したＩＭＦ・世銀の構造調整プログラムに向き合わざるをえなくなる。ただ、ニエレレ大統領は当初からその危険性を見抜き構造調整を条件として飲むことを拒否し続けた。しかし結局これを受け入れなければどの国からも支援が得られない。最終的には一九八五年構造調整を受け入れたニエレレは、自身の政策の失敗を国民に謝罪して大統領を辞任し、ここに「アフリカ型社会主義国家」建設の理想は潰えた。その後タンザニアはＩＭＦ・世銀の提示した構造調整に邁進することになるが、その結果は他の国で起こったと同様、好ましいものではなかった。そして前項で述べたとおり、構造調整の失敗を受けてガバナンス改革へと進むことになる。ここではそのうち私がこの二〇年間関わってきた同国の地方分権化改革についていて触れたい。

この改革では援助国・機関（ドナー）が2の（2）で言及した援助協調体制を組み、タンザニア政府とともに資金を出し合ってコモン・バスケット・ファンドという予算を形成して改革プログラムを支援した。このプログラムは「地方政府改革プログラム」（Local Government Reform Programme：ＬＧＲＰ）と呼ばれ二〇〇〇年一月に開始された。私が勤務するＪＩＣＡ[4)]は二〇〇一年にタンザニア政府から同改革への支援として改革をリードする幹部行政官に対する研修の実施を要請された。これを受けて、タンザニアの改革の現状を把握して研修内容を詰めるべく二〇〇二年一一月に調査団を現地に派遣した。私もその一員としてタンザニアを訪れた。

このＬＧＲＰでは、改革のデザインも実施もドナーが雇ったコンサルタント（多くは外国人）のチームが行い、その進捗はドナーが列席して政府に意見する運営会議で細かく管理されていた。そこで我々が目にしたのは、「アフリカ型社会主義国家」建設の夢と理想に破れ、自信を失ってドナーの言いなりで右往左往しているタンザニア人と、「あれはできたのか?」「こんなこともできないのか」と政府に迫り非難するドナーたちの姿であった。当時運営会議にオブザーバーとして参加した私は「一体ここは誰の国なのか」と愕然としたものである。

3　タンザニアで試みてきたこと—地域社会の主体性の回復と内発的発展—

(1) 幹部行政官への研修（大阪研修）—国づくりにおける主体性の回復—

こうした状況に対して我々は帰国後日本としての協力のデザインを策定し、二〇〇三年一月を皮切りに毎年タンザニア政府と地方行政のリーダーを招いて「国別研修：タンザニア地方政府改革プログラム」（通称「大阪研修」）を実施した。そこでは日本の国づくりの経験を基にタンザニアの改革に役立つと考えられる経験共有や問題提起を行ったが、何よりも重要なメッセージは「自分たちの国のことは自分たち自身で考えて決めるべき」という基本であった。自分たちの国の体制を分権化体制にするのか集権体制で行くのか、国と地方の関係をどのようにするのか、さらに住民の必要とする教育、医療、道路建設、農業普及、水供給、ごみ処理といった行政サービスをどのような体制で提供するのかといった問題は、国の根幹に関わるものである。その改革においては主体性と内発性が何よりも重要となる。

この研修は州行政長官、県行政長官といった地方行政のトップリーダーや地方自治庁をはじめとする中央関連省庁の高官を招いてほぼ毎年実施し、そこでの議論はその後のタンザニアの主体的、内発的改革の布石となっていった。同研修はタンザニアの地方行政関係者の間ではその開始以来現在に至るまで「大阪研修」と呼ばれて親しまれている。(Mpamila and Shimoda 2021 : 2–62)

(2) 地域における住民の自助努力（共助）の喪失

他方、ミクロのレベルでも大きな問題があった。それは前述したニエレレ大統領時代の「自助努力（共助）による地域づくり」の慣習が、一九九〇年代から二〇〇〇年代を通じて失われていったことである。政府やドナーの援助によるプロジェクトが地域に入るなかで、住民の間に何でもやってもらえるのが当たり前という考え方が広がってしまった。また複数政党制と選挙制度が導入されるなかで、社会経済インフラ整備は政府がやるべきものであり、その不備は政府の責任という政治的な議論が展開されるようになった。こうして「自分たちの地域は自分たちで考えて行動し、良くしていく」というニエレレの教えが、多くの地域で忘れ去られた。

我々はタンザニアの持つこの貴重な遺産を呼び醒ますことこそが同国の地方開発にとって重要と考え、上記大阪研修でもタンザニア側参加者に問題提起し議論した。こうした議論を通じて形成されたのが、次項で説明する「地方自治強化のための参加型計画策定とコミュニティ開発プロジェクト」（通称O&ODプロジェクト[5]）である。

(3) O&OD参加型地域開発プロジェクト

このプロジェクトでは、政府が単独で行政サービスや地域開発事業を行うのではなく地域住民の自助努力（共助）を育み、これを最大限に引き出して行政が寄り添い、住民と行政が協働で地域を良くしていくという地方行政と地域開発の新たな方向性を切り拓くことを目指した。タンザニアのような後発開発途上国における政府行政のおかれた状況の厳しさは日本国内からは想像することが難しいかも知れないが、その予算、人員はいずれも日本の数十分の一から一〇〇分の一である。このリソースで政府単独で全てをカバーするのは不可能である。

一例を挙げると、長野県の農業関連の行政官は、県に千数百名、それに県内七七市町村それぞれの擁する職員を加えると三〇〇〇名に達すると考えられる。これに対し、ほぼ同面積をカバーし地理的にも類似した環境にあるタンザニアの Kilombero 県の擁する農業関連職員は県内の郡、村レベルまで全て含めても三〇名程度である。しかも、日本の公務員数は先進国のなかでは単位人口当たり最も少ない。タンザニアの地方自治体には、このように人も金も絶望的に限られた条件下で行政サービスを提供することが求められているのである。我々はこの点もタンザニア側に示し、政府単独で住民が必要とする行政サービスや地域開発事業をカバーできると考えるのは幻想であると問題提起した。そのうえで、ニエレレ大統領の下で彼らが進めてきた地域づくり＝国づくりを思い出すことを提案した。

面白いことに、この提案は現場の普及員から県、州、中央政府の幹部に至るまで多くの関係者の琴線に触れた。それは、三〇代後半から四〇代以上の世代のタンザニア人には、ニエレレ時代の集落レベルでの共同作業による地域づくりの実体験の記憶があったからであると考えられる。それはまさにタンザニアという国が与えられた貴重な遺産といえた。

プロジェクトではまず行政官が配属される末端の行政単位である郡レベルの普及員たちに研修を施し、地域住民の最も切実な課題を確認し彼らの自助努力を引き出す能力をつけさせた。[6] 訓練を受けた普及員は「ファシリテーター」と呼ばれるが、彼らは村に入るとまずは集落で村人の作業を手伝ったり生活の相談に乗るなどして信頼関係を築くことに時間をかける。

そのうえで住民が徐々に心を開くようになると、彼らがどのような課題や悩み、ニーズを抱えているかを聞き、話し合う。（大濱 二〇〇七：一〇六－一〇七頁）「もっと近くに集落の子どもたちが通える幼稚園がほしい」（通園途中で幹線道路

写真７－１　村の農家の女性リーダーの作業を手伝いながら話を聞くファシリテーター
（O&ODプロジェクト田中博崇専門家撮影）

を渡りきれず車に轢かれたり、毒蛇にかまれて死んだりする悲劇があった）とか「病人が出たときに医者まで運ぶ車が集落に入れるように道ができれば」（それまでは病気になった家族を担いで運んできた）あるいは「水源が遠いのでもっと近くに水場がほしい」「隣接する国立公園から象が村に入ってきて畑を荒らすのを何とかしたい」等、村人は様々なニーズを挙げる。それまではこうしたニーズについて彼らが政府の役人に対して話すとき、前項で言及したとおり全て政府がやってくれるはずという「他人任せ」の考え方になってしまっていた。これに対し、O&ODプロジェクトで養成したファシリテーターは、村人がそうしたニーズを上げた際、まず、それは本当に切実に必要なのかを尋ねる。当然村人は「イエス」と答える。そこで次に、本当に必要なら他の誰か（政府）がきてやってくれるのを待つのか、待てるのかを聞く。その答えが「イエス」ならいつまでも待っていればいい。それは本当に切実な問題ではない。逆にもしも村人が「待てない」と答えたら、そのときがチャンスとなる。ファシリテーターは、「待てないほど切実なのであれば、自分たちで何とかやってみない？」と差し向ける。そして村人がその気になったら、今度はそれをどのように実践するか、グループの単位（集落単位等）、それぞれの役割（労働提供、必要資金をどうするか等）、ルール（何曜日の何時に集まって作業するか、参加できないときはどうするか等）を決めていく。ここまで導くと、村人は様々なことをどんどん実践できるようになる。（Mpamila and Shimoda 2021：161－167；大濱 二〇〇七：一一七－一二〇頁）

これら対象村のなかには、病人を診療所まで運ぶため幹線道路につながる集

写真７－２　住民が手と農具だけで60kmの道を１年間でつくってしまったマテマ村（O&ODプロジェクト撮影）

写真７－３　村人総出での道路建設作業風景（O&ODファシリテーター Brian Samuel撮影）

落道を延べ六〇キロメートルにわたって、村人総出で人力と農具だけでたった一年で建設してしまった村が出てきたり（写真7－2、7－3参照）、他の村でも集落の幼稚園、村の小学校、診療所の建設、川向こうの小学校に子どもたちが通える橋の建設、村の簡易水道、それまで村のことに無関心だった若者が集えるコミュニティセンター（寄り合い所）の建設等、様々な活動が住民たち自身の手で実現していった。また、これら対象村ではファシリテーターの助言や側面支援の下、養鶏、牛飼い、養蜂、製塩、ひまわり油、石鹸作り等、生計向上のための生産グループ活動も盛んに行われるようになった。こうしたグループや上記社会インフラ建設活動のリーダーがその活動を通じて村人の信頼を集め、村長や村会議員、県会議員になる例も出てきている。

さらにより重要なことは、こうした活動実践とそれをやり遂げた成功体験、「やればできるんだ」という自信が、村人の自分たち自身および自分たちの村への意識と姿勢態度を大きく変容させたことである。それまで一人ひとりが孤立して貧困に苦しみ、「自分たちには何もない」「何もできない」という諦念から生活の向上への希望を失ってただ日々の生活を送っていた住民が明らかに変わった。協力し合ってともに自分たちの地域を良くしていくことの重要性と、それが可能であるということを確信するとともに、自分たちの村への誇りと愛郷心が明らかに生まれた。それと同時に、ファシリテーターとして寄り添ってくれた普及員への感謝と信頼が政府行政に対する見方を変化させ、普及員が県行政官と村人をつなげることで行政と住民の協働による地域づくりが可能なものとなった。（Mpamila and Shimoda 2021：167－177）

他方、この経験は行政官の側の意識にも大きな変化をもたらした。それまでタンザニアの行政官は、末端の普及員に至るまで村に行くこともほとんどなく、たまに行っても「上から目線」で、住民というものは指示命令し教え導いてやる対象としてしか見ていなかった。その意識と姿勢は明らかに変化したし、そうして寄り添って村人から信頼を寄せられることに誇りとやり甲斐を感じるようになっていった。

(4) O&ODを国の制度として主流化—タンザニア人自身の手で—

上記のような村人の変化はO&OD参加型地域開発モデルを実践したプロジェクトの対象地域の全村で起こった。しかし、それは限られた対象地域で試験的に実施して成果を得たに過ぎない。これを国の制度として主流化し、できるだけ多くの地域で広く当たり前のこととして実践されるようにしたい。しかし我々はこの制度化を前段2の(3)でみたようにLGRPの改革を進める際に欧米のドナーがやってきたような上からの押しつけでタンザニア政府に強制するような形で進めたくはなかった。時間はかかってもタンザニア側の気付きを促して彼らのなかで議論して主体的に決定し、自分たちのものとして内発的に創り上げてほしかった。

そこで我々が政策決定者たちに対して取った手段は三つ、①対象村の成功事例を具体的にその目で見せること、②ニエレレ時代の経験を呼び醒まし、タンザニアにはそれができるんだという実感をもたせること、そして、③日本の経験、特に大分一村一品運動と水俣の「もやい直し」の経験を共有し、最終的にどのような村を目指すのかを目に見える形で提示することであった。

百聞は一見にしかず（seeing is believing.）。現地の村々を訪れ、大阪研修で大分、水俣の経験と現状を実際にその目で確認した次官、副次官、副大臣等の政策決定者たちは、O&ODモデルがタンザニアらしい、タンザニアで機能する方法であることを確信し、タンザニア政府の発案による主体的、内発的制度化と普及展開へとつながった。（Mpamila and Shimoda 2022 : 178－183）

4　水俣、大分からの学び

私は「国別研修：タンザニア地方政府改革プログラム」（大阪研修）については、二〇〇二年度の第一回から一貫してコースリーダーとして同研修をデザインし実施を統括してきた。そのなかで、前項でも述べたとおりO&ODの対象村での成果が明らかになりその制度化と全国展開を考える段階になると、政策決定レベルにある中央地方の幹部行政官に対し、どうしても大分、水俣の地域社会をみせたかった。それはこの二つの事例が、悲惨な貧困や逆境のなかで地域社会がずたずたになり将来への希望も失われるなか、住民の一部が立ち上がりそれが大きなうねりとなって地域全体が元気になっていき、物理的な成功のみならず誇りと自信を取り戻すことができたこと、そういうことが可能であることを教えてくれるからである。さらに、両事例とも住民の頑張りに自治体の首長や役場の職員が寄り添い力づけて一緒に地域を良くしていったことも、研修参加者である地方行政のリーダーたちにみてほしかった。

(1) 大分一村一品運動からの学び

大分では一村一品運動の原型となった大山町（現日田市大山町）や湯布院町（現由布市湯布院町）、ならびに天ヶ瀬町（現日田市天ヶ瀬町）の農村の母親たちのかりんとう作りグループや「夢の大吊橋」を実現した九重町の経験等を共有した。紙幅の制約により本章では大山の事例についてのみ、共有したポイントを紹介したい。

大山町は大分県の西端、福岡県との県境にある山深い寒村であった。戦後の食料危機のなか、米作奨励の国策に従って他の地域同様に稲作に励んできたが、平野部がほとんどない山間地では収穫が上がるはずもなく、村人は必然的に極めて貧しい生活を強いられてきた。そして貧しいがゆえに「おカネがない、暇もない、希望も意欲もない、ただあるとすれば他人に対する嫉みが人一倍強かった」（その後大山の発展をリードした故矢幡治美町長（当時）の述懐）（アドバンス大分一九八二：一八）。この状況はタンザニアをはじめとした途上国の貧困に打ちひしがれた村々のそれと共通する部分が多い。こうした状況のなかから大山の人々がどうやって立ち上がり、今日のような発展を手に入れてきたのか。その要因とプロセスを伝え、そんな地域社会をタンザニアでも作るためのヒントにしてほしかった。そしてそれを自分たちが進めているＯ＆ＯＤと結びつけ、今の努力はこんな形の村として結実させるのだという具体的なイメージを持ってもらいたかった。

大山の成功についてタンザニアの参考になりうるものとして伝えたのは以下のとおりである。

第一に、愛する故郷大山が貧困に苦しみ続ける状況を何とかしたいという強い思いを持った矢幡治美という優秀なリーダーが住民のなかから出てきたことである。矢幡の実家は代々の造り酒屋であり山林地主という村の名家であった。彼はその矢幡家の長男として生まれ、現在の広島大学工学部で醸造工学を学んだ後、軍隊に将校として招集されるなど外の世界を体験。戦後大山に戻り、一九五四年から八七年まで農協組合長、五五年から七一年まで町長として、長きにわたって大山町の「生まれ変わり」黎明期をリードした。

タンザニア側参加者に訴えた第二の点は、大山の住民の生活を守るために矢幡が国や県に対してとった姿勢である。矢幡は一九六一年に「梅栗植えてハワイへ行こう」のＮＰＣ運動[7]を開始したが、この運動を通じて彼は、大山町長として国と県の「米作奨励」政策に公然と反旗を翻したのである。山間地の大山に米作は適さない。大山の地理的条件と気候に合った作物を模索して日本中を周り、梅と栗を選定した。当時、国や県の政策に公然と反することを行うのは極めて異例であったが、矢幡町長は大山の住民の利益のために決然とこれを押し通した。

第三に、町長のみならず役場の職員たちが一丸となってこの運動の成功のために寝る間も惜しんで運動を推進した。彼らのほとんどは大山で生まれ大山で育った。彼らもまた愛する故郷を何とかしたいという切実な想いを共有していた。

第四に、農家の後継ぎである若者たちがこれに共鳴した。彼らもやはりこの惨めな貧困と閉塞状況から何とか脱却したいという強い危機意識を持っていた。矢幡町長というリーダーに加えて上記の役場の職員、農家の若者たちが大山の大変革に向けた「中核グループ」を形成した。リーダー一人でなく、リーダーの想いを共有しこれを補佐して運動を

写真７－４　大山町でえのき茸栽培の話を聞くタンザニア地方自治庁ムワンリ副大臣（当時）他研修参加者（「国別研修：タンザニア地方政府プログラム」（大阪研修）参加者撮影）

リードする中核グループの存在が、こうした地域の変革には極めて重要である。

第五に、梅と栗で始まった運動の過程は、もちろん順風満帆ではなかった。しかし具体的成功体験は大山の村人に「やればできる。変われる」という自信と確信を与えた。一つの成功体験により、新たなアイデアが生まれ、新たな挑戦につながっていった。もちろん失敗も数々重ねたが、知恵を絞って何とかそれらを克服する経験や他の方法を模索する経験を繰り返すことで能力的にも精神的にも、そして地域の結束という意味でもより一層強くなっていった。この具体的体験を通じた変化のプロセスが、地域が変わるためには必要不可欠である（大濱 二〇〇七：七八、九九頁）。

第六に、これは大分一村一品運動に共通の重要な理念であるが、「ないものねだり」をするのではなく、自分たちの地域に「あるもの」を見出し知恵を絞ってそれを活用しアドバンテージに変えていくことの重要性である。大山の場合、山ばかりの土地でそのために貧しさから抜けられないと諦めていたのを、この運動を通じて山の傾斜をアドバンテージとして活用するようになった。異なる高度、異なる気温は、異なる作物の栽培を可能にし、同じ作物でも収穫時期をずらすことができた。これらは全て大山の人々の知恵である。こうして貧しさに打ちひしがれていた元気のない村が、自信とバイタリティに溢れた現在の大山に変貌していった。この変化の過程をタンザニア側に見せ、こうした変化は可能であると実感させたかった。

最後に、故平松守彦前知事との出会いを上げておかねばならない。平松は将来を嘱望された通商産業省（現経済産業省）のエリート官僚であったが、貧しい故郷大分の状況を何とかしたいという思いで一九七五年に副知事として大分に戻った。そこから一九七九年に知事になるまでの四年間、県内各地を回り地域づくりのあり方を探っていた。そうしたなかで大山や湯布院の人々の努力に出会いそこから重要な学びを得て、知事就任後に一村一品運動を県内各地域に奨励することとなった。平松は一九六一年のNPC運動から始まった大山の変貌の姿に強く感動し、矢幡や大山の人々の努力を讃えたが、我々が第七の点としてタンザニア側に伝えたのは、外からの注目と称賛が大山の人々に与えた大きな自信である。一村一品運動は経済的観点からの成果もさることながら、この運動により地域社会が元気と誇りを取り戻したという地域づくり、地方自治の観点からこそ非常に意義が大きいと考えている。そのために平松知事のような「雲の上の存在」の重要人物からの称賛を含めた精神的後押しを受けることは重要な要素であった。住民の努力を見出し、これに寄り添って力づけ、必要に応じて適正な側面支援を行う。あくまでも主役は地域の住民自身であり、行政がこれを後押しするという地域づくりのあり方を提示したのが大分一村一品運動の大きな意義であったと考えている。この点は、最も重要な要素の一つとしてタンザニアの地方行政官のリーダー達に強調した。（Mpamila and Shimoda 2021 : 115－152）

⑵水俣の「もやい直し」からの学び

我々が「国別研修：タンザニア地方政府改革プログラム」（大阪研修）に参加したタンザニアの地方改革リーダーたちに水俣で伝え学んでほしかったことには大きく分けて二つの柱がある。一つ目は勿論、公害病としての水俣病の残酷さとそれが水俣という地域社会に与えた深刻な負の影響を伝え、学んでもらうこと、二つ目は、そのような極度の逆境から地域の絆を取り戻し、自分たちの故郷水俣への誇りを取り戻すために立ち上がり、それを成し遂げてきた究極の地域づくりの経験とそのプロセスである。

〈水俣病の悲劇、ずたずたにされた地域社会〉

水俣病そのものについてはここでは改めて詳しくは述べないが、水俣病が水俣に与えた影響は患者の命や健康の側面に留まらない。この公害病は、地域社会そのものをずたずたにしてしまった。第一に、水俣病がそれまで人類が経験したことのない病気であったこと、さらにこの病気が特に貧しい漁村の家族に次々と現れたことから、当初は奇病、伝染病として恐れられた。このため患者とその家族は地域のなかで避けられ、また家族が次々と病臥したため生計が立てられず貧困に窮した。水俣病は患者とその家族に対して病苦のみならず貧困と差別の三重苦を与えたのである。

第二に、加害企業のチッソが水俣の地域社会において大変大きな存在であったことを挙げねばならない。水俣市自体がチッソからの経済的恩恵に大きく依存していたのに加え、個々の水俣市民の多くがチッソの従業員として直接に、または関連活動から間接的に恩恵を受けていた。水俣は「チッソの城下町」であり、彼らとチッソは「運命共同体」であった。このためチッソに抗議し排水を止める要求をする患者に対し、同じ水俣市民が敵対することとなった。それは家族内、集落内の隣近所に至る住民間の相互不信と不和につながり、地域社会としての絆が破壊された。これが地域社会の内側で共存してきた企業が加害者になる公害のさらなる残酷さといえる。

第三に、チッソとの補償交渉のなかで患者同士の間でも分断と相互不信が起こった。

第四に水俣病の原因がチッソの排水からの有機水銀であるということがわかりながら、その排水を止めようとしなかった国と、住民の命を守るよりも国に追随し、チッソを守る側に回ってしまった市行政に対する患者の恨みと不信である。

以上のように水俣病という悲劇は、水俣の地域社会に修復不可能なほどの深い分断を生んでしまった。これに加えて、水俣は外からの差別と偏見にも苦しんだ。水俣出身というだけで就職や結婚がご破算になることが珍しくなかった。また水俣産の農産品への風評被害にも苦しんだ。

さらに、これら全ての悲劇は、日本という国が戦後復興から高度経済成長に入ろうとする時期に、国家経済発展のために水俣という辺境の一つの小さな地域社会の住民の生命、健康、幸せを、原因がわかっていながら犠牲にしたことから起こったことにほかならないという点を見過ごしてはならない。チッソが製造していたアセトアルデヒドは、プラスチックを柔らかくしてビニールにする可塑剤として必要不可欠な唯一の原料であり、これは国内でチッソだけが製造していた。だから国は、水俣病の原因はチッソがアセトアルデヒドを生産する過程で出る廃液の有機水銀にあるということが判っていながら、これを一二年間も放置したのである。これは中央集権的体制と国家経済発展戦略の致命的な負の側面であり、「日本の恥ずべき経験」として途上国には他山の石としてほしかった。そして本来当該地域の住民の命と健康と幸福を守ることが何よりも重要な使命であるはずの地方自治体が、それをしなかったという事実も、反面教師として学んでほしかった。

〈もやい直し—地域社会の絆と誇りを取り戻すために〉

水俣における地域社会の破壊はその後も続いた。患者と他の市民、患者と行政、患者間、市民間、そして今も水俣に存在する加害企業チッソと患者の間に生じた分断と外部社会からの差別偏見は水俣の人々を打ちのめし続けた。しかし、このような矛盾と不条理が極限に達するなかで、「自分たちの故郷に誇りを持てないような、自分が水俣出身ともいえないような状況はもういやだ！」と立ち上がる動きが住民の間に現われ始めた。こうした流れを決定づけたのは、一九九四年五月一日、第三回水俣病犠牲者慰霊式で当選直後の吉井正澄市長（当時）が行政の長として初めて謝罪し、同時にこの日を市民みんなが心を寄せ合う「もやい直し」の始まりとすることを宣言したことである。「もやい」とはもともと嵐の前にお互いの船と船をつなぎ合わせてこれに耐えることであり、また人々が寄り合って共同で何かを行うことを意味する漁民の言葉である。吉井は、水俣病によって痛めつけられた水俣の内面社会を修復することを、「もやい直し」というスローガンで、水俣市民が共有し目指すべきものとして提示したのである。

再出発した水俣は、その地域づくりにおいて水俣病という究極の負の遺産から逃げなかった。環境破壊で苦しめられた水俣市民は、他の誰よりも環境の大切さを知っている。だから水俣は「環境」を核にまとまり、環境で一番になる道を選んだ。ここから様々な活動が始まり、その活動を通じてそれまで対立してきた人々が席を同じくし、言葉を交わし

写真７－５　水俣で吉井元市長のお話を聞いたあと，お礼としてカンガ（タンザニアの伝統的な布）を贈るタンザニア研修参加者代表（左端がムワンリ地方自治副大臣）（「国別研修：タンザニア地方政府プログラム」（大阪研修）参加者撮影）

写真７－６　地元学で村歩きをして発見したものを散りばめて作った絵地図を発表するタンザニアの幹部地方行政官たち（「国別研修：タンザニア地方政府プログラム」（大阪研修）参加者撮影）

て少しずつわだかまりを解いて「もやい直し」が進んでいった。

タンザニアの地方リーダーたちに、この水俣の地域社会の究極の逆境からの、ゼロではなくマイナスからの復活のプロセスを共有したかった。タンザニア側参加者から「地域の人々をまとめ、地域を変えていくために大切な要素は何か？」という質問が出た際に、吉井元市長から三つの点が挙げられた。一つは人々が強い危機意識を共有していること。二つ目はその危機意識に基づいて皆がまとまれるビジョンを示すこと。そして第三に情報を包み隠さず共有し、対話の場や機会をつくること、と答えたのが印象深かった。さらに、「住民参加」とよくいわれるが、そうではなく「行政参加」、つまり住民が動き出したらそれに行政が寄り添って参加していくのが、水俣の取った町づくりの方法だと。（吉井 二〇一七）これらは全て、タンザニアの地方リーダーたちにかけがえのない重要な学びとなった。

この点に関連してもう一つタンザニア側と共有したかったのは「地元学」である。これは当時吉井市長の下で市役所の職員だった吉本哲郎氏が構築され水俣の地域づくりで活用されてきたものである。水俣復活の鍵を握る要素の一つは、住民の間に深く巣食っていた「諦念」を払拭し、自分たちの故郷への誇りと自信を取り戻すことであった。そこで吉本が強調したのは、「ないものねだりではなく、あるもの探し」である。地元にあるものを探し、地域が誇れるもの、東京にないものを掘り起こし、磨いて町づくりを進める。大都市の文明や繁栄を羨望したり模倣したりするのではなく、都市住民がうらやむ水俣を作ろうというメッセージである（吉井二〇一七）。そこには大分一村一品運動の精神とも通底するものがある。この住民が自分の故郷への誇りと愛着を取り戻し、元気を取り戻すための働きかけは、タンザニアの地域づくりにおいても重要な基本となると考えている。[8)]

(3) タンザニア側に伝えられたこと、伝わらなかったこと

上段で触れた大分、水俣からの学びでタンザニアに伝えたかったことは、基本的にほとんどしっかりと伝わったと考えている。それによってO&ODの努力が着実に進み定着したし、改革のリーダーたちが大分、水俣の経験を知ることで、O&ODを広く展開させる機運が確実に高まり、制度化につながった。

他方で、いくつか重要な部分でタンザニア側に十分に理解し受け入れてもらえなかったこともあった。ここではそのうちの最も重要な二点について考察したい。

〈愛郷心と部族主義の葛藤〉

第一の点は故郷を愛し誇りを大切にする心の重要性に対しての躊躇である。これは部族主義が国家統合を阻み紛争と内戦に常に苛まれてきたアフリカ諸国の人々には、最も避けるべきことに映るようである。しかし私は日本の「国づくり」と発展の経験から、それは自分の故郷の集落を愛することから始まり、村、郡（今は市町村）、県、そして最後に国への思いと誇りに発展する気持ちに支えられてきたと考えている。換言すると、国家とは一人ひとりの国民からは決して身近ではなく人工的なものであり、「愛国心」は上記の過程を経て初めて自然に生まれ育つものだということである。大阪研修に参加してくれた在京タンザニア大使（当時）のシジャオナ氏が話してくださったことがその点で興味深い。彼女は大使として日本の各地を回ったが、同じ産物、例えばみかんについて和歌山、広島、愛媛、佐賀等々どこに行っても必ず「自分の県のみかんが日本一！」と一〇〇％の自信を持って断言するし、その理由についても極めて具体的に得々と説明してくれることに驚いたと、タンザニアの地方リーダーたちに語ってくれた。これは日本の各地の住民たちが自分たちの故郷に対する誇りと愛郷心を持ち、その思いをより良いみかんを作ることに注いでいることを示して

いる。そうした切磋琢磨がお互いを高め、日本全体としての発展につながってきた。そのベースとなるのは愛郷心と誇りである。

しかし、タンザニアを含めたアフリカ諸国のこの悲しい現実には、ヨーロッパ宗主国が植民地支配と奴隷貿易に利用するために部族間の争いを巧みに利用し煽ってきた背景がある。植民地宗主国の手先になり奴隷狩りをしてきた部族とその犠牲になった部族の間の深い溝と怨念、本当の黒幕である宗主国に憎しみが向かうことを避けるために部族間での争いを敢えて煽り利用してきた分割統治の影響は、残念ながらアフリカ諸国を今も苦しめている。そうした部族間不和をニエレレ大統領の賢政で克服してきたタンザニアでさえ、部族主義は「絶対悪」として今もタブー視されているのである。

〈表面的な成功失敗に囚われがちなタンザニア側参加者〉

第二の点は、表面的な成功や失敗だけでなくその根本にある地域社会の問題に目を向けてもらうことに苦労したことである。大分一村一品運動ではどうしても「地域にある資源を使って売れるものを作り、それを売る」という物質的な成功に目が行ってしまい、それを支える「人の成長」や「地域の協働」そして「自信と誇り」の重要性にまで目が行かない傾向がある。水俣では本当は地域社会が破壊されたことの重大性や、もやい直しによってそれが回復できたことの方に本質的重要性があるにもかかわらず、どうしても公害そのものやゴミ分別やリサイクルといった個別具体的な現象への関心に囚われてそこで止まってしまう傾向があった。これは私の経験ではアフリカ諸国にしばしば見られる傾向で、本格的に調査したわけではないので軽々には結論づけられないが、植民地時代のそれを含め教育の方法に原因があるのではないかとも感じている。

5　むすび：日本は大丈夫か―人々の本当の幸せを実現するための「開発」と「発展」を求めて

前段3で紹介したタンザニアのO&OD参加型地域開発制度は、本章執筆時点もその挑戦が継続中である。この間、ここ数年新政権の急激な独裁化と政策転換により困難に直面することもあったが、大阪研修で大分、水俣を経験した中央・地方の行政リーダーたちを中心に、ニエレレの遺産を復活させる地域社会の協働共助による地域開発の試みは続けられている。何よりも、多くの村で自信と誇りに満ちて活発に活動する村人やそのリーダーたちを見るにつけ、主体的、内発的な地域社会の強化が物理的のみならず精神的にも人々を幸せにするのだと改めて痛感している。そういう意味でも、我々人間にとって地域社会というのは、そこに帰属する個々人を包み込んで安心と幸せを与えてくれる重要な器、ユニットなのではないかと思える。

翻って日本の社会を省みると、本当に私たちの目指してきた発展の方向性はこれで良かったのだろうかと考え込まざるをえない。日本人は戦後、焼け野原と貧しさのなかから必死で国を復興させてきた。高度経済成長のなかで物質的豊かさを得、右肩上がりの経済と福祉国家の時代を享受した。他方、その過程で農村から都市への人口流出は激化し、農村の疲弊と地域社会の喪失へとつながる一方、都市では地域社会は顧みられず育たなかった。それでも経済的に豊かなうちはその矛盾が表面化しなかったが、経済の停滞とともにワーキングプアー、派遣切り、ホームレス、少子高齢化、孤独死、子どもの貧困と貧困の再生産、片親家庭の孤立、限界集落等々、数々の問題に直面することとなった。都市部でも農村部でも、本章で見てきたような地域社会が失われてしまったなか、上記の問題に直面する個人は、政府の「公助」がない限り生き残ることさえままならない状況におかれている。そして日本の社会全体としては、それでもなお、右肩上がりの経済成長を信じて希求し、それ前提の社会デザインにしがみついているように見える。

二〇二一年一〇月に退陣した菅義偉政権は「自助、共助、公助」を語り、まずは自助の重要性を強調したが、貧困は往々にして個々人を孤立させそこに閉じ込めてしまう。地域社会が失われた状況ではなおさらである。本当に必要なのは地域社会を取り戻し、そこでの共助を可能にすること、それに寄り添い促して必要な支援を行うこと、それが政府の果たすべき役割ではないのか。そういう意味では、大分や水俣から学ばねばならないのはむしろ日本人の方ではないか。そしてタンザニアのO&ODのファシリテーターから学ぶべきもまた、今の日本ではないか。そのような思いを懐きながら、今も途上国への協力の活動を続けている。

［注］

1　幸せ（幸福）の定義は、広辞苑では「心が満ち足りていること。また、そのさま。」となっている。人間にとっての幸せが経済的豊かさのみにあるのではないことは最近では広く認識されるところとなっているが、開発や開発協力においては未だにどうしても経済的な側面に焦点が当たりがちである。これに対し本章では、開発が目指すべき人々の幸せについても「心が満ち足りていること」という原点に立ち戻って捉え直すことを試みる。ここでは、人として自分自身への自信と誇りに始まり、周囲の人々とのつながりにおける幸福感、そしてそこから形成される地域への誇りと愛着といった側面に焦点を当てて再考する。

2　本章で展開する議論はあくまで私個人の見解であり、一切の文責は私にある。

3　ニエレレは一九九九年に亡くなったが、今もタンザニア国民は彼のことを「先生」（彼はもともと学校の教師だった。）「国の父」として尊敬し、慕っている。

4　独立行政法人国際協力機構。日本の政府開発援助のうち二国間技術協力の実施を担う機関。私は同機構のガバナンス・地方行政分野の国際協力専門員として勤務している。

5　O&ODとはOpportunities and Obstacles to Developmentの略称。

6　このようなO&ODプロジェクトの概念、戦略および手法は、日本福祉大学の大濱裕准教授が構築された「参加型地域社会開発（PLSD）」をベースにタンザニアの状況に合わせて適用したものである。（大濱 二〇〇七）

7　New Plum and Chest Nut運動。矢幡はあえて「梅栗」を英語の頭文字にしてキャッチフレーズにした。

8　この項では基本的に「もやい直し」による水俣の復興の努力に焦点を当ててみてきた。しかし近年水俣の地域社会の中に、その歴史や課題に向き合う姿勢について一部に変容がみられるのも事実である。最近、公害病としての「水俣病」という名称を、水俣の負のイメージをいつまでも引きずるものとして否定的にみる動きも一部に出てきていると聞く。また昨年（二〇二一年）には、水俣病を世界に伝えたフォトジャーナリスト、ユージン・スミスを描いた映画『MINAMATA―ミナマタ―』が公開・上映されたが、その制作過程では市側から「負のイメージが広がらないように」という注文が出され（Buzzfeed Japan 二〇二一年九月一一日）、八月の先行上映会にあたっては水俣市は後援をしないという決定も下している。（熊本県は後援承諾）（朝日新聞二〇二一年七月三一日）。

このような近年の動きに関する西日本新聞（二〇二一年四月三〇日）の取材に対して、吉井正澄元市長は「水俣病が発生した歴史は消せない」と強調し、「負を消そうとするのではなく、公害の反省を土台にしたまちづくりをする前向きな考え方が何より大切だ」と訴えている。

［引用・参考文献］

アドバンス大分（一九八二）『おおやま独立国―わが町かく戦えり―』、おおいた文庫。

アドバンス大分（一九八七）『虹を追う群像―大分県大山町のまちづくり―』、大山町農業協同組合。

石牟礼道子（一九七三）『苦海浄土―わが水俣病』、講談社。

宇沢弘文（二〇〇〇）『社会的共通資本』、岩波書店。

大濱裕（二〇〇七）『参加型地域社会開発の理論と実践―新たな理論的枠組みの構築と実践手法の創造―』、ふくろう出版。

緒方英雄（二〇一〇）「地域おこしの原点とその発展―大山町の地域開発―」、三好皓一編『地域力―地方開発をデザインする』、晃洋書房、一〇五－一三二頁。

国際協力機構（二〇〇三）『援助の潮流がわかる本：今、援助で何が焦点となっているのか』、国際協力出版会。

国際協力機構（二〇〇七）『アフリカにおける地方分権化とサービス・デリバリー―地域住民に届く行政サービスのために―』、国際協力総合研修所。

齋藤幸平（二〇二〇）『人新世の「資本論」』、集英社。

下田道敬（二〇一九）「援助は本当に役立っているか？―途上国で進むガバナンス改革の光と影、そして日本にできること―」、戸田真紀子他編『〈改訂版〉国際社会を学ぶ』、晃洋書房、二二八－二四一頁。

スティグリッツ、ジョゼフ・E（二〇〇二）『世界を不幸にしたグローバリズムの正体』（鈴木主税訳）、徳間書店。

松井和久・山神進（二〇〇六）『一村一品運動と開発途上国―日本の地域振興はどう伝えられたか―』、日本貿易振興会アジア経済研究所。

吉井正澄（二〇一七）『「じゃなかしゃば」新しい水俣』、藤原書店。

吉本哲郎（一九九五）『わたしの地元学―水俣からの発信』、ＮＥＣクリエイティブ。

吉本哲郎（二〇〇八）『地元学をはじめよう』、岩波書店。

宮本太郎（二〇一七）『共生保障〈支え合い〉の戦略』、岩波書店。

Madale. Mpamila and Shimoda Michiyuki（2021）『Decentralized Service Delivery in Tanzania-Lessons from Japanese Experience of Nation Building and Local Government System Development』(Jamana Printers).

第八章　時空を超えて越境する小さな農的連帯
―CSAとフェアトレードのパイオニアたち―

北野　収

1　はじめに[1]

冒頭から非科学的な物言いとなるが、物事や人物の出会いと交流を通じた実践と経験の伝播が社会を改良していくことがある。それが偶然か必然のどちらなのかわからない場合も少なくない。ときには、伝播の物理的距離、文化（精神）的距離が地球の表と裏にまで達することもある。多くの場合、そこにはいわゆる市民社会を基底とした人間の連帯がある。ここでいう「人間」とは、為政者や富裕者ではなく、市井の市民たちである。本章の事例でいえば、農民、労働者、福祉ワーカー、教師などが含まれる。彼／彼女らは市民であると同時に、グラムシ的な意味における有機的知識人[2]でもあり、筆者の言葉[3]でいう「生まれ変わった知識人」や「草の根民衆知識人」である（北野 二〇一九：二八四－二八五頁）。

還元主義的な議論ではあるが、市民社会共同体にまつわる類型論として、一般に二つのモデルが想定される。二つの民主主義観、二つの共同体観といってもよい。第一は、開拓期から十九世紀の「アメリカの民主主義」を理想とするネオ・トクヴィル派的な捉え方（2（4）参照）である。そこにある共同体は、比較的独立性の高い「個」の集合体としてのアソシエーション的コミュニティであり、西欧市民的な意味において政治的成熟度の高い人々の集合体である。西欧的な市民的共同体を前提にした水平的な社会紐帯を論じるロバート・パットナム（パットナム 二〇〇一）や次節で検討するトーマス・ライソンの世界観はこの典型である。非西欧世界の土着的（ヴァナキュラー）な共同体における「民主主義」でこれはラテンアメリカ先住民、イスラム社会などそれぞれにおいてそれぞれの「民主主義」が存在するという立場であり、社会的ダーウィン主義に対するラディカルな批判でもある（北野 二〇一九、ヴァンデルホフ 二〇一六）。そこで想定されるのは、個人は共同体の部分集合であり、共同体（文化、社会）なしに個は存在せず、個人は自己利益だけを追求することはできないという世界観である。しかし、共同体の部分集合である人々は「右向け右」になびくような烏合の衆というよりも、むしろ社会＝共同体全体の幸福を考える公共心溢れる人々である。つまり、共同体＝ムラ社会ではない。

一見対極に見えるこの二つの民主主義・共同体観は、根本的な共通項を持っている。西欧的市民観においては、独立（成熟）した個の条件として、「いかに人間が利己的であるように見えようとも、人間の本質の一部として、他の人の運命に関心をいだき、そして他の人の幸福を自分にとってもかけがえのないものとして感じる何らかの原理が明らかに存在している。たとえ自分が得るものが何もなくても、他の人の幸福を見るだけで嬉しいと感じる何かがあるのである」（スミス『道徳的感情論』、チョムスキー 二〇一五：六四頁からの再引用）というアダム・スミスの言葉にある「利他性」「隣人愛」「共同性」の道徳観を前提にしている。そこでは経済的強者の無限の自由は許容されない。道徳的な個人の集合体として社会の幸福（国家ではない）を重視する市民社会のうえに形成される民主主義、個の利益よりも社会の幸福（国家ではない）を重視するヴァナキュラーな共同体民主主義は、公共性、共通善（コモン・グッド）という共通の価値観を有するとともに（北野 二〇一六b：一四一頁、幡谷編 二〇一九）、垂直的統合よりも水平的つながりによって自己組織化し（グレーバー 二〇二〇）、国家権力や資本に対する中間共同体の機能を果たす。これらは内発的発展における根源的な価値に相通じる。

西欧の伝統から生まれた社会的経済とラテンアメリカの伝統から生まれた連帯経済（ハーシュマン二〇〇八）が戦略的

に結びついた社会的連帯経済（ソーシャル・ソリダリティー・エコノミー）という概念が注目を浴びつつある（幡谷編 二〇一九）。社会的連帯経済は市場原理よりも人と人とのつながりを重視する経済で、具体的には「生産者、労働者、消費者、市民らの連帯に基づく集合的行動を伴った社会的な目的あるいは環境的な目的にプライオリティをおいた経済活動」をさす（Utting 2015: 1）。実際の活動としては、フェアトレード、小規模金融、参加型予算システム、農産物の産消提携、北米のシビック・アグリカルチャー、地域通貨、ワークシェアリング、各種のコミュニティビジネス、ＣＳＲ（企業の社会的責任）活動、さらには、被災地復興のための市民間の協働が含まれる（北野 二〇一六ｂ：一四五頁）。

これらの現象には、西欧市民的個人の間の連帯と、非西欧的―例えばラテンアメリカの共同体（コムニダ）―における連帯が混在する。それらは時空（時代と地理的空間）を超えたつながりとして紡がれてきた。このことが、私たちに何を教えるのだろうか。本章は、筆者がこれまで関わってきたいくつかの研究―広い意味で食料主権にかかわる―を通じて、直接、あるいは文献を通じて出会った知識人たち―鶴見和子の内発的発展論に則していえばキー・パーソンたち―の時空を超えた「しりとりゲーム」のようなつながりを雑駁ながら示すことを試みたエッセイであり、この問いを掘り下げる素材を提供することを目的とする。したがって、本章は経験的な実証研究論文ではない。以下、アメリカのシビック・アグリカルチャー・ＣＳＡ（トーマス・ライソン）、日本の産消提携（大平博四）、農民教育と国際協力の父（中田正一）、国際フェアトレード運動の父（フランツ・ヴァンデルホフ）、大西洋岸カナダにおけるフェアトレード運動の功労者（ジェフ＆デボラ・ムーア夫妻）らを事例として、時空を超えて伝播・越境する「小さな農的連帯」の素描を試みたい。

2 トーマス・ライソンと『シビック・アグリカルチャー』

近年、日本でも地域支援型農業（ＣＳＡ）という実践が注目を浴びつつある。片柳（二〇一七）、波多野・唐崎編（二〇一九）、門田（二〇一九）など日本語書籍も相次いで刊行されている。ただし、実態はなかなか広がらない頭打ち状態にある。アメリカを代表する農村社会学（rural sociology）者、農業社会学（sociology of agriculture）者であったコーネル大学教授トーマス・ライソン（一九四八-二〇〇六）は、CSAの本場のアメリカにおいて、最も初期から最も強力にその意義を擁護してきた研究者だった。彼はCSAを含めたより大きなフレームとしてシビック・アグリカルチャーという概念を用いながら、農業・農村の根源的な存在意義について、市民社会論ひいては民主主義論として理論化した。

(1) 北米に広がるシビック・アグリカルチャー

一九九〇年代以降、アメリカ、カナダの都市近郊を中心にシビック・アグリカルチャーという食と農の営みが顕在化してきた。その一形態である地域支援型農業（CSA）だけでも、現在北米各地に一・二〜一・三万以上の農場が存在するという。このcivic agricultureを直訳すれば「市民農業」「市民的農業」となるが、いわゆる趣味の市民菜園を想起させるこの直訳からはこの言葉と実践が意味する「食料市民による政治的実践」というニュアンスがでない。そもそも、ここでいうagricultureは食と農にかかわるあらゆる営みを包含しており「農業」と訳すことができない。シビック・アグリカルチャーとは「より持続可能な農業とフードシステム」のための「新しい形態の農業や食料生産」のことである（ライソン 二〇一二：i頁）。具体的には、ファーマーズ・マーケット、直売所、地域支援型農業、地域の小規模な食品加工業、都市菜園、学校菜園、地元農家と連携をするレストラン、これらのネットワークがシビック・アグリカルチャーに含まれる。取り扱う農産品のほとんどはオーガニックである。

(2) 背景にある食と農のグローバル化

一〇〇年程前までは、アメリカの農村地帯でも他の国々と同様、自給自足および狭い範囲に限定された地場交易が行われていた。カール・ポランニーがいうところの「経済の社会への埋め込み」の状態である。家庭内・地域内の仕事は家族や村人総出で助け合い、農業のみならず商工業に至まで、特定業種に特化した就業形態は存在しなかった（農村生計の多様性・インフォーマル経済・多就業）。日本風にいえば、皆「百姓」だったわけである。

農業・農村の近代化の制度的推進役を果たしたのは、農務省の存在、近代科学としての農業諸科学の発達、土地贈与大学と農業改良普及制度であった。一八六二年のモリル法、一九一四年のスミス・レーバー法によって、土地贈与大学、農業科学研究の場としての州立大学農学部および近代農業技術の改良普及制度が確立された。農民の伝統知・経験則に依拠してきた「農」の営みが、合理性、生産量・生産性・利潤の最大化、マーケティングという視点に規定された土地・労働・資本・経営の四要素の組合せの最適化によってのみ成立する「農業」という産業に転換されていく。産業化は三つの農業革命（機械化革命、化学革命、バイテク革命）による工業的農業化を経て、今日にみるグローバル・フードシステムとして結実した。革命は、経営規模の拡大と作目ごとの産地形成（地理的集中化、地域毎のモノカルチャー農業化）を引き起こす。今日、当然のこととして捉えられている「産地」という概念自体が近代化と資本主義の賜物であった。

農業生産の現場で起きた産業化は、ほどなく、流通・小売、飼料、種苗、農薬の各産業分野内および分野間のインテグレーション（部門内は垂直型、部門間は水平型）、さらには食料援助、開発援助を通じて産学官のグローバル食料戦略に接続された。その結果、全農場の最上位にはメガファームが君臨し、伝統的な家族経営農場は映画や小説のなかでしかみられない存在になった。全農場数の一％強の年間販売額一〇〇万ドル超のメガファームは全販売額の四割強を占めている。食品加工業、流通業等においても合併吸収が進み、全米の食料品売上の六割強を上位一〇社が占める寡占化が進行した。遺伝子から排泄に至るフードシステムの寡占化は「回転ドア」と揶揄される官民間の人的往来と癒着による利権構造を生み、グローバル企業の利潤最大化の手段としての金権政治、現代のコーポラティズムが確立された。新自由主義、戦争経済化は進み、貧困層と格差の拡大は止まることを知らない（北野 二〇二二）。

(3) シビック・アグリカルチャーの態様

シビック・アグリカルチャー、すなわち、食と農のローカリゼーションは食料市民、市民社会からの異議申し立ての意思表示である。無論、購入層の中心は相対的に意識が高いとされる「カルチュラル・クリエイティブス」（高学歴、白人、女性、リベラル、アメリカの消費者の約四分の一）であろう。低所得層への食料供給やコミュニティ・キッチンの事例もあり、個人の食の安心のため（利私）だけでなく、社会性・利他性が強いことが特長である。「私たちが追求する新

写真８－１　イサカ・ファーマーズマーケット
（ニューヨーク州イサカ）

出典：筆者撮影。

表８－１　シビック・アグリカルチャーの態様

態様	内容	備考
地域支援型農業（CSA）	農家に資金・労力を自ら提供し，積極的に関わりを持とうとする地域の消費者（会員）との地産地消型の提携活動。会員は農家に営農資金に相当する金額を作付けシーズン前に提供する。収穫期に会員は収穫物を定期的に受け取る。	日本の提携に似た仕組。日本とアメリカでは絶対的な距離の違いはあるものの，CSA は相対的に近い範囲でこの協働活動。CSA は以下の四つに分類可能。 ①農家主体型 CSA（farmer-directed CSAs） ②消費者主体型 CSA（consumer-directed CSAs） ③農家間連携型 CSA（farmer-coordinated CSAs） ④農家・消費者協同組合（farmer-consumer cooperatives）
ファーマーズ・マーケット	もともとアメリカにおける伝統的な販路として昔から存在。スーパーマーケット普及により，消滅しかけたが，1990年代以降急増。	政策の結果というより，小規模農家や地域在住の工芸家らの協働的営みとして自生的に展開。日本のそれとは名称は同一でも，根底の価値観は異なる（政策の一環 vs 既存の仕組みへの抗い）。
路面直売所	農家が運営する直売所と，別の販売者が運営する直売所が混在。	シビック・アグリカルチャーにおいては，直売所はファーマーズ・マーケットの小型版といえる。
レストラン支援型農業	レストラン・料理人と農家の互恵的な関係に立脚する提携形態。旬や地元の食材にこだわる料理人と味と品質にこだわる農家がマーケティング戦略を共有する。地産地消と旬産旬消を具現する提携形態。	イタリアのスローフードと同様に，生産者と消費者との媒介者として，料理人は食料市民のなかでもとりわけ重要な役割を有するアクターであり，消費者を啓蒙していく存在。
市民菜園・都市菜園	大都市内にある市民菜園・屋上菜園。都市農業については，北米のみならず，西欧，アジア，中南米，サブサハラアフリカ等全世界での展開がみられる。	貧困層への食料供給，近隣住民の交流・協働，コミュニティづくり，多文化共生の実践の場という「多面的機能」を有する。市街化区域の生産緑地対策（地主向けタックスヘブン）として始まった日本の「都市農業」とは，根本的に発想が異なることに注意。
その他	コミュニティ・キッチン，地元密着型の食品加工業など。フードバレー，ワインバレーも含まれる。	農産品の地域内加工は日本の第６次産業化に類似。

出典：ライソン（2012）をもとに筆者作成。

しい形の食料生産、加工、流通のあり方は、場所（プレイス）と人々とのはっきりしたつながりを持っている。それらは単に新しい生産技術を束ねたものではなく「市民的」なものである」（ライソン 二〇一二：ⅱ頁）。表８－１にみるように、具体的な取り組みは、日本でもみられる直売所、ファーマーズ・マーケット（写真８－１）等に一見酷似しており、それ自体は特段に目新しいものではない。

(4) 含意としての持続可能性と民主主義

シビック・アグリカルチャーは持続可能な農業の概念に重なるが、同意ではない。持続可能な農業とは「①人間の食料と繊維に関するニーズを満たし、②農業経済を左右する環境の質と自然資源の基盤を向上し、③非再生資源を最も効率的に利用し、かつ資源の生物学的な循環と管理を適切に統合し、④農場経営の経済的自立を持続し、⑤これらにより農民と社会全体の生活の質を高める、こうした項目を満たした地域固有の動植物生産の統合システム」（一九九〇年アメリカ農業法、矢口（二〇〇九：一五一頁）からの再引用）であり、環境的次元だけでなく、経済的次元、社会的次元にまで及ぶ概念である。特に、国家社会の持続可能性ではなく、地域社会レベルあるいは流域社会レベルでの持続可能性が重要となる。

さらに、シビック・アグリカルチャーには市民や民主主義といった政治的ニュアンスが包含される。市民とは自治体の住人としての「市民」（＝国民の部分集合）ではなく、国家や市場から自覚的に自律・自立した存在としての市民である。実体的には同一人物だとしても、概念的には市民イコール国民ではない。アメリカの文脈で民主主義の原風景として引き合いに出されるのは、フランスの政治学者アレクシ・ド・トクヴィル（一八〇五－五九）の『アメリカのデモクラシー』だ（宇野 二〇〇七）。そこでは自律的なコミュニティが人々の生活の基盤であり、それは道徳的な個人が水平的かつ有機的に結びついている状態であり場所である。シビック・アグリカルチャーにおいては、ローカル・フードシステムが民主主義の基礎要件・存立基盤だと考える。現代ネオ・トクヴィル派のロバート・パットナムのソーシャル・キャピタル（社会関係資本、地域社会内の個人間の信頼・規範・つながりの総和）の考え（パットナム 二〇〇一）は、シビック・アグリカルチャーに親和的である。ここでのつながりは自律的な個人間同士の水平的でアソシエーション的なつながりを念頭におく。国家や地方行政における「統制」原理、市場経済による「競争」原理のいずれにも埋没しない、自発的かつ相互扶助的な「友愛・共生」原理が人間の営み、社会に埋め込まれた経済の復権にとって必須だと考えられるからである。したがって、国家や市場と個人の間に位置する中間領域としての市民的共同体（シビック・コミュニティ）が重要な概念となる。これらは、多分に西欧的な世界観であることも付言しておく。

(5) ライソンがいったこと

以上、CSA等の実態でなく、代表的擁護者であるライソンのシビック・アグリカルチャー論の枠組みを説明することにより、その社会的・政治的位置づけを確認した。二五年前、アメリカで大学院生をしていた筆者は、受講生としてライソンの複数の授業に参加した経験を持つ。履修した科目の一つである「農村・地域開発の政治学および経済学」(The politics and economics of rural and regional development) のなかで初めてCSAについて習った。授業内ディスカッション、グループによる大学近郊の農村でのフィールドワークなど今となっては懐かしい思い出である。同科目のCSAに関する授業回のなかでライソンは、CSAの始まりは日本の東京で、それがアメリカに伝わったと明言したことを覚えている。

3　世界初のCSA、東京都世田谷区・大平農園と大平博四

世界初そして最も成功したCSAについて、イムホフは次のように述べている。「現代的な意味でのCSAの発祥は、一九六〇年代半ばの東京の郊外で実際に見出すことができる。そこでは、安全かつ妥当な価格の食料の信頼できる供給のあり方として、TEIKEIと呼ばれる農家と消費者のつながりが形成されていた。一九六五年、それまで使用してきた石油化学薬品によって農園主が健康を損ねたことから、世田谷区にある大平農園は有機農業に立ち戻ることにし

た。これは昔の世代が行ってきた労働集約的な作業に戻ることを意味したが、同時に既存市場に正面から挑んでも勝ち目はないことも意味した。クリーンな農業生産は経済的に採算が合わずともそれ以上の価値があることを認識した近隣の人々が生産物を恒常的に求め続けることで、大平氏は有機農業に専念できるようになった」(Imhoff 1996 : 430)。

(1) 日本の産消提携運動とCSAについて

一九六〇～七〇年代当時、日本社会は高度経済成長、開発至上主義の路線を驀進していた。日本版「緑の革命」を農業基本法農政や各種の構造改善事業が強力に後押しした。稲作の機械化一貫体系の完成を目指し、行政・農業団体・関連業界(種子、化学肥料・農薬、農業機械、農業土木)が一丸となって、近代化を押し進めた時代であった。それは、東京五輪(一九六四年)、大阪万博(一九七〇年)への熱狂、東海道新幹線(一九六四年)、東名高速道路(一九六九年)の開通、田中角栄「列島改造論」(一九七二年)、札幌冬季五輪(一九七二年)等々とも相まってエコノミック・アニマル日本人が、開発国家ニッポンへの道へ邁進した時代ともいえる。新幹線や高速道路が世界銀行(アメリカ)からの開発援助によって建設されたことを国民は知る由もなかった。

一方、レイチェル・カーソン『沈黙の春』(原書一九六二年、邦訳一九六四年)と有吉佐和子『複合汚染』(一九七四年)がベストセラーになり、また、水俣病をはじめとする四大公害の問題が次第に明らかになり、大都市部では光化学スモッグが日常化していた。そのようななか、食の安全性を心配する首都圏、関西圏の主婦の団体や生協、地力の衰えや農薬の健康被害等を懸念し始めた各地の農家(数的には絶対的マイノリティ)との出会いから、日本の有機農業運動・産消提携活動が始まった。

イムホフの引用にみるように、少なくともアメリカの大学や文献においては、世界最初のCSAは世田谷区の大平農園であるという説が「伝説化」されている。同論考では、よつ葉牛乳の産消提携についても言及されており、日本で一九六〇－七〇年代に花開いた有機農産物の産消提携が世界のCSAの原型だとされている。大平農園がCSA第一号として認定された理由について筆者なりに推測すれば、生産者と消費者との顔の見える距離感ではなかろうか(英語のコミュニティの感覚に近い)[4]。同じ時期に、有機農産物の産消提携の取り組みは、いくつもあったが、多くは東京の多摩地区と東北や南房総等（桝潟二〇〇八）、県を跨いだ比較的遠距離なものであった[5]。イムホフによれば、一九六八年に当時の西ドイツで欧州初のＣＳＡ[6]が始まり、七八年にスイスでもバイオダイナミック農業を基盤としたＣＳＡが始まった。この二つの取り組みが後にアメリカに紹介され、八〇年代後半[7]からＣＳＡの取り組みが広がるようになったという。

一九八九年という早い時期にアメリカのＣＳＡ農場マニュアル的な書籍を出版したエリオット・コールマンは、ＣＳＡという名称は農家が消費者の慈善に依存しているような誤ったイメージを発信しかねないため、別の名前にすべきだと主張し、大平の言葉である「顔の見える農業」（farming with a face on it）[8]というニュアンスを称賛している（Imhoff 1996 : 433）。

(2) 大平農園と大平博四

アメリカの農村社会学において「世界最初のＣＳＡ」とされる東京都世田谷区の大平農園は、等々力（とどろき）〜尾山台の閑静な高級住宅街のなかにある。四〇〇年前以上から続く大平家の現在の農地面積は〇・七ヘクタール（ヘクタール）と極めて狭いが、それでも東京都二三区内にそのような空間が残っていること自体、今となっては奇跡のように感じられる。世界初のＣＳＡ（もちろん当時はそのような名称は存在しない）の創始者である大平博四（一九三二－二〇〇八）は、農村青年修練道場（福島県）、八ヶ岳経営伝習中央農場（長野県、現八ヶ岳実践大学校）、都立園芸高校、名城大学農学部に学んだ後、父の後を継いで農園主となった。一九六八年頃の有機農業への転換から始まり、七〇年代初頭に提携活動が本格化した（詳細は後述）。

今日でもトマト、ナス、ネギ、キャベツなど三十数種類の野菜を生産し、提携会員は最盛期で約四〇〇世帯、現在は九〇人程度となっている。大平博四が逝去した後、妻とボランティアの人々によって活動が続けられているが、メンバーの高齢化が進んでいる。以下、大平の著作（一九八三、一九九三）を手がかりに、その軌跡をみてみたい。

(3) 近代農法への疑問と有機農業への転換

一九三二(昭和七)年生まれの大平には、戦時の記憶がある。戦時中そして敗戦直後、校庭、土手の脇、ありとあらゆる土地に収量が(そしてカロリーも)多いサツマイモを作付けした。父親は軍隊でサツマイモ作付けの講演をした。食料不足がほぼ解消した一九五〇年代(昭和二〇年代後半)になると「近代農法」をできるだけ取り入れて、少しでも早く、少しでも多く作ることによって収入を上げる者こそが篤農家であるという新しい「篤農家」観が生まれてきた。推定一九〇三(明治三六)年生まれの大平の父は近代農法を駆使した「篤農家」になるべく精進した。昭和二〇～三〇年代当時、二十歳前後であった大平自身もそのことの必要性を信じて疑わなかった。父は戦前から「キュウリの栽培技術日本一」(一九九三：三頁)と呼ばれていた。もっとも、昭和二五年頃には手押し噴霧器で石灰ボルドー液をキュウリにときどき散布している程度であった。これは大正一〇年頃、大平の曽祖父が始めたことだという(一九八三：一〇一頁)。

とはいえ一九五三(昭和二八)年当時で、ようやく油紙を用いた「トンネル農法」に着手、二年後に油紙のトンネルはビニールハウスに替わった。その頃、化学肥料は「金肥」と呼ばれ、金銭的に余裕のある農家だけが購入するものだと思われていた。贅沢に化学肥料を投入することこそが「篤農家」であるという考えが一般的であった。金肥や資材をふんだんに投入するビニールハウス農業は、当時の近代農法の象徴的存在となった(一九八三：一三頁)。農薬、殺虫剤を五種類程調合したものを噴霧していたが、それらは接触剤であり、害虫が溶剤に接触して初めて死に至らしめるものだった。その後、溶剤はより危険度が高い浸透剤へと変わった(一九八三：一〇二頁)。ビニールハウス栽培のトマトは、通常の時期よりも一か月早く出荷できたため、露地栽培の旬のトマトよりも一・五倍の値段がついたという(一九九三：五頁)。

自分の信念に基づき「篤農家」の道を選び、道を究めた父親は苗床技術の名人と呼ばれるようになり、その教えを請いに全国から延べ二〇〇人もの青年が大平家に泊まり込みでやってきたという。その一方で、有機水銀、ドリン剤、ホリドール、BHC、DDT等のありとあらゆる農薬(使用禁止とされたものも含む)を購入し、害虫の耐性が高まり効かなくなると、どんどん濃度を高めて散布するという危険な道に足を踏み入れたのであった。「肥料が切れている作物などを作っていたのではみっともない」（一九八三：二三頁）が大平の父の口癖であった。

トンネル農法と農薬を使用してから一〇年後、一九六三（昭和三八）年になると大平は耳鳴り、めまいに悩まされるようになり、片耳の聴力をほぼ失った。農薬中毒であった。視力も低下し右目の手術を行ったものの、七三（昭和四八）年に今後は左目が失明した（後に回復。一九八三：四九頁）。大平の父は一九六八（昭和四三）年に六五歳という若さで胃ガンで亡くなった。残された祖母、母、大平の家族は途方にくれた。同様に母親（推定一九一〇（明治四三）年前後生まれ）も病気になり、その後一九八三年に七四歳で亡くなるまで、長く苦しむこととなった。父と同世代でビニールハウス栽培をしていた農家の多くが六五歳前後で早死にすることを大平は不審に思い始めた[9]（一九八三：二三頁、一九九三：二一頁）。

父の死去、母の病気の一方で、推定一八八九（明治二二）年生まれの大平の祖母が到って元気なこと、農薬をほとんど使わなかった戦前の農業の方が「よいものがとれた」という祖母の言葉、「とにかく、丈夫で生きることが一番大切なんだよ。農薬を使うのを一切やめてしまおう。化学肥料だって畑にも作物にもよくはあるまい。私はおばあさんと農薬も化学肥料もない時代に、立派に農業をやってきたんだよ」（一九八三：二三－二四頁）という母の言葉に押された大平は、「夢の農法」すなわち今の言葉でいう有機農業に切り替えることにした。ちなみに、祖母は昔からコメ、鶏卵、鶏肉も生産してきたが、それらは「売り物」であり、とても農家自身が口にできるような食べ物ではなかったという（二一七－二一八頁）。

一九六八年当時ですでに三五〇年という大平農園の長い歴史のなかで、近代農法を行ってきたのはわずか二〇年弱に過ぎなかった。「私達が農薬を本格的に使用したのは二〇年間くらいだ。その間に農地は死んでしまったようで、生きた土に戻すには、それ以上の年月が必要なのかもしれない。こうなったらあせっても仕方がない。腰をすえつけてじっくり考えながら取り組むとしよう」（二一五頁）。

(4)堆肥・種子・輪作・野鳥

明治・大正・昭和戦前期の農業を知っている大平の祖母（当時九三歳）によれば、関東では化学肥料が普及する以前は、堆肥と下肥（しもごえ）だけを使用していた。下肥とは人間の糞尿のことである。下肥は比較的新しく祖母の祖父の時代から使われ始めたという。祖母の祖父は、世田谷の等々力から丸一日かけて人糞を買いに京橋（現中央区）に徒歩ででかけたという。大平家から近い権現坂（現目黒区）にも集落はあったが、当時の京橋と目黒では生活水準（食べ物）が違った。京橋の下肥の方が効くため、遠方にまで買い出しに行ったのである（一九八三：二五－二六頁）。一八八九（明治二二）年頃に生まれた祖母の祖父となれば、生まれは幕末の頃、一〇代の時分には男手の一員として農業を手伝っていただろうから、この話は明治維新の頃と推察できる。大平は言及していないが、筆者が驚くのは、大河ドラマ的にいえば「幕末〜明治維新という激動の時代」に、江戸・東京近郊の農家がかくの如く技術改良に勤しんでいたという事実である。

戦後、下肥は回虫などの衛生上の理由で使用することはできなくなり、有機農業をするのであれば、堆肥に頼るしかなかった。一九六〇年代当時、東京二三区といっても世田谷区や練馬区はまだまだ近郊農業地帯の色が濃く残り、農地は沢山あった。とはいえ当時の世田谷でも、もはや家畜の糞を一定量、定期的に集めることはできなかった（一九八三：三〇－三二頁）。大平は、住宅の庭木剪定から出る植木屑や草刈りの際に出る雑草屑を機械で粉砕することで、堆肥を作ることにした（植木の枝が八〇％、馬糞が一〇％、学校給食・家庭の生ごみが五％、その他五％（一九八三：六三頁））。農薬を使っていた頃と比べれば、有機転向当時の発育や収穫は惨憺たるものだったが、大平はその都度「この世には、農薬はないんだ」（一九八三：三三頁）と心に言い聞かせたという。一九七〇年代に入ると、徐々に土の回復を実感するようになる。そして、「農作物が害虫にまったく喰われずに、完全な形で産出されることは不思議なことで、そういうものを要求する人も、無理な注文です」（一九八三：三六頁）と考えるようになった。

近代農法が浸透するにつれて畑に播く種子の調達も自家播種から種苗会社が生産する一代交配（F_1）種子を購入することが当たり前になり、在来種の種子を入手することが難しくなってきた。「古い農業の伝統を打破することが近代化だと思っている現代農業は、私達有機農業従事者が必要とする在来種などは全く考えてもいないようです。むしろ、農民をまるで『カモ』のように考え、次から次へと新品種をつくり出し、売りつけようとしています」（一〇七頁）。「適地適作」という言葉を体現するかのように、大平は作目毎に数年（トマトの場合七年）かけ作付けの試験を繰り返しながら、在来種のなかから自分の圃場の土壌や気候に適した種を選び抜いていった（一〇七－一〇八頁）。

大平は祖母から昔の輪作について教わった。かつての畑作地帯においては、陸稲、小カブは輪作計画には欠かせない作物だったという。小カブは追加収入のための間作作物だったが、陸稲や他の大麦、小麦、アワ、ヒエ、キビ、コウリャンなど禾本科（イネ科）作物は、病害虫管理、風よけの観点から野菜（蔬菜）と組み合わせ、時期をずらして輪作するか同時期に混作するなどされていた。実は禾本科作物がメインで、蔬菜類は合間に育てるサブのような位置づけであった（一二九－一三〇頁）。戦後の日本農業の近代化・資本主義化はアメリカとのＭＳＡ協定（一九五四年）およびそれを踏まえた農業基本法（一九六一年）農政に基づき、早い時期に麦類・大豆を輸入へ事実上切り替え、全国的な稲作モノカルチャー化と輸入飼料に依拠した特殊日本型畜産・酪農の振興へと舵を切った。稲作モノカルチャー化は、畑作地域における禾本科作物の多様性の衰退と連動していたのである。

大平にとって野鳥は害虫を食べてくれるありがたい存在である。昆虫が姿を消す冬場は野鳥にとって厳しい時期である。大平は、野鳥へのお礼として、野鳥に食べてもらうために小松菜などを植え、人間向けに「収かくしないでください」という立札を立てるのである（二四－二五頁）。

(5) 提携会員組織「若葉会」について

姿形の整わない作物を店頭で売ってくれる自然食品の店においてもらえるようになった大平は次のように回想する。「私の畑の野菜は市場出荷と全く別の方式で消費者の手に渡ることになりそうです。しかし、市場の人々の活気溢れる中で取引きされる場合と異なり、狭い店内に申し訳なさそうに置かれる自分の農産物のことを思うと、胸のつまる思いでした」（一九八三：五七頁）。このように、近代農法・市場流通システムからの「刷り込み」は思いのほか強い。

BOX 8－1　若葉会の目的と申し合せ事項

[若葉会の目的]
有害な肥料や薬品を乱用した野菜から消費者を守るため，有機農業を研究し生産している若葉会生産者の理想を支持する会であり，生産者から直接購入し，生産現場を見学して理解を深め，有機農業の発展に協力することを目的とする。
[若葉会の申し合せ事項]
◇上記の目的を達成するために次の活動をする。
①年１回全会員出席のうえ総会を開く。②月１回各グループから必ず１名出席のうえ世話人会を開く。
◇会の運営は生産者との協議によって決定する。
①価格と作付け品種，数量。②若葉会以外の物品の購入。
◇大平農場の生産の一端に参加する。
◇会内にての営利活動は認めない。
◇会内に政治的な色彩と宗教を持ち込まない。
◇会内にて原稿料および講演料は無料とする。
◇会員の登録は１年毎に更新する。
①期間は１月１日から12月31日まで。②１年度の終了１か月前に翌年度の継続希望を確認する。③継続会員を優先する。
◇入会金は無料とし，年間運営費を徴収する。
◇運営費の額は総会で決定うえ一括納入する。
◇会運営の事務は会員各自の責任輪番制にする。
◇会運営の事務に必要な下記の係を設ける。
①運営費係，②運送費係，③司会，④ニュース係，⑤リンゴ係，⑥米係。
◇生産者の生産地訪問をする。

注：茶，ミカン（静岡県），根菜類（千葉県）リンゴ（長野県）など他県の生産者も会員になっている。
出典：大平（1993：101-103頁）。

やがて、安全な野菜を買いたいという近隣の消費者が大平の許に集まってくるようになり、口コミで人数が増えていった。有吉佐和子の『複合汚染』が出版される五年前のことである。二〇人になったときに「若葉会」という消費者グループが組織された（一九七三年前後と推定、BOX8－1）。大平は近代農法と有機農業の違い、有機農業にかかる手間暇について理解をしてもらうには、消費者には、援農や草取りボランティア等を通じて、可能な限り生産の現場・圃場を見てもらうことが必要だと説く（一六二頁）。若葉会は一時は最大で会員四〇〇世帯を擁した時期もあった。

若葉会は他県の生産者も含め、消費者との「顔の見える関係」を特に重視した。五か所の県外生産者を毎年一か所ずつ、五年かけて訪問し交流を重ねる。それにより、お茶を飲むたびに、リンゴを食べるたびに、生産者の顔と名前が浮かぶようになるという（一九九三：一三二頁）。筆者が思うに、そのことにより、人々は「消費者」でなくなり、提携の仲間になるのだろう。これ以外にも、世田谷区、品川区の学校給食への有機野菜の提供、小学生の課外授業受け入れなど、大平農園＝若葉会は様々な活動を行ってきた。紙幅の都合上詳細は割愛する。

(6) 師・中田正一との出会い

大平は次のような一節を残している。「私には師がたくさんいるが、その中でも忘れられないのは、農業の楽しさを教えてくれた中田正一先生である」（一九九三：一六四頁）。中田は農民教育の父、国際協力の父といえる人物で、開発途上国での井戸掘り支援や日本各地に展開した「風の学校」の活動で知られる。大平農園も風の学校世田谷校になった。大平は一七歳のときに八ヶ岳経営伝習中央農場で一年間学んだが、中田はそのときの教官であった。以降、中田が一九九一年に八四歳で亡くなるまで、大平と中田の盆暮その他の交流は四二年間、毎年続いた（一六七頁）。ちなみに大平と美和子夫人との結婚の仲人は中田であった。中田が八ヶ岳農場に勤務したのはわずか二年間であったことを考えると、二人の出会いは大いなる偶然であった。農場の入り口には「不正直な者は此の山にとどまってはならない」「なまける者は此の山にとどまってはならない」という掟が掲示されていた。中田はニコニコしながら「掟に従えない者は、すぐに荷物をまとめて帰るがよい」といったという。それが大平と中田の最初の会話であった（一六五頁）。朝のスピーチ、昼のお国自慢、夜の作業報告と歌唱、月に一度のグループ発表など中田の下で学んだことは、農業技術だけでない人づくりの大切さだったのだろう。

中田の晩年の一九八七年、ネグロスキャンペーンの要請により、中田（井戸掘り）と大平（野菜づくり）、そして埼玉県小川町で一九七〇年代から有機農産物の提携活動を行っていた金子美登（水田、家畜、第四章も参照のこと）は有機農業による支援の可能性を探るためフィリピンのネグロス島に調査に行っている。

4　農民教育と国際協力の父、中田正一

大平にとって生涯を通じた師ともいうべき中田正一（一九〇六－九一）はどのような人物だったのか。中田は農林省

（現農林水産省）の技官で現役時代には4Hクラブなど農村青年教育に尽力した。大平が八ヶ岳農場に入ったのは一七歳のとき（一九四九年）である。中田は一九四九－五一年の間、副所長を務めた。退官後は開発途上国の支援に後半生を捧げ、途上国農業支援に関わる青年育成のための「風の学校」を設立した（前身団体「国際協力会」は一九六七年に設立、風の学校への改称は一九八四年）。日本における国際協力ボランティア、NGO活動のパイオニアともいうべき人物であった。農林省退官直前の一九六二年、母校九州大学に博士論文「わが国農村のインフォーマル・グループの研究」を提出し、農学博士号を取得している。

(1) 前半生：戦争体験と農林省退官まで

人生を二度生きた人といわれる中田の一度目は戦前から戦後にかけての農村青年教育分野での貢献である。北野（二〇一七）の記述を手がかりに、中田の前半生を振り返ってみたい。

中田は一九〇六（明治三九）年に兵庫県の淡路島の野島村の農家の長男として生まれた。幼少時から「理屈でなく体でおぼえるべきもの」として農作業に慣れ親しんだ一方、農作業に出かけるときも学習参考書を持参させる教育熱心な父親の下で育てられた。旧制洲本中学を経て旧制山口高校に進学するも「人生に対する言いようもない悩みと不安」を抱いた中田は留年を二度繰り返し、規則により退学処分となった。そんな高校時代に中田を支えたのは、山口県在住のキリスト教伝道者であり社会事業家でもあった本間俊平（一八七三－一九四八）であった。本間の導きにより後にキリスト者になった中田は小原國芳（一八八七－一九七七）が校長を務めていた東京の旧制成城高校に移る。小原は日本の自由主義教育の始祖の一人であり、後に玉川学園を設立した。これらの出会いを通じて、一〇代後半に「人生の基本的な問題、すなわち実在の本質、生命、人間、社会、愛、教育、信仰など」の土台と骨組みを培ったと中田は回想している（北野 二〇一七：一七二－一七三頁）。東日本あるいは関西の大学ではなく、九州帝国大学農学部に進学したのは、山口県の本間の所に通い、教えを受け続けるためでもあった。

大学卒業後、中田は開学間もない玉川学園の農業教員を皮切りに、久連（くづら）国民高等学校（内村鑑三、賀川豊彦も教えた日本版フォルケ・ホイスコーレ）などいくつかの学校を転々としながら農業青年教育者としての研鑽を重ねた。ちなみに、玉川学園（東京都町田市）の入り口に至る桜並木は中田が植えたものである。

満州・中国での四年間の兵役（予備役期間を除く）を終えて、一九四二（昭和一七）年に帰国後、東亜農業研究所（現日本農業研究所）に奉職した後、四五年に川崎市にあった農林省高等農事指導所所長（農林技官）に着任。同所は八ヶ岳に移転し二年間副所長を務めた。五一年から定年退職をするまでの一七年間は、農林省本省勤務となり、行政官として多忙な日々を送った。係長からの再スタートであった。その多くは普及教育分野に関する仕事に捧げられた。中田が作成した教育要綱は4Hクラブ（全国農村青少年クラブ）の活動を通じて、全国の農村で実践された（北野 二〇一七：一七五頁）。

(2)中国大陸への従軍と戦闘体験

一九三八（昭和一三）年、予備役だった中田は招集され、陸軍工兵隊中尉として満州国大連に渡った後、広州攻略戦に参加した。工兵隊とは、橋や道路の建設（魁（さきがけ））と撤退時の爆破（殿（しんがり））、地雷処理等を担当する最も危険な部隊である。戦地での偵察任務中、中国軍兵士を中田自身が銃の引き金を引くことによって殺害した。そうしなければ中田自身が撃ち殺されていた場面での行為であった。中田は工兵隊として橋や道路を日常的に爆破していたのだから、大勢の女性や子どもも殺害してきたはずだと考えていた（北野 二〇一七：一八三頁）。

中田は終生「一兵卒としての戦争責任」を背負い続けた。農林省退官後に後半生を捧げた途上国への農業開発支援は彼にとって贖罪の意味を持つ。「戦い終わって五十年、戦いの深手を負ったもう一人の私が（かつての私は何回も戦死したはず）、あてどなく地上をさまよい続けているというのが私の現在である。それは音をたてない静かな平和運動、それが私なりの国際協力であった」（中田 一九九二：二八三頁）。

(3) 後半生：風の学校と国際協力

農林省定年間際の一九六三年、初の海外勤務としてユネスコの農業教育専門家としてアフガニスタンに赴任した。インドや中東各国の視察も行った。「義務的に管理された仕事は第一里、自分で自由に選んだ歩みが第二里、すなわち第二里は『ボランティア活動』（である）」（中田 一九九〇：i頁）。

退官後、青年海外協力隊が開始された一九六五年、中田は国際協力事業団（JICA、現国際協力機構）の前身の一つである海外技術協力事業団（OTCA）茨城国際農業研修センター（茨城県内原）の館長に就任した。二年後、同じ内原の地に海外派遣前の青年の農業実習を行う任意団体「国際協力会」を開設した。この頃、非常勤講師として東京農業大学、日本大学農獣医学部（現生物資源科学部）で教鞭を執っている。

一九七五年にJICA長期専門家としてバングラディシュのダッカに赴任し、中央普及技術開発研究所計画のプロジェクト・リーダーを七年間務めた。日本の鍛冶屋技術を採り入れながら、鍬、鎌、鋤などの改良を行った（北野 二〇一七：一七九頁）。最初の妻（恩師本田の娘）と一九七四年に死別した後、バングラディシュで知り合った日本人女性と再婚した。帰国後に移住した千葉県大多喜町で国際協力会を「風の学校」と改称（改称は一九八四年）し、国際農業協力に関わる若者育成に残りの人生を捧げ、大勢の青年海外協力隊員やNGOワーカーを輩出した。中田自身はフィリピンやアフリカで、千葉県の上総地方に古くから伝わる「上総掘り」という井戸堀技術を基にした井戸掘りの技術開発に情熱を傾けた（北野 二〇一七：一七七頁）。

一九九一年に中田が亡くなるときの最後の言葉は、「わしが死んでも、何もせんでよろしい。（略）おのおの方は、わしがとりくんだ問題に関心をもってほしい。そして、それぞれがそれぞれの持場でこの問題に関わってほしい」（中田正一追悼文集 二五〇）奇しくも、足尾鉱毒問題に命を賭けた田中正造の言葉とほぼ同じであったという（北野 二〇一七：一七八頁）。

(4) 中田の開発観、農業観

中田は、農産物の生産販売を生業とせずとも農業の人という意味で農民であり、農業教育を通じた小原の全人教育の体現者という意味おいて教育者そのものであり、そして、人という次元においてキリスト者であった。世俗的には元陸軍兵、官僚、教師、学者、NGOワーカーと様々な顔や肩書を持っていたが、農民＝教育者＝キリスト者という三位一体のアイデンティティが彼の根本にあった。中田の開発観、農業観をうかがい知ることができる四つのキーワードをみてみよう。

第一は適正技術（appropriate technology）である。これは農業技術協力の分野において、シューマッハーが提唱した中間技術（intermediate technology）を発展的に解釈した言葉である。中田は「土着技術を改良するには、まず土着技術を身につけることから始めよ」と実習生らに説いた。現地の身の丈に合った技術を現地で地元の人々と一緒に開発することが重要だとする。

第二はパウロ・フレイレの「解放の教育学」（フレイレ 二〇一八）、ロバート・チェンバースがいう「逆転の発想」（チェンバース 一九九五）にも通じるエンパワーメントの教育観である。農林省時代の4Hクラブ活動を通じて「教師中心の教育から生徒中心の教育に一八〇度転換させる」ことを説いた中田は、「農村の現場の問題は農民自身が解決すべきものであり、また解決できるはずである。そして問題解決は農民たちの話し合いや協力で解決すべきで、そのアドバイスをするのが普及員」だとする（北野 二〇一七：一八一頁）。フレイレやチェンバースよりも二〇年も先んじて農民の主体形成論を説いていた。

第三は「助けることは助けられること」である。中田が中学三年生のときの英語の先生から聞いた「アルプスを越える三人の少年」という話にエッセンスが凝縮されている。冬のアルプスを越えようとした三人の少年がいた。三人とも飢えと寒さに苦しむなか、利発な少年Aは「一足先に道の様子を見る」といい出発した。Bは、疲労困憊したCを放っておけない、助けたいと思い、Cを抱きかかえながらゆっくりと前進した。するとAの凍死体が見つかった。Bは、自分はCを「助けよう」「助けた」と思っていたが、それは誤りで自分はCに「助けられた」ことを悟るのである。BとCはともに体を寄せ合い体温を分かち合った（中田 一九九〇：二三一－二三二頁、中田 一九九二：二七六頁）。

第四は足るを知ることである。そして、日々の生活にほんのわずかでもよいから農的要素を加えることを説く。独立から間もない一九七〇年代当時のバングラディシュの惨状をみて「せめて一日三食たべられるようになりたいもの」と考え、経済成長、近代化を目的としない、あくまでも在来技術を基盤とした人間的かつ慎ましい生活を実現することを目標とすべきだと考えた（北野 二〇一七：一八四－一八六頁）。

5　越境する協同組合運動とフェアトレード

世田谷の大平農園を祖とするCSAはアメリカ全土、そして地続きのカナダでも普及している。今日、「提携」はTEIKEIとして英語になった。CSAが国内版・地域版の提携だとすれば、国際版の提携といえるのがフェアトレードであろう。本節では、南北カトリック文化圏ともいえる大西洋岸カナダとラテンアメリカの間でにおける連帯の越境についてみていく。

(1) アンティゴニッシュ運動と解放の神学

周知のとおり、産業革命を経た十九世紀のイギリス、少し遅れてドイツでそれぞれ現在の消費者組合（生協）、農業協同組合の原型が誕生した。カナダとりわけ大西洋岸諸州（Atlantic Canada）では、十九世紀半ばから協同組合が発達した。それにはイギリスからの流れとフランス語圏の動きに関係する二つの流れがある（マクラウド 二〇〇二）。前者はロッジデール組合など本場イギリスにおける協同組合運動を知るイギリス系移民がニューファンドランドの炭鉱・鉱山、工場の労働者となり、そこで組合を組織したことに端を発する。後者にはケベック州における流れとアカディアンと呼ばれるノバスコシア州のフランス語系住民における流れがある。ここではノバスコシア州の社会教育運動・協同組

写真８－２　聖ザビエル大学M・コーディ国際研究所
出典：筆者撮影。

合運動であるアンティゴニッシュ運動について概観する。

一九二〇－三〇年代、すなわち大恐慌の時代、カナダの辺境地ノバスコシア州の漁村では、貧困が深刻化し、アメリカ東部諸都市への移住や出稼ぎが相次ぎ、地域社会経済は危機に瀕していた。こうしたなか、地域のカトリック聖職者たちは、アンティゴニッシュにあるカトリック系の聖ザビエル大学の機能を拡張し、社会教育（social pedagogy）の観点からの漁民らへの自立（自律）支援、すなわち生活水準向上のための成人教育を行うように働きかけた。一九二八年に同校は社会教育普及部門（エクステンション）を設置し、同校教育学教授であったモーゼス・コーディ神父（一八八二－一九五九）が責任者に任命された。彼は一九二〇年代初頭から努めて地域の現場に出向いてきた。最初は現場の教員組織と関わり、後に貧困漁民支援へ踏み出す。成人教育の一手法である学習サークル、台所集会、週末学校、ラジオによる人民学校などを用いて、コミュニティにおける協同型の問題解決による地域づくり・コミュニティ開発が漁村地域で展開された。この活動自体に宗教色はないが、根底には「人間の尊厳と個人の能力の発展」というキリスト教的信条がある（藤村二〇一七：一八六、鈴木一九九七：一七三頁）。こうした草の根の下ごしらえの上に、各地の漁業協同組合とその連合会が設立され、一九三四年以降、ロブスター、タラ、ニシンの共同出荷や冷凍加工などの経済活動が組織的に行われるようになった。貧困漁民の大多数はフランス語系のカトリック教徒であった（佐々木一九六〇、一九六五）。

現在、聖ザビエル大学にはモーゼス・コーディ国際研究所が設置されており、主にアフリカ等開発途上国に対する地域づくり、人材育成支援のための教育研究が行われている（写真8－2）。

「解放の神学」（teología de la liberación）という言葉がラテンアメリカで初めて使われたのは一九六八年八月にコロンビアで開催された第二回ラテンアメリカ司教会議（メデジン会議）に際してであった（ベリマン 一九八九：二四頁）。この時期、ラテンアメリカの多くの国々で採用された輸入代替工業化政策・国家コーポラティズムの恩恵は都市中産階級に留まり、著しい貧富の格差は放置された。少なくない国々において、アメリカ傀儡ともいえる反共軍事政権が成立し、社会主義者のみならず市民・農民への弾圧が常態化していた時期であった。

このようななか、カトリック司祭や修道女が都市スラムや農村貧困地域に入り、庶民と生活をともにしながら聖書を学び、コミュニティ・オーガナイザーやソーシャル・ワーカーとして「学習サークル」活動を行った。次項でみるヴァンデルホフもその一人である。解放の神学は、古典的な聖書の解釈よりも、実践を通じた社会変革志向が強く、マルクス主義、経済学的にはいわゆる従属理論に親和性を有する。解放の神学が想定した真の発展とは、「個々の人間や人間全体にとってより人間的な状況へと移行すること」である（ベリマン 一九八九：二三頁）。

アンティゴニシュ運動とラテンアメリカの解放の神学という二つの運動は、第二次世界大戦を跨いだ約三〇～四〇年という時間の開きと大西洋岸カナダと南米大陸という地理的距離がある。しかし、その方法論、思想は驚くほど似ている。実は、カナダで協同組合運動に従事したカトリック神父が戦後ラテンアメリカに渡り、解放の神学の活動における協同組合部門の実践に参加していたことは、既存研究論文にはでてこないものの、筆者や他の研究者（幡谷 二〇一九：二〇九頁）の聞き取りで断片的に明らかにされている。もっとも、実際にどれだけの人数が広大なラテンアメリカのどこに入っていったのかを示す包括的な記録はない。

(2) ヴァンデルホフ神父とメキシコ先住民族農民

ラテンアメリカの多くの国々で軍事政権やアメリカ傀儡の権威主義的政権の圧政が続いた一九六〇年代、西欧や北米から大勢のカトリック聖職者がラテンアメリカに渡った。多くはケネディ大統領のソフト反共政策ともいえる「進歩のための同盟」（Alliance for Progress）の一環として、ある者は貧困という社会不正義と対峙するために海を渡った。オランダ人のフランツ・ヴァンデルホフ神父（一九三九－）も後者の一人である。

オランダ南部の小作農民の一六人兄弟[10]の六番目の子として生まれたヴァンデルホフは、両親に厳格なカトリック流の躾をされて育った。幼少時のとりわけ三つの事柄が彼の後の活動と価値観に大きく影響したと語る。一つ目は、貧しい小作人と首都のホテルに住む不在地主という階級の存在を身をもって知ったことである。二つ目は、学校などで使う公用語はオランダ語であったとしても、自分たちの母語であるフリジア語を忘れてはいけない、卑下してはならないという母親の教えである。三つ目は、戦場になった街に放置された遺体を見たり、片づけを手伝ったりしたこと、ナチス・ドイツが敗れた後、敗走して逃げまどうドイツ兵を両親がかくまったことである（北野 二〇一九：八六－八八頁）。

早くからカトリックの聖職者になることを決意したヴァンデルホフは神学校に進学したが、考えるところがあり、卒業後、一般の大学に編入し、当時の新しい分野であった開発経済学を専攻した。第三世界とりわけラテンアメリカの政治経済に関心があったためであった。一九六〇年代の左派学生運動の「洗礼」をうけた彼は、カトリック者であるにもかかわらずマルクス理論にも深くのめり込んだ。大学卒業後、カナダ留学を経て、念願の南米チリに渡り、路上で労働司祭としての実践活動に従事した。労働司祭とは、教会ではなく貧しい人々とともに生活をしながら聖書を説くというラテンアメリカの解放の神学が特に重視した実践である。[11]その頃、軍政ブラジルから国外追放されチリに逃れてきた『被抑圧者の教育学』で知られる教育学者パウロ・フレイレ（一九二一－九七）と知己を得て大きな影響を受けた。二人は一緒に路上でフィールドワーク（参与観察）を重ねて議論をしたという。一九七三年「9・11」のチリ軍事クーデターの後、ヴァンデルホフはメキシコ市に移ったものの、そこの治安維持も強化されたため、八〇年に南部メキシコのオアハカ州の密林に「亡命」した。先住民族のコーヒー農民から農地を借り、周囲からコーヒーづくりと彼らの言語を学んだのである（北野 二〇一九）。

先住民族農民はミルパ農業（自家消費のためのトウモロコシや豆類など）と換金作物としてのコーヒー生産を組み合わせて生活している。コーヒーの経営規模は最大でも二－三ヘクタール以下の家族経営である。一九八〇年代当時、コーヒーはメ

写真８－３　UCIRI本部
出典：筆者撮影。

キシコ・コーヒー公社（ＩＮＭＥＣＡＦＥ）による国家買上げ品目であったが、公社の買取りは辺境の地には来たり来なかったりし、また、買取り価格も原価割れするほどの低価格であった。しかし、農民には原価というコスト意識がなかった。最も一般的なのは「コヨーテ」と呼ばれる中間業者に販売することであったが、彼らの買取り価格はさらに酷かった。実際には原価割れしている価格で出荷しているため、コーヒーを売れば売るほど生活は困窮する。それにもかかわらず「神の罰」として現実を受け入れている人々の姿を見たヴァンデルホフは、農民と一緒にコーヒーの生産・販売価格調査を行い、彼らが正当な価格で販売する権利を持つことを教えた。

農民とヴァンデルホフは一九八一年に、自分たちでコーヒー生産者協同組合の前身を設立し、共同出荷、販路開拓、製品開発などのビジネスに関わることにした（一九八三年にＵＣＩＲＩ（イスモ地域先住民族共同体組合）と改称、**写真８－３**）。組合設立に際しては、中間業者すなわち闇の組織と通じる勢力からの執拗な妨害を受け、多数の死者を出した。オランダのＮＧＯソリダリダードが組合を訪問した際、「援助は要らない、私たちは乞食ではありません、対等な貿易パートナーが必要」ということになり、一九八八年、世界初のフェアトレード認証ラベル「マックス・ハベラー」（現在のＩＦＬＯ）の仕組みと組織ができたのである（北野 二〇一九）。生産者の生活・環境・社会・文化を保証できる正当な価格で買い上げる国際版提携である。この仕組みや考え方は、前出の大平農場や日本の有機農産物の産消提携の仕組み、そしてＣＳＡのそれと驚くほど似ている。これは歴史の偶然だろうか。こうして、世界初のフェアトレード認証コーヒーはメキシコの山間僻地にある先住民族の村で生まれ、この仕組みはコーヒー以外の産品を含めて、今日世界中で展開されるようになった。[12]

(3) ジャスト・アス！珈琲焙煎組合とムーア夫妻

カナダ大西洋岸のノバスコシア州では、二十一世紀の今日でも、上述のアンティゴニシュ運動の伝統が色濃く残っている。フランス語圏のケベック州、英仏語併用圏のニューブランズウィック州のみならず、かつてフランス語圏だった大西洋岸地方は、プロテスタント主流・英語モノリンガルともいえる他のアングロ・サクソン系カナダ諸州とはいささか異なる文化および社会経済の態様がある。それは、共同体に立脚したアソシエーション的活動が草の根でより深く根付いていることである。福祉、医療、農業、漁業、消費のみならず、映画館、先住民族支援など多種多様な協同組合がある。古い数字だが、カナダ人全体でみても四二%がなんらかの形で協同組合に関わっており（マクラウド 二〇〇一）、この傾向は大西洋岸ではより高くなると思われる。

ノバスコシア半島の中心からやや北西に位置するアナポリスバレー地方には、二つの自治体―グラン＝プレ（同名の世界遺産で知られる）と隣町の大学街ウルフビル―を拠点とするジャスト・アス！珈琲焙煎組合（以下、ジャスト・アス！）がある。同組合は、UCIRIのヴァンデルホフとあるカナダ人社会事業家夫妻との出会いから発展したカナダでも最も成功したフェアトレード団体の一つとして知られている。ここでは、二〇一九年三月の筆者の現地調査で得た情報[13]を中心に、その軌跡を概観する。

一九七〇年代にオタワで出会った福祉活動家のデボラとジェフは結婚し、七六年にウルフビルに引っ越してきた。一般に北米東部にみられる地方の大学都市には、大学関係者以外（芸術家など）も含めてインテリが比較的高密度に居住する。ウルフビルもその一つである。ムーア夫妻は、二人の娘の子育てと並行して、地域の自閉症児や知的障がい児の支援活動に従事した。一九八一年にはダウン症の二人の若者を養子として迎えた。こうしたなか、ムーア夫妻は障がい者へのコミュニティサービスを行うカトリック系のラルシュ共同体プログラムに関わるようになった。しかし、一九九〇年代のカトリック界の保守化・右傾化はローマから遠く離れたカナダの辺境の地まで影響を及ぼし、ムーア夫妻はラルシュから離れた。

パウロ・フレイレの『被抑圧者の教育学』に傾倒するジェフは長年、アカディア大学で非常勤講師として開発学を講義してきた。元々、農業関係か社会福祉関係かで進路を悩んだジェフは農業問題とりわけ開発途上国の問題に関心を抱き続けてきた。アフリカやキューバ訪問を重ねるなか、次第にフェアトレード・コーヒーに関心を持つようになる。『ニューインターナショナル』誌一九九五年九月のフェアトレード特集号に触発された彼は、同年末にサパティスタ民族解放軍（EZLN）の武装蜂起から間もないメキシコ・チアパス州の生産組合を訪問した。その組合はUCIRIから助言を受けて設立された組合であった。

帰国後、ジェフは妻デボラと三人の友人と、自宅不動産を担保にして購入したメキシコ・チアパス州から届いた一〇トンのコーヒー豆をどのように販売するかを話し合い、後に「ジャスト・アス！」と命名されるコーヒーの焙煎、卸売、（後に）小売りも行うカナダ初のフェアトレード協同組合[14]が一九九六年五月に設立された（Chesworth 2010）。創業から二年目には、UCIRIが生産する豆もラインアップに加わった。二〇〇八年にUCIRIとの交流が本格化し、コメルシオ・テルゾ・モンド（イタリア）、サッチェス（スウェーデン）、イコール・イクスチェンジ（アメリカ）等とともに、ジャスト・アス！はUCIRIの主要取引先となっている（Fridell 2007 : 189）。さらにジャスト・アス！とUCIRIは、スタディツアー、エコツーリズムなどが行われている。ヴァンデルホフの著書『貧しい人々のマニフェスト』の英語版（カナダ版）はジャスト・アス！から出版された。

設立から一〇年の間に様々な試行錯誤があった。意識の高い顧客層に限定したマーケティングをすべきだという限定路線の夫婦二名、顧客を開拓し広げていくべきだとする拡充路線のムーア夫妻、中立の一人という図式で創立者五名は対立した。結果的にムーア夫妻が組合を継続させることとなり、他の三人は離れていった。事業は順調に拡大し、現在州最大のフェアトレード・コーヒー業者（ワーカーズコープ）となり、その経営モデルはカナダでも成功事例として知られている。一時は遠く離れた州郡ハリファックスを含めて都合四店舗を出すほどまで小売事業が拡大したが、現在は

写真８－４　アカディア大学の学食の入り口にある産地・生産者・フェアトレードの説明

出典：筆者撮影

写真８－５　左からムーア氏，ワーナー教授，ピトエロ氏

出典：筆者撮影。

地元グラン＝プレとウルフビルの直営二店舗（同じアナポリス・バレーのニューミナス店も閉じた）、地域の小売店、ノバスコシア資本の大手スーパー二社（アトランティック・スーパーストア、ソービーズ）、アンティゴニシュ運動ゆかりの聖ザビエル大学やフェアトレード大学でもあるアカディア大学の学食（写真８－４）への卸売りへと業務を意図的に限定している。ワーカーズ・コープとしての適正事業規模を考慮し、町ごとに異なる購買層（大学関係者、観光客、労働者など）をシビアに意識したマーケティングの判断に従ったのである。

ジャスト・アス！は従業員八〇名分の雇用を生み出しているほか（二〇一九年インタビュー時点）、誇りをもてる仕事と職場を提供するという方針のもと、地域の平均賃金よりも高い賃金を週休三日制で実現している（管理職を除く）。コーヒーの焙煎加工ラインはフル操業にならないよう、常に能力の三分の二程度の稼働率に抑えている。このようにジャスト・アス！は、フェアトレード団体としてのビジネス面だけでなく、①ワーカーズ・コープとして先進的なビジネスモデルを示す責任、②長期にわたる関係に基づいた生産者に対する責任、③消費者に対してできる限りの価値・サービス・情報を提供する責任、④相互信頼に基づいた環境の上にジャスト・アス！で働く人々にできるだけよい勤務環境を提供する責任、という四つの責任を意識的に掲げている（Chesworth 2010）。

ジャスト・アス！の関連部門の「ジャスト・アス！開発教育会」（ＪＵＤＥＳ）は、コミュニティ教育を専門とするアカディア大学のアラン・ワーナー教授の監修のもとに、グラン＝プレ本店に世界初のフェアトレード博物館（無料）を設立した。地域の消費者教育面だけでなく、グラン＝プレの世界遺産観光で立ち寄った観光客への啓蒙の役割を果たしている。さらに、ジャスト・アス！はウルフビルのメイン通りにある古い映画館を取り壊しから守り、協同組合が運営する「アカディア劇場」して再生し、商業ベースの映画ではない社会派の作品を上映する。劇場にはジャスト・アス！のウルフビル店が併設される。もっとも、地方の小都市でこのような映画館が成立するのは、やはり大学街としてのウルフビルおよび周囲の知的コミュニティがあるからこそであろう。

設立から二〇年を経てジェフは代表（general manager）から退き、若手ジョーイ・ピトエロ（有機農業者）に引き継がれた（写真8-5）。二〇一九年時点でジェフの妻デボラは理事会メンバーに残っている。UCIRI自体が先進国向けの国際フェアトレードから、メキシコ国内の都市部富裕層市場の開拓に軸足を移し、国内・地域内での流通消費へと本来フェアトレードがあるべき方向に進む一方、ジャスト・アス！も州内・地域内の有機農業運動、地産地消運動とも連携し、地域の食料主権に積極的に関与したいとピトエロ新代表は語っていた。[15]

ジェフ・ムーアは次のように述べる。「グローバルな意味でも、地域においても、食料主権の表明、食料安全保障、土地と水の利用、気候変動などの問題にとっての最も有望な解決策は小規模農場である」（ヴァンデルホフ 二〇一六：一二〇頁）。彼はノバスコシアの歴史とフェアトレードの結びつきを必然だと考える。それは次の言葉からも明白であろう。「アトランティック・カナダには、大恐慌の最中に、ヴァンデルホフ氏と同じ理由から、人々を助け、彼らのための協同組合を作るために貧しい鉱夫や農民や漁師たちと共に働いたモーゼス・コーディ司祭の英雄物語がある。『あなたは何かを欲するには十分貧しくもあるが、同時に、何かを得るための十分な賢さも持っている』とコーディ司祭は貧しき人々を鼓舞した。アンティゴニシュ運動とラテンアメリカの解放の神学の間には明白なつながりがあり、それが結果的にフェアトレードとして実を結んだ。これはアトランティック・カナダ人が誇るべき歴史である」（ムーア 二〇一六：一二一-一二三頁）。

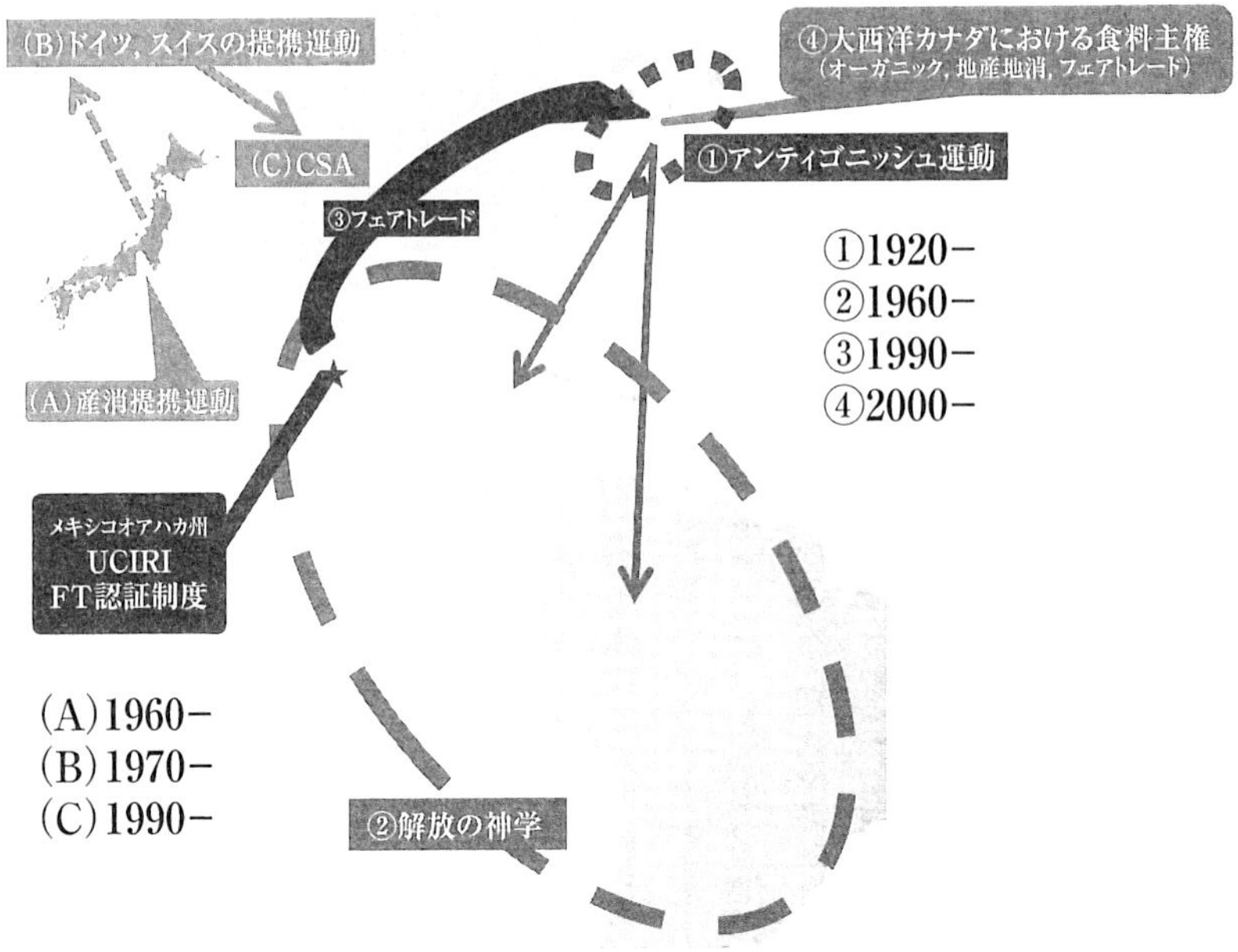

図8－1　食料主権につながる農的連帯の越境経路

出典：筆者作成。

6　むすび

世界の各地で始まった小さな個々人の実践が、人と人との出会い、学びと友情を通じて、あるいは書物や学術研究を通じて、遠く離れた土地に越境・伝播していく様子を確認してきた（図8－1）。これらは経験科学的な事実とはいえないかもしれないが、大恐慌、戦争、冷戦、グローバル経済、自由貿易に代表される「表の世界史」の陰で、か細い小さな農的連帯としてひっそりと紡がれてきた。気候、作目、宗教、文化も異なるこれらの実践のキー・パースンたち―トーマス・ライソン（CSAの社会理論化）、大平博四（産消提携・CSAの始祖）、中田正一（農民教育と国際協力）、モーゼス・コーディらアンティゴニッシュ運動の指導者たち（社会教育・協同組合運動）、フランツ・ヴァンデルホフ（解放の神学とフェアトレード認証システム）、ジェフとデボラ・ムーア夫妻（障がい者支援とフェアトレード組合（ワーカーズ・コープ））、そしてジョーイ・ピトエロ（フェアトレードと有機農業）―に共通することは何か。農的側面に引き付けていいえば、食の安全、適正価格、生産者と消費者との連帯、大地（自然環境）への愛ということになるだろう。開発側面に引き付けていえば、当事者の主体性、内発性、温情主義（パターナリズム）でない対等な関係、共通善、慎ましくも人間らしい生活の保障ということになるだろう。政治面に引き付けていえば、人とのつながり＝アソシエーショニズム、利他主義、共同性、市民的公共性、草の根ローカルレベルでの民主主義ということになろう。そこには、本章の冒頭で問題提起した西欧市民社会論と非西欧的自然人間観を橋渡しする何かがある。それはSDGsをめぐる一部の功利主義的議論にみられる「成長のための免罪符」としてのグリーン・ニューディール的な持続可能性ではない、根源的で本当の意味での持続可能性に必要な人間観・自然観である。小さくもグローバルな農的連帯とキー・パースンたちの言葉・実践から、人とは何か、農とは何か、人と農の関係とは何か、開発とは何かという問いかけを、今一度、熟考するための手掛かりを、これらの農本主義者に見出すことができるはずだ。

以上で述べてきたことを本書の主題の一つであるアグロエコロジーに引き寄せて考えてみれば、どのような含意が得られるであろうか。それは最も広い意味での「アグロエコロジー」の具体的なイメージである。時空を超えた小さな農的連帯それ自体がアグロエコロジーの一形態、いや究極形だといえる。アグロエコロジーはミクロ実践視点における農法や当該地域の生態系や社会のあり方に止まらない、より大きな視点からみた政治生態学（political ecology）的な意味を付与される。そこにおける個々の人間には、安易に脱政治化されない存在として、内発的発展の担い手というよりは構成要素としての政治的存在論（political ontology）的な意味が付与される。本章でみてきたとおり、そこに日本人が排除される訳ではない。では、筆者が序章で述べたように脱政治化が津々浦々まで浸透してしまったかのようにみえる現代日本において、ここで述べたアグロエコロジー観と内発的発展観はリアリティをもち得るだろうか。本章で紹介したかつての「日本人」（まだ十分には近代化、資本主義化されていない空間に身を置いた実体験もち、かつ戦争体験を有する人々）と現代の私たちはどのように接続されているのだろうか。あるいは断絶しているのか。このことに関する筆者の見解をここで記すことはあえて留保し、読者の思考に委ねることとしたい。

付記

本章の現地調査は、JSPS科研費「東日本大震災被災地の復興活動にみる社会・連帯経済の可能性と持続可能な開発」(一七K〇〇七〇四、基盤研究(C)、研究代表者・斉藤文彦)の助成を受けて実施した。また、現地調査には獨協大学学外研修(長期)制度を活用した。

[注]

1 本章は原則書下ろしであるが、「2」には北野(二〇一六a)「4」には北野(二〇一七)、「5(2)」には北野(二〇一九)、北野(二〇一六b)の一部を加筆修正した部分が含まれる。

2 権威としての世俗的知識人ではなく、民衆の運動を接合し紡ぎ上げることによって社会変革を促進させる人々であり、象牙の塔や教会・寺院のなかに生息するのではなく、その肩書きや社会的地位に関わらず、常に「現場」に身を置き人々を有機的にオーガナイズする存在とも理解できる(北野 二〇一九:二八〇-二八一頁)

3 前者は象牙の塔や教会を出て草の根の現場で社会変革の触媒たらんとする人々、後者は草の根から実践的リーダーとして浮かび上がって社会変革の触媒たらんとする人々(北野 二〇一九:二八一-二八二頁)。

4 近郊畑作地帯だった一九六〇年代当時の世田谷の状況を考えると、また、かつての大平家は地域の大地主であり、近隣の消費者は農地改革時に地主が手放した土地に住みついた人々であったとすれば、欧米の研究者には見えずとも、そこには西欧的な水平的なコミュニティとは「別の感覚」が共有されていた可能性もある。

5 もっとも、広大なアメリカのCSAの距離感に照らしてみれば、日本の提携の距離は十分に近いといえるかもしれない。

6 考え方によっては、こちらの方が大平農園よりも早いことになる。

7 イムホフは、一九八六年に始まったケンタッキー州、一九八九年に始まったマサチューセッツ州の事例を最初期の取り組みとして挙げている(Imhoff 1996)。

8 大平の元々の言葉は「顔が見える関係」であった。

9 時代は下るが、後に有機農業者となった大平は全国の有機農業者とも交流を重ねた。一九七五(昭和五〇)年頃に大平は静岡県の有機農家塚本忠基に出会った。一九一六（大正五）年生まれの塚本は軍隊で毒ガスの研究に従事し、戦後、元々は非農家であったにもかかわらず就農した。畑の周囲にある広葉樹林の落ち葉を天然の肥料として、茶とミカンを中心に有機栽培を行った。塚本の「軍隊時代に勉強した毒ガスが農業に変わっているのに驚き、農業というものは、大自然の恵みを戴くものであるのに、なぜ化学肥料や毒薬（農薬）をかけてまで作らなければならないのか」（大平 一九八三：一四一頁）という発言に、大平は感銘を受けた。塚本は初めてホリドール農薬の臭いを嗅いだとき、ドイツ軍の毒ガスの臭いと同じ臭いがすると直感したという（大平 一九八三：一四五頁）。

10　兄弟の人数には諸説ある。

11　ＵＣＩＲＩ農民の次のような言葉からも、解放の神学の影響をうかがい知ることができる。「私たちのために組織を作ろうとした人たちのお陰で、私たち生産者はコーヒーを輸出用に販売することが可能になりました。（略）神のみ言葉に従い、私たち組織は気づいたのです。何人かの神父様がここにきて、私たちに自覚を促したのです」「非常に大切なことは、私たちを支えて下さる神のみ言葉という手段で（組合を）つくったということです。カトリックに特に偏るというわけでもなく、とても一般的な方法で、聖書の勉強もしています」（北野 二〇〇八：九八頁、字句一部修正、北野 二〇一六ｂからの再引用）。

12　その後、構造調整に伴う改革の一環として、メキシコでは一九八九年にコーヒー公社が廃止された。国際コーヒー機関（ＩＣＯ）の輸出割当制度が一九八九年に停止、九四年に廃止されると国際コーヒー価格は増々不安定化し、このことは世界でフェアトレード・コーヒーが普及する追い風になった。

13　ジャスト・アス！の詳細は稿を改めて発表する予定である。

14　カナダにおけるフェアトレード・コーヒーの三大パイオニア団体（プラネット・ビーン、ラ・シエンブラ（以上はオンタリオ州）、ジャスト・アス！）はすべてワーカーズ・コープであり、販売するのは一〇〇％、フェアトレード・コーヒーである（Fridell 2014：114）。DeCarlo（2007：64）のフェアトレードへのビジネス的関わりの分類では、関わりが高い順に、①フェアトレード団体（fair trade organization）、②価値重視団体（value-driven organizations）、③社会的責任に積極的なビジネス（pro-active socially responsible businesses）、④防衛的に社会責任を果たす企業（defensive socially responsible businesses）となるが、ジャスト・アス！はまぎれもなく①である。

15　ピトエロ氏はもともと大学で宇宙工学を専攻したが、卒業後、瀬戸内の離島で外国語指導助手をした際、ミカン農家の家に滞在し農作業を手伝ったこと、狭い日本にかくも多数の柑橘類の種があること（種の多様性）に驚き、帰国後地元ノバスコシアで就農するに至った（インタビュー二〇一九年三月）。

［引用文献］

ヴァンデルホフ、フランツ（二〇一六）『貧しい人々のマニフェスト：フェアトレードの思想』（北野収訳）、創成社。

大平博四（一九八三）『新編　有機農業の農園』、健友館。

大平博四（一九九三）『有機農業農園の四季』、七つ森書館。

宇野重規（二〇〇七）『トクヴィル：平等と不平等の理論家』、講談社。

片柳義春（二〇一七）『消費者も育つ農場～CSAないろ畑の取り組みから～』、創森社。

北野収（二〇一六a）「食と農をめぐる新しい『市民的』潮流」、『都市と農村をむすぶ』、六六（八）、二九－三九頁。

北野収（二〇一六b）「解説　認証ラベルの向こうに思いをはせる」、フランツ・ヴァンデルホフ『貧しい人々のマニフェスト』、創成社、一二三－一九二頁。

北野収（二〇一七）『国際協力の誕生［改訂版］』、創成社。

北野収（二〇一九）『南部メキシコの内発的発展とNGO［補訂版］』、勁草書房。

北野収（二〇二二）「資本主義の本質的危機と国家の変質を考える」、『アジア・アフリカ研究』、六二（一）、四四－五六頁。

グレーバー、デビット（二〇二〇）『民主主義の非西洋起源について』（片岡大右訳）、以文社。

佐々木徹郎（一八六〇）「ノバ・スコシヤにおける協同組合運動：アンティゴニッシュ運動の組織方法」、『社会学研究』一九、一九八－二一六頁。

佐々木徹郎（一九六五）「漁業の生産構造と漁民の運動：カナダ大西洋岸の一例」、『社会学評論』一五（四）、一四－二九頁。

鈴木敏正（一九九七）「『地域づくり教育』への国際的連関」、『北海道大學教育學部紀要』七三、一五五－一八〇頁。

チェンバース、ロバート（一九九五）『第三世界の農村開発』（穂積智夫・甲斐田万智子訳）、明石書店。

チョムスキー、ノーム（二〇一五）『我々はどのような生き物なのか』（福井直樹・辻子美保子訳）、岩波書店。

中田正一（一九九〇）『国際協力の新しい風』、岩波書店。

中田正一（一九九二）「わが心の自叙伝」、中田正一追悼文集刊行会『風—中田正一追悼文集—』。

中田正一追悼文集刊行会（一九九二）『風—中田正一追悼文集—』。

波夛野豪・唐崎卓也編（二〇一九）『分かち合う農業CSA 日欧米の取り組みから』、創森社。

幡谷則子（二〇一九）「コロンビアにおける協同組合運動と産消提携のアソシエーション運動」、幡谷編『ラテンアメリカの連帯経済：コモン・グッドの再生をめざして』、ぎょうせい、二〇三－二三四頁。

幡谷則子編（二〇一九）『ラテンアメリカの連帯経済：コモン・グッドの再生をめざして』、ぎょうせい。

ハーシュマン、アルバート（二〇〇八）『ラテンアメリカにおける草の根の経験』（矢野修一ほか訳）、法政大学出版局。

パットナム、ロバート（二〇〇一）『哲学する民主主義』（河田潤一訳）、NTT出版。

ベリマン、フィリップ（一九八九）『解放の神学とラテンアメリカ』（後藤政子訳）、同文館。

藤村好美（二〇一七）「カナダのアンティゴニッシュ運動の思想と実践」、『群馬県立女子大学紀要』三八、一八一－一九二頁。

フレイレ、パウロ（二〇一八）『被抑圧者の教育学—五〇周年記念版』（三砂ちづる訳）、亜紀書房。

マクラウド、グルッグ（二〇〇二）「アカディアンの歴史と協同組合」（坂林哲雄訳）、『協同の発見』一〇八、四四－五九頁。

桝潟俊子（二〇〇八）『有機農業運動と〈提携〉のネットワーク』、新曜社。

ムーア、ジェフ（二〇一六）「巻頭言」、フランツ・ヴァンデルホフ『貧しい人々のマニフェスト：フェアトレードの思想』（北野収訳）、創成社、七－一四頁。

門田一徳（二〇一九）『農業大国アメリカで広がる「小さな農業」進化する産直スタイル「CSA」』、家の光協会。

矢口克也（二〇〇九）「社会を支える「持続可能な農業」の展開」、『持続可能な社会の構築—総合調査報告書』、国立国会図書館調査及び立法考査局、一四五－一五八頁。

ライソン、トーマス（二〇一二）『シビック・アグリカルチャー：食と農を地域にとりもどす』（北野収訳）、農林統計出版。

Chesworth, Nancy (2010) Canada's Just Us! Coffee Roasters Co-operative Coffee Tour Venture, Lee Jollifee ed., *Coffee Culture, Destinations and Tourism*, Channel View Publications, pp.172–180.

DeCarlo, Jacqueline (2007) *Fair Trade: A Beginner's Guide*, Oneworld Publications.

Fridell, Gavin (2007) *Fair trade coffee: The prospects and pitfalls of market-driven social justice*, University of Toront Press.

Fridell, Gavin (2014) *Coffee*, Polity.

Imoff, Daniel (1996) Community Supported Agriculture: Farming with a Face on It, In Jerry Mander and Edward Goldsmith eds., *The Case Against Global Economy*, Sierra Club Press. pp.425-433.

Utting, Peter (2015) Introduction: The challenge of scaling up social and solidarity economy, In Peter Utting, ed., *Social and Solidarity Economy: Beyond the Fridge,* Zed Books, pp.1-37.

終章

人新世に再考する開発原論・農学原論

京都文教大学図書館内にある鶴見和子文庫
（撮影：京都文教大学図書館）

終章　人新世に再考する開発原論・農学原論
―内発的発展論と生命誌論を参照軸として―

西川　芳昭

1　改めて開発をめぐる世界の動向を見直す

二〇一五年に出版されたハラリ（二〇一八）の書籍『ホモ・デウス』は、これまでの歴史のなかでずっと飢餓、疫病、戦争に苦しめられてきた人類が、それを克服しつつある今なにに取り組むべきか、という問いかけから始まっている。ＣＯＶＩＤ‐19に翻弄されながら二〇二二年を生きる私たちは、この問いの設定の前提が崩れつつあることを実感として体験している。二〇〇八‐〇九年以来の食料価格高騰が懸念され、各地で続く戦乱は終結しそうにない。開発途上国だけではなく、日本を含む先進国においても貧困のゆえの飢餓に直面している人は多い。

ハラリの原著が出版された二〇一五年は、国際社会の開発問題への取り組みに関する枠組みが大きく変えられた年である。この年の国連総会で、「持続可能な開発目標」（ＳＤＧｓ）が全会一致で採択されたからである。政治面でも経済面でも決して安定しているとはいえない二十一世紀初頭の国際状況のなかで、先進国政府主導で決定されたミレニアム開発目標とは異なり、多くの途上国がイニシアティブをとりながら、市民社会とも連携して世界が直面する諸課題の共通項を整理して、「誰も置き去りにしない」という目標を国際的合意として掲げることができたことは評価したい。実は、この「誰も置き去りにしない」という考えは、本章の議論の中心的な言説である鶴見和子（一九九八）の内発的発展論に組み込まれている南方熊楠の曼陀羅における「何物も排除しない」という考え方とも、中村桂子（二〇一九ａ）が生命誌を表現する際に用いる扇形の生命誌絵巻の「人間が自然の一部である」という思想とも共鳴すると筆者は考えている。ＳＤＧｓの内容自体は、拘束力のない理念に過ぎず、項目を羅列した総花的な妥協の産物であるという厳しい評価もあるが、具体的に私たち自身がどのように、持続可能な社会形成に関与できるかを考える参照点として意義があると考える。

ＳＤＧｓでは、「我々の世界を変革する」という宣言がなされている。新自由主義の席巻する現状を踏まえて、これまでどおりの技術革新と経済成長による未来の描き方に限界があることを一定程度認識したことの意味は大きい。農業・農村開発分野においても資源浪費的・環境破壊的な現行の食料・農業システムの非持続性が多くの農家や市民、研究者によって認識されているにもかかわらず、後に述べるアグロエコロジーの主流化の動きを除いては、国際的な政策として実体化している例は必ずしも多くはない。すなわち、日本をはじめとした各国政府や多国籍企業が必ずしもこのような革新的な概念を共有しているわけではない。例えば日本の農林水産省が二〇五〇年の温暖化ガス排出ゼロを目指して策定している「みどりの食料システム戦略」においても、一方で有機農業の面積を二五％に増やすというような野心的な数値目標を掲げつつ、その中身は、輸出振興やスマート農業のような、外発的・科学技術志向的戦略に終始している。アグロエコロジーの考え方をいち早く政策に取り入れ有機農業を主流化しようとしたフランスや、有機給食を政策化したソウル市などでも、政権交代によって今後の成り行きは予断を許さない。

開発に対するメインストリームのあり方が容易には変わらないなか、持続可能な社会を築くために必要な枠組みは、実は私たちの身近にあるのではないだろうか。それは、一九七〇年代から日本で議論されてきた開発論の「内発的発展論」であり、農業・農村の発展を支える原理的・思想的研究の「農学原論」である。農家の生活を描写することを通じて、近代工業社会の終焉をいち早く体感していた守田志郎は、一九七一年に『農業は農業である』を出版している（守田一九七一）が、その意図は、農業が農業でなくなる危機状態に私たちが直面していることを広く農民と国民に知らせようとするものであった。農業を産業化（規模拡大や品種・肥料・機械の近代化）するために官僚として働いてきた守田が、この産業化という枠組み自体が外から持ち込まれて「思い込まされている」近代化である（守田 一九七八）と気づいたことを、私は農業における内発的発展のひとつの表象と解釈したい。

内発的発展論は、社会学者鶴見和子らによって提唱されたのが一つの起源であり、社会学だけでなく、経済学・政治学や政策実践において多様な発展があった。張（二〇〇八）は、内発的発展論を三つの側面に分けて検証している。それらは、①社会学的アプローチ：鶴見和子、宇野重昭、宮本憲一、武者小路公秀など、②地域開発論的アプローチ：宮本憲一、保母武彦など、③経済学的アプローチ：玉野井芳郎、西川潤、清成忠男である。農業・農村開発との関連では、保母（一九九六）が一村一品運動を、上からの政策との緊張関係を失う可能性や、安易な移転可能性の面から批判的に論じるなど、開発性と主体性に注目している。西川潤は、国際開発学会の会長を務めるなど、国際経済学と関連して内発的発展・人間の経済学を論じた（西川 一九九九）。SDGsとの関係では、アベノミクスを、強者であるアメリカ・大企業を支え、グローバリゼーションに肩入れし、排除を作り出す政策と明確に批判している（西川 二〇一八）。そのなかで、社会学的アプローチの代表的研究者の鶴見（一九九六）は、内発的発展を、西欧を先進とする近代化（論）が惹き起こす弊害を癒し、あるいは予防する社会変化の過程と捉え、その目指す価値および規範を明確にする点を、価値中立を標榜する近代化論との大きな違いとしている。別の言い方をすると、鶴見は「近代化論の土俵の中に自然と人間の関係を持ち込むにはどうしたらいいか」という問題の立て方をした（中村・鶴見 二〇〇二）といえよう。

農業史・環境史の研究者である藤原辰史（二〇二二）は、農学が推進される原動力として、「食と農に関する人間の労力を科学の力で軽減すること」と「食と農が持つ固有の価値を突き詰める」こと（四一頁）の二点を挙げ、農業の非経済的要素が農学と他の学問とを峻別する原理であると述べている。同時にこの原理が、生命・相互扶助・共生・有機といった人々の情念を掻き立てる生命主義や農本主義を導き、さらに農業が人の生命に関与するがゆえに、（結果的に）ナチスや満州支配など国家権力へ加担したような農本主義を生み出した（二四頁）とも警告している。そこで、編者たちが提案したいのは、食や農の固有性を意識しつつも権力奪取を目指さない開発原論・農学原論の可能性である。本章では、日本で議論されてきた内発的発展論や農本主義を包含した開発論・農学論を踏まえた開発原論と農学原論の交点を示したい。

2　内発的発展論を振り返る

社会学または思想としての内発的発展論として重要な概念は、内発的発展論による社会変容の過程は、現代社会に遍在する第一のシステム（政治権力）、第二のシステム（経済権力）が解決できない危機から脱出するための自分自身の発展および組織化であり、第一や第二のシステムからの権力の奪取を目指すのではない。そのことによって、人々は常に自己の変革を続け、地域の構造を作り替える点（鶴見 一九九六）が重要である。政治権力・経済権力による統治ではない第三のシステムという考え方は、鶴見がネルファンから得たものであるが[1]、鶴見はネルファンの主張を、権力を目指さないことによって、かえって有効性を持続させるという逆説を提起していると解釈している。その意味で、内発的発展の考え方の政策への導入に特定の関係者が積極的であることは、思想の政策への応用が既存権力との間の緊張関係をひとたび失うと内発的発展そのものの本質を失う危険性があることに注意しなければならない。具体的には、社会運動としての内発的発展は、政府または地方自治体が、近代化政策を推進する場合に、特定の地域の住民がその弊害を修復するか予防するためになされる。一方、政策としての内発的発展は、地域の住民の創り出す地域発展のやり方を政府または地方自治体が政策のなかに取り入れるものである。大分の一村一品運動が住民の自発的な活動から、県による地域振興政策となった結果、内発性を失った可能性があることが指摘されている（保母 一九九六）。

また、誰が内発的発展を担うかという問いに関して鶴見は、その担い手を「キー・パースンとしての地域の小さき民」であるとし、「内発的発展の事例研究は、小さき民の創造性の探求である」とした（若原 二〇〇七）。市井三郎による造語とされる「キー・パースン」は、「不条理な苦痛を軽減するためには、みずから創造的苦痛を選び取り、その苦痛をわが身に引き受ける人間」という意味を持つ。鶴見は基本的に市井の概念に依拠し、内発的発展の担い手を「地域内の強烈な個性をもった複数の個人」すなわち「理論的もしくは少なくとも実践的キー・パースン」として構想している。その際、「外部の視点」の重要性を認識し、地域に住む定住者をキー・パースンに仕立てていく外部者である漂泊者の役割も重要である（鶴見 一九九三）。この点で、開発を論じる際の外部者の立ち位置の検討にも、地域内部からの発展論である内発的発展論を参照する意味がある。

鶴見の内発的発展論をさらにみてみる。そもそも人間にとって必要な開発とは、目標において人類共通であり、目標達成への経路と、その目標を実現するであろう社会モデルについては、多様性に富む社会変化の過程である。共通目標とは地球上のすべての人々および集団が、衣・食・住・医療の基本的必要を充足し、それぞれの個人の人間としての可能性を十分に実現できる条件を創り出すことである。それは、現在の国内および国際間の格差を生み出す構造を、人々が協力して変革することを意味する。そこへ至る経路と、目標を実現する社会の姿と、人々の暮らしの流儀とは、それぞれの地域の人々および集団が固有の自然生態系に適合し、文化遺産（伝統）に基づいて、外来の知識・技術・制度などと適合しつつ、自律的に創出される。地球的規模で内発的発展が展開されれば、それは多系的発展となる。そして、先発後発を問わず、対等に、相互に手本交換をすることができる（鶴見 一九八九）。

鶴見は、近代化論が隆盛を極めていた一九六〇年代にアメリカで社会学を学んだ経験を基に、欧米型の近代社会モデルに対して極めて批判的な立場に立っている。そのため、近代社会の骨格をなすような制度、すなわち、国民国家、市場、近代科学への徹底した懐疑のもと議論が構築されている。欧米型近代社会モデルに対するオルタナティブとして、地域の持つ伝統や価値観、美意識等に根差した社会モデルや理論の必要性が主張されている。

発展の担い手として、システムではなく人間、個人に焦点があてられ主体性や主体化のための教育の重要性が強調される。多元的な価値観に基づく地域の自律によってこそ、個人の自由が保障され、グローバルな共同や環境との共生が可能となるという世界レベルの社会構想が示されている（川勝 二〇〇八）。発展の目標を各人の個性の発揮におき、経済成長のようなシステムの発展とは区別する。人間は個としてではなく地域のなかで生活する存在なのであり、したがって地域こそが発展の単位であり、地域は、巨大システムに対抗し人間の可能性を広げる存在と捉えられる（鶴見

表終－1　内発的発展論の分類

	文明論としての内発的発展論	政策論としての内発的発展論
主要論者	鶴見和子・西川潤・（中村尚司）	宮本憲一・保母武彦・守友祐一
主たる定義	後発社会が先進社会の模倣にとどまらず，自己の社会の伝統の上に立ちながら，外来のモデルを自己の社会の条件に適合するように創り替えていく発展のあり方	地域の企業・組合などの団体や個人が自発的な学習により計画を立て，自主的な技術開発をして，地域の環境を保全しつつ資源を合理的に使用し，その文化に根ざした経済発展をしながら，地方自治体の手で住民福祉を向上させていくような地域開発
権利・権力に関する言及	第1のシステム（政治権力），第2のシステム（経済システム）が解決できない危機から脱出するための自分自身の発展及び組織化であり，権力の奪取を目指さない（鶴見　1996）	新しい分権と参加という地方自治の確立を土台とした行政・企業・地域住民の経済活動における関係性がよく見えることの重要さ（宮本　1989）

出典：米川（2018）を参考に筆者作成。

一九九七、松本二〇一七）。

中村尚司（一九八九）は、農業を、人間と人間以外の共生関係を特質とし、その共生を可能とする空間や時間によって制限され、人間がこの共生の空間や時間の構造を長年にわたって変容させてきたことを指摘している。この変容の過程の理解を当事者の農家・百姓自身の側からみている姿を外部者の研究者や行政関係者が言語化することで、外部者がつくる農学原論と当事者の個別性を基盤とする内発的発展論との間に相互コミュニケーションができることが期待される。

地域の個別性および個々の地域における変容の受容に関しては柳田国男や南方熊楠らの影響を受けて、次のように説明している（鶴見 一九九三、一九九六）。それぞれの地域は、その土地特有の生活風習やものの考え方を持っており、その伝統の生活文化を主体的に暮らしに取り入れ大切にしている。と同時に、変化への工夫があり、「伝統の再創造」を通じて「地域」の活性化（内発的発展）が実現される。地域は多様でそれぞれに固有性を有するが、それぞれの地域で伝統を発展、再創造させることを通して、自らの拠り所となるアイデンティティを確かなものにしていく。特定のモデルに基づいた方向へと直線的には発展するわけではないということであろう。地域と個人との関係についての鶴見の考えを須賀（二〇一四）は次のように解説している。「『人間は自然の一部である』という原点に立ち戻り、『自然との共生』をはかる生き方を深める中に、個の『内発的発展』も生まれてくる。『自然との共生』の感覚を深めてくれるのはアニミズムの精神である」。

鶴見（一九九八：五二八‐五二九頁）は、南方の曼荼羅を参照して、「史的唯物論の描く未来社会は到達点である（例えば、これまでの支配階級が交代し、被支配階級が中心になる）。近代化論の描く未来像は、収斂概念である（例えば、前近代社会の構造や思考様式が排除される）。これに対して南方曼陀羅の中心は萃点である（すべての要素が排除なく、配置を変えることによって、新しい意味を与えられ、それが社会変革である）。萃点はすべての異質なものの出会いの場であり、到達点ではなく通過点である」と説明している。この点は、私たちが論じる開発原論にとっても重要な視点である。

ただし、このような多様性の存在や常に変わりうる社会の存在を肯定的に見過ぎることへの疑問もある。那須（二〇〇〇）は、北海道における事例を分析し、内発的発展論のジレンマについて考察し、行政が、地域住民や地域の組織がボトムアップで行おうとする動きの「支援」ではなく、「自前の発展努力」を「強制」するような政策をとれば、それは内発的発展ではないと認めている。そのうえで、第一システムとしての政治権力と第二システムとしての経済権力に対して、それとは別の政治・経済権力の奪取を目指さない第三システムの構成（鶴見 一九九六：二二六‐二二九頁）という鶴見の主張するアプローチは、理想主義的であると批判している。既存の二つのシステムにとって取るに足らない、小規模の自己完結的な第三の存在としてローカルな内発的発展が実現しても、既存の強大な権力にからめ取られている圧倒的多数の人々には説得力を持ちえないからである。「現存する政治権力・経済権力をそのまま奪取するのではなく、第一・第二システムの流れに乗りながらその方向を変えてゆく、あるいは内部に留まり土台を揺るがせ、新たな可能性を目覚めさせる社会運動が内発的発展なのではないだろうか」と問いかけている。このような現実的なしなやかな対応も鶴見が強調する萃点を導入した発展論の実社会への適用の際には重要である。

3　農学原論・農本主義を振り返る

「農業」は「地域資源を保全・活用して、人間に有用な生物を管理・育成し、それを通じて経済価値、生態環境価値、生活価値を調和的に実現しようとする人間の目的的・社会的営為」と定義され（祖田 二〇〇〇）、対象とする地域の持続的な社会システムを構成することの重要性が指摘されてきた。藤原（二〇二一：四〇頁）は、この考え方を、「三つの価値の調和的追及をやみくもに目指すのではなく、それぞれが交わらなくてもかろうじて共存できる「場」を考えるリアリズム」と評価している。特定のモデルを強要しない視点であると筆者は考える。

「在所」という言葉を用いて、国民国家や資本主義にからめ取られない農本主義の可能性を説く論客に、元福岡県農業改良普及員の宇根豊がいる。日本の小規模な水田稲作の多面的機能を評価する際に、宇根（二〇一八）は、それが百姓仕事から出てきた思想ではないこと、また百姓がそれを公益だとは考えていないことから、傲慢であると主張している。「田の草取りをするときに集まる赤とんぼ」「家の前の水路で魚取りをする子ども達を眺めること」などを、まず百姓自身が育み恵みと捉えてきた私益である（住んでいる人達の個人的感慨）ことを認めることが前提となる。そのうえで、百姓の感慨と公益的機能の議論をどう結ぶかを考えると、上から外からの押し付けではない公益的機能の議論を始められる。藤本（一九九九）は、ヨーロッパにおける農業革命を評価するなかで、農業における省力と収量増のために農業以外の経済活動からの資材に頼り、それまで生物が築き上げてきた独自性、生物の相互関係における認め合いの発展、自らの存在を他の物質に依存しない自律性と多様性の展開から農業が離れてきた問題を指摘している。そして、低投入持続型農業についても、人間と生物の関係を相互依存と捉えるあり方に根本的に意識を改革する必要性を指摘している。

作物や農耕の起源について思索した中尾（一九六六）は、作物の特性は人間の口に入るところまで（種から胃袋まで）を議論して初めて完結するという考え方を提示している。世界中の多様な地域における食と農に関する営みには「品種－地域－栽培技術－料理－食物」というような相互に関連する豊かな関係が紡がれてきた。輸出産業のような特別な農業ではなく、地域に根差した生活農業・家族農業にこそ現代における農村と私たちの持続性実現の基盤を求めることができる。

生物学・農学の側面からも、経済・社会の開発の側面からも、農業には相反する方向に自然との関係を築こうとする人間の営みが見られる。生物学・農学的な側面では、植物や動物の持っている本来の生存戦略を人間の都合のいいように変形し内実を奪うプロセスとしての工業的農業と、多くを自然の力そのものに依存し、人間の関与は自然の与えてくれた多様性からの選択のみとする農業の本質的アプローチがある。経済・社会の開発・発展の側面では、末原（二〇〇四）は、農業を、食物を商品として生産し販売する農業と、土地に根差し風土のなかで育まれ、その土地の人々の胃袋を満たし、生命を育む農業とに分けている。農村開発を行う場合も、食料供給・農政・市場動向によって都市生活・国家・世界という様々なレベルで相対的に位置づけられる農業生産地域としての農村を見る視点と、多様な人々が生活する自律的なコミュニティとしての農村を対象とする視点とが同時に存在している。

開発と農業を結びつける際に、外部者の評価視点ではなく農民自身の評価と主体性に気づくことの重要性を指摘した先駆的研究がある。長くエチオピアで地域研究を行ってきた重田（一九九四）は、アフリカの農業を理解する際の視点として次のような根源的課題を提示している。すなわち、一九七〇年代以前は、混作をはじめとするアフリカのいわゆる伝統的農業は、農民が無知であるがゆえに有効な土地利用が行われず生産性が低いと理解されていたものが、実は、農民が行ってきた伝統的な耕作方法が科学的見地から見ても極めて合理的であり、土地や土壌水分を有効に利用し、病害虫防除にも適していることが徐々に明らかにされてきた。この変化自身は、アフリカの農民およびその知恵を積極的に評価するという意味では一定の進歩と考えられるが、農民の合理性を評価した指標そのものが西洋的な科学的合理性（水資源・土地資源・労働資源等の効率的利用）にその根拠をおく限りにおいて、アフリカの農民が持つ固有の知恵の存在を軽視している可能性がある、という考え方である。農業における内発的発展を議論し実現するためには、多様性にあふれ、限定された条件下にある「場」（祖田二〇一〇）の多様な開発を行う知識の理解と仕組みの創造が必要である。

宇根（二〇一六）は、彼が定義する農本主義の三大原理を次のようにまとめている。第一は、近代批判・脱資本主義であり、「労働」と「百姓仕事」は異なるもので、百姓仕事はカネにならないものまで生み出し、かつそれは人間によって見出されるのではなく、「天地自然」によって見出される。第二は、在所（ムラ）があって国がある、すなわち、ナショナリズムの前にパトリオティズムがあり、明治の農本主義がナショナリズムやファシズムとの親和性を持ったことを認識しつつも、近代の国民国家が目指した国家の繁栄により地方も栄えるという考え方を主客転倒であると看破している。天地有情の共同体の範囲で成立する在所の共同体を自治の主体とすることの大切さである。第三は、自然への没入こそが百姓仕事の本質である気づきで、時を忘れ、我を忘れ悩みを忘れ、経済など眼中になく、百姓仕事に没頭することに幸せを見出すことである。この第二点目の「在所」という考え方は、「ローカル／ローカリゼーション」「地域」などの言葉にも重なるものである。「在所」は単なる空間的スケールを指すのではなく、自然生態系の一部としての共同体と考えると、ラテンアメリカ農村におけるコムニダの概念に近いかも知れない。この地縁的コミュニティが農業・農村の近代化の中で機能しなくなった現在、そのような新しいコミュニティの可能性があるかを模索する必要がある。

さらに、重要な概念となる「天地有情」というものの見方を百姓仕事の基盤におくことを、宇根（二〇〇七）は提言している。天地とは自然のことであり、有情とは生き物のことを指している。この世の中が生き物にあふれているにもかかわらず、人間がそれを感じる情念を持たなければ、生き物はいないことと同じである。生物多様性が大切といっても、都市住民が実感を持たないことは、この考え方で部分的に説明が可能であろう。従来の「農学」が、科学的手法を武器に世界を分析してきたが、そのようなアプローチでは零れ落ちるものがあると危機感を持って訴える。同時に、農学というものは、客観性や普遍性を求める学問が真理を見る手段として純粋に成立したのではなく、時代の産業化の要請に基づいたのではないかと疑問を投げかけている。具体的には、草取りの行為は、人間にとっての利害で評価されるようになり、労働時間や収量との関係で経済的なものに収斂され、充実感や達成感のような感情や、ましてや「稲が喜んでいる」というような表現が切り捨てられてきたことを問題視する。農学が、本当に農の営み、百姓を含む天地有情の世界を表現し分析するには、客観・理性を扱う従来の科学的農学と、主観・感性を扱う情念の世界およびその境界域を扱うだけでなく、主客未分の世界ともいえる「稲の葉に輝く朝露に我を忘れて見とれる世界、時空を超えて開田してくれた先祖の深い情けに思いを馳せる時間、自分の死後も咲き続けるであろう畔の花の美しさの価値」などの世界にまで手を伸ばすことを期待している。実際にこれができない可能性が高くとも、これを目指し、農学の及ばない世界があることを農学者がかみしめることが重要である。

関連する最近の議論を紹介したい。舘野（二〇一八）は、宮沢賢治の「農民芸術論綱要」を参照して、芸術の本質である不可知の領域への「想像力」は不確定な自然界で人間が生きるための必要な能力であったとし、その想像力が科学（技術）を発達させ、その科学（技術）が想像力をさらに発達させたと主張する。農業は、複雑・不確定・不可知な領域であり、科学の発展による近代化は不確定要素を取り除く意図で行われてきたが、結果的に不確定要因がなくなったわけではない。その中で、例えば、有機農業は、育てる作物の生命を創造し、自然界の生き物を創造し、最適な生育環境を創造することによって生み出される恵みとして存在し、言い換えると、自然界の生き物の調和と働きによって生み出される芸術であると考えられる。

宇根（二〇〇七：二七二－二八六頁）の説明する生物多様性の話に戻ると、田んぼの中には農学が害虫・益虫として分類してきたもの以外に、多くの「ただの虫」が存在する。ここでいう「ただの」は無用という意味ではなく、普通のという意味である。生物多様性の保全を主張する科学は、ただの虫の有用性を研究しようとする。ただの虫に有用性を見つけることから自由にされない限り天地の全容を把握することは困難である。イリイチの「家族の価値を問うことは破廉恥である」という言葉を引用し、存在していることがうれしい・共に生きることが喜ばしいのではないか、と問いかけている。価値と非価値はセットであり、例えば田んぼでイネとともに育つ約一〇〇〇種類の生き物を有用なものと有用でないものとに分けること自体が科学のもたらした堕落であるとする。

「草取りが終わって楽になる、減収せずにすむ」というように、なぜ稲の存在を自分のために、生産のために語るのか。稲が喜んでいるといえないのか、という百姓の言葉を引用する宇根（二〇〇七：二九三頁）は、農業の本質を表す天地有情の農学を「百姓学」と名付ける。その核は、人間を含めたすべての生き物の命と仕事が繰り返されていくことにある。方法論として、科学を軽んじないが、経験や感性をより重視する、近代化を否定しないが、近代化してはならないものを守る論理を提示する、人間中心主義を脱却する、などをあげている。このような、人と自然の関係史の捉え方、社会の変化の捉え方は第2節で紹介した内発的発展論の、百姓から見た解釈ではないだろうか。そして、農学原論もこの捉え方から始まるのではないだろうか

4　国際的に注目されるアグロエコロジーとその課題

持続可能な食料・農業・農村のシステムへの関心が大きくなるなかで、ブラジルなどで試みられてきたアグロエコロジーの取り組みが注目を浴びている。アグロエコロジーは、民主主義を普遍的価値とし、その実践へとつながる運動論およびそのための分析視角となってきた。アグロエコロジーは多様な側面を持つが、農業生態系を研究する総合的な科学としては、生物学・生物理学・生態学・社会文化・政治経済・関係性の研究等が含まれる（Altieri and Nicholls 2005）。同時に、農業をより生態学的に持続可能で社会的により公正なものにすることを追求する運動としても知られる（Wezel et al. 2009）。

持続可能な食と農のシステムに関して研究と実践、政策を結びつけるアグロエコロジーの考え方は、現在世界で主流の工業型フードシステムを転換し、自らが食べるものや作るものを自分たちが決める権利である食料主権や、人権の一部としての食への権利を実現する枠組みとして注目されている（池上二〇一九）。「食料主権」は、単なる量ではなく質やプロセス、そして当事者の権利を重視する概念と考えると、政治運動的側面として公正なフードシステムを求めるアグロエコロジーと相互に支持しあう関係が注目されている（Levidow et al. 2014;Pimbert 2018）。ＦＡＯは、多様性、知識の共創・共有、相乗、効率性＝外部からの投入の節減、リサイクル、レジリエンス（抵抗力）、人間的・社会的価値、文化・食料に関する伝統、土地・自然資源管理、循環的経済の一〇項目をアグロエコロジーの要件としている（FAO 2018）。ＦＡＯはこの認識に立ち、二〇一八年に開かれた第二回アグロエコロジー国際シンポジウムでは、アグロエコロジーの導入が現行のシステムを変換し、農民が主役となるアプローチ（people-centered approach）との親和性もあることを指摘している（FAO 2018）。この考え方は、持続可能な開発目標の枠組みや二〇一八年国連総会における「小農と農村で働く人びとの権利に関する国連宣言」の採択を受けて、さらに広まりつつある。ＦＡＯやアルティエリの唱えるこれらの要件を食と農のシステム全体を変革する思想と捉えると、アグロエコロジーの考え方は、途上国だけでなく工業化された先進国の農業・農村にも充分適用できる。実際に、フランスで二〇一四年に制定された農業の基本法（農業の未来の法律）には、経済・環境の両立を実現する地産地消型小規模経営の農業が、大規模化による経済的効率の良い農業やGAP規範に基づく環境面重視の農業と並立することを踏まえたアグロエコロジーの積極的推進が明示されていた（辻村 二〇一九）。Anderson（2019）らは、①食べ物へのアクセス、②知と文化、③交換の仕組み（システム）、④つながり・ネットワーク、⑤公平性・均等性、⑥言説の六点を、対象とするシステムのアグロエコロジー適用の深さやガバナンスへの影響度合いを測る視角として提案し、多面的な評価の必要性を説いている。

このような議論は、世界中の多様な運動を横断的に評価する指標として優れたものではあるが、同時にこのようなモデルの現場への無制限な適用には問題もある。例えば、主権を意識しない、主張しない人たちの日々の農の営みがあり（宇根 二〇〇〇、二〇〇七、西川・浜口 二〇一八）、権力の奪取を目指さないそのような営みに食料主権のような概念のレッテルを張っていく行為そのものが、農の営みの内発性・永続性から見ると諸刃の剣になりうると考えられる。権利に基づく行動ではなく、コミットメントやケアの意識を前面に出した農の営みの管理に対して権利論を持ち込むこと、すなわち、「権利を明示的に意識しない人たちが主権という概念にはめ込まれていく」ことは、農家あるいは百姓に対する魂の植民地化（安富 二〇一三：一三頁）の一形態になる危険をはらんでいる。

アグロエコロジーの定義や歴史、その政治運動的方向性について日本に紹介すべく、ロゼットとアルティエリの著書（Rosette and Altieri 2017）を翻訳した受田（二〇二〇）は、著者らの政治運動の強調に対して、「工業的な農業の対極にあるアグロエコロジーだけが追求するに値し、似た点のある実践を評価したり協働すべき対象としたりするというよりはむしろ運動の真正さを汚すものとして警戒すべきとする理想主義を徹底するならば、経済効率をはじめとする自分たちの弱点を正確に見据えてその緩和の道筋を見出すことを困難にし、結果的に農民の自立性、景観やコミュニティの回復といった自分たちの強みがより広い地域で成就される可能性を閉ざしてしまうように感じられる」「農業は効率の観点からだけ語られてはいけないし、小農の知識と技術、生き方を再評価し、その権利を擁護してきたことはアグロエコロジーの功績である。だが、著者らは、小農に対しては属するコミュニティや慣れ親しんだ景観を優先して生きること、さらには小農的なるものを擁護する人々には政治的であること、を要求し過ぎているのかもしれない」という疑問を提起している。内発的発展論の視点からみると、内発性を外部者が強要することの危険を懸念しているわけである。

さらに、藤原（二〇〇五）の「ナチス・ドイツの有機農業」研究を引用し、有機農業が、伝統的な農民像や景観の美化、民族（人間）の序列化と生命（自然）尊重主義のグロテスクな結合、さらには戦時下での食料確保の必要性といった経路を通じて、ナチス・ドイツの一部関係者により利用されてきたという史実を考えると、アグロエコロジーが小農をロマン主義的に理想化しがちな点や（方向性は「下から」にせよ）政治的動員に訴えがちな点などは、相対化すべき余地があるのかもしれないと、その弱点あるいは危険性を指摘している。

5　内発的発展論と近代科学を結ぶ生命誌論

農本論や内発的発展論は決して伝統やアニミズムのみに由来するものではない。内発的発展論における人間と自然の関係性の捉え方を近代科学の側から説明しようとした思想に中村桂子の提唱する生命誌論の考え方がある。分子生物学者として出発した中村（二〇一九ａ）は、その後国際生命の起源学会会長等を務めた生化学者、江上不二夫との出会いを通じて生命科学とはなにかを追求し、「生命誌」という考え方に辿り着いた。きっかけは、生きものの日常としての暮らしを大切にする気持ちと機械論的に生命を理解することを目的とする生命科学とがつながらないことに気づいたことである、と述懐している。中村の立ち位置は、組換えＤＮＡ技術や臓器移植などの問題を含めて、（社会的には）批判もされている科学を否定しない点と、人間自身が生きものであり自然の一部である事実を忘れないことの二点であった。そして、その追及の仕方として、科学のコンサートという考え方を提案し、一九九三年に「生命誌研究館」を立ち上げている。科学のコンサートとは、例えばベートーベンの音楽は楽譜ができたときにできあがっているが、それが演奏されなければ音楽にはならないことと同じように、科学者の研究は論文が書かれたときにできあがっていても良質の表現がなければ社会に存在していることにならないから、と説明している。

具体的には、地球上の生命に共通するゲノムとして持っているＤＮＡに注目する（中村 二〇一九ｂ）。生命が誕生して以来三八億年にわたって連綿とつながるＤＮＡを発展や持続性を考える際の原点としたわけである。ゲノムとは生きているものの細胞が持つ遺伝子の総体あるいは一つの個体を作り上げるのに必要な遺伝子のすべてであり、生命の歴史と同じ三八億年の歴史を持っている存在である。ＤＮＡの発見によって生命科学が誕生したのが一九七〇年ごろであるが、生命科学はもともと物理学を出自の一つとしていることから、思想的・方法論的に普遍・論理性を強く志向してきた。生命という共通概念を追求することで、ヒトも生物の中に位置することが「科学的」思考として認められたともいえる。

ゲノム研究を通して拓かれた世界として、生きものの世界を語る歴史物語としての「生命誌」が生まれた（中村 二〇一九ｃ）。ゲノムを研究または認識の単位とすることで、細胞・個体・種の階層をまたがるレベルで串刺しにすることが可能になり、それまでの生物学で別々の方法論で研究されてきた異なる階層での研究をつないでいけるようになったわけである。さらに、ゲノムという普遍性のあるものを通して、種や個体・細胞の多様性をも見ることができることも視角の大きな転換である。このような方法論と研究の過程を通じて、生命誌論は、個体を見る、総合的に見る、時間の概念を取り入れる、科学の視点と日常感覚のずれを回復するなどの課題を克服していくことが可能になる。したがって、宇根の提起する百姓学構築への近代の側からの参入可能性を示唆していると筆者は考えている。

一般に、西欧における内発的発展論はダグ・ハマーショルド財団の「もう一つの発展」が原点と考えられている。鶴見や中村は、そのこと自体が、すでに「一つの基本」を前提としていることを示唆しており（中村 一九九八）、「もう一つ」と「内発」は別の物であることを認める必要を説いている。アグロエコロジーの普及を目指す論者も、「もう一つ＝alternative」を主張しており（Pimbert 2015）、内発性を最重要と見ているわけではないことが示唆される。中村の提示する、人間を軸におくのではないあらゆる生物にそれぞれの発展があると考えた生命誌論では、現代社会が直面する最大の問題でもある環境破壊も、外なる自然の破壊だけではなく、自然の一部である人間の「内なる自然」の破壊であると考えられる（中村 二〇一九ｃ）。自然破壊を人間の外にある環境破壊とだけ捉えると、新技術の開発によって解決する方法論が用いられやすい。しかし、外の環境も心を含む人間の内なる環境も破壊される過程と捉えると、それは生命の基に関わる問題であり、すべての生命が共有するゲノムの持つ階層性や時間軸などの側面を直視した生命の本質を問うことからの解決が必要とされる。

鶴見が「人間が自然の一部であること」、したがって、「自然破壊とは外部の自然破壊だけではなく、自身の内なる自然の破壊」であることを水俣病の調査を通して気づき、内発的発展論を築いたとされる（鶴見 一九九六：一二〇－一九四）。中村は、生物のうちに持つゲノムが、その生物の内発的発展を生み出す基本的情報であり、この内なる自然には生き物としての私たちのなかにある「時間」、すなわち生命誕生以来の四〇億年の時間を他の生物と共有していることを認めることが肝心であると説く。人間と自然の間にある互酬の関係、自然に対する限りない親しみと怖れ、死と生の間の交流をアニミズムの魂と鶴見は説明する（中村・鶴見 二〇〇二：一五九－一七七頁）が、これは、まさに、宇根（二〇〇七、二〇一八）が百姓の生き方として提起している人間と他の生き物の関係を近代科学の視角を組み入れて解釈したものといえよう。中村は、科学を皆が共通認識をするための方法論として無視できないという。ただし、同時に、科学を絶対視することも強く戒めている。

6　内発的発展論を組み込んだ新しい開発原論・農学原論の可能性

農民の行動や意思決定は、歴史と風土性のなかで育ってきた地域個性や文化的個性、さらには農村を取り巻く社会経済政治的状況に左右される。ところが、外部から支援しようとする高い教育を受けてきた人たちは、そうしたものは「科学とはなじまない」と考えて、特定の評価基準を導入しようとしてきた。しかし本来、農業・農村開発は応用分野であり、科学的普遍主義だけで対処できるわけではない。普遍性＝法則を求める自然科学的アプローチ、文化的個性＝価値連関を探求する文化科学的アプローチ、社会的多様性＝社会関係を捉える社会科学的アプローチの三位一体的接近が必要なのである。この意味で、応用科学としての農学の本質に立ち返るべきである（Scoones 2015）。

そのためには、地域の農業だけでなく農村に暮らす人々の生活や地域社会について幅広い情報収集が必要となる。地域研究者あるいは医学における基礎医学に対応する臨床医学または総合診療医のように総合的な視点から農業・農学実態を把握する研究者の存在が不可欠である。このような現場から専門への帰納的な流れや、各専門分野の研究者と現場とを結ぶ仕組みができれば、基礎研究に従事する研究者であっても、社会における自身の研究の位置づけや進むべき方向性を明確に認識し、アグロエコロジー同様に研究のシステムの変換が可能となる。そして、より具体的に誰が抱えているどのような問題に寄与するのかを、意識したうえで研究に取り組む仕組みができるのではないだろうか（山根・伊藤 二〇一九）。

知識をいかに実践につなげていくか（linking knowledge and action）、また、その知識をいかに創造するか（knowledge creation）は、科学と社会、研究と実践の関係において最も重要な課題である。West et.al.（2019）は、コロンビアにおける環境保全プロジェクトの事例を通して、知識が政策や実践に利用される一方向の応用や、知識の実践と実践からの知識創造の循環をモデル化することでは、状況が刻一刻変化する現場における実践には必ずしも有効な知識創出は行われえない問題をどう克服できるか議論している。観察者ともいえる研究者および政策立案者が、対象となる地域の一部となって、外部からの観察ではなく複雑な内部の一要素として状況に影響を与える知識を生産物としてと同時に手段として想像できる可能性を指摘している。解釈の枠組みとしてのアグロエコロジーに、実践の限界があることを示唆する論考であるといえよう。

アグロエコロジーが民衆の運動として下からの普遍的な民主主義を実現させることによって社会の単線的発展を求めることとは、一方で個別性や地域性を大切にしようとするアグロエコロジー思想が本源的に抱えているジレンマであろう。アグロエコロジーの持つ世界を変革する可能性のメッセージと、そのメッセージの強さが持つゆえの諸刃の剣の側面があるという問題に対しては、本書の共編者である北野（二〇一六）による、フェアトレードの父と呼ばれるヴァンデルホフの思想の解説がその解決の方向性を示唆している。ヴァンデルホフの主張した開発（発展）の主体は、近代の産物である個人または合理的経済人ではないことはもちろん、自立した政治的意思を持たない大衆でもない。それは、地域社会や歴史文化に根をおろしつつ、人格と尊厳を備えた真の市民（シチズン）たる人々（ピープル）である。序章でも述べられている、国際協力においては主体者であるべき途上国の人々から見て他律的な働きを前提とする（客観性を強調する）天動説ではなく、主体者の潜在力に信頼し、主体者の自発的な行為を誘発する地動説が基本であるという主張の根拠となる主体者観であろう。そのような、ローカルな下からの発展においては、国家主義や経済原理主義に回収されないローカルかつコスモポリタンな農本主義が成立する。政治運動に傾斜するアグロエコロジーではなく、自然と人間の関係性に根差して、略奪された自己決定権の回復を目指すことに基本をおくなら、アグロエコロジーが社会の変革を起こすことは間違いないと筆者は考えている。ラテンアメリカで始まったアグロエコロジー運動を基にした研究とは多少出自が異なるヨーロッパのアグロエコロジー研究には、農業や農のシステムの持続性には、方法の多様性だけではなく、方法に接近する多様性（ways of knowing）を重視する研究もある（Pimbert 2018）。

内発的発展論も、権力奪取を目指さないということを明示することによって、多様な社会の発展のプロセスやモデルをそのまま認めることで一定程度そのようなジレンマに回答を提供している。実際に、世界中の多くの農家が、権利を前面に出す国際的政治運動とは全く離れたところで農の営みを淡々と続けてきた（西川・浜口 二〇一八）。そのような農家を百姓と呼び、その環世界（取り巻く世界の認識）に基づいた農本主義を提案しているのが、上で紹介した宇根豊である。

文明論的視点から見た内発的発展論で解釈されうるような権力の奪取を求めない実践にも、持続可能性や復元性の強さ（レジリエンス）実現へ向けて抽出できる要素があると考えられる。具体的に、鶴見（一九九六）は、柳田の常民思想を意識しながら次のように述べている。実生活の歴史は、古いものから近代的なものに明確に変わるわけではなく、前代の習俗・言語・意識が併存して、つららのように残っている。近代の持つ困ったことを解決するために、前代の生活様式や思考様式から学ぶべきものがあり、さらに外来の者（外部者）とつなぎわせることもできる。

冒頭で触れたＳＤＧｓにおける「誰も置き去りにしない」は、多様性と包含（diversity and inclusion）を謳っているが、だれが「多様性」を定義し、「包含」を決める権限があるのかについては議論されないまま、来るべき社会のあるべき姿としてすべての人が受け入れることを前提としているかに見える。しかし、亀井（二〇二一）は、多様性の認識の背景には隠された前提としての分類基準が存在し、人々を多様と表象しその承認権限を占有しようとする立場が存在することを看破している。開発を考えるときに、何びとにも「他者を奴隷にする権限はなく、他者を奴隷から解放するかどうかを決める権限もない」、同時に、「強いられた分類を拒む権利、新しい分類を模索し表明する権利、さらには、状況によっては、多数派がもたらす分類を利用して参入する権利」があることを説明している。このことに気づいて、一人ひとりが世界を分類し表現する権限を保有することで、現存する権力関係と既得権益を少しずつ解体できると展開する。筆者は、この亀井の議論は、権力の奪取・権限の占有ではなく、権力・権限の分有を目指した内発的発展論に通じる開発観と考える。

7　二〇五〇年に向けて考えていくこと—内発的発展論と天地有情の農の営みを生命誌論の視角で結ぶ—

鶴見との対話の中で、中村（中村・鶴見、二〇〇二：四一頁）は、生命誌は（価値自由・客観を標榜する科学とは異なり）すべてのもののあるがままをよしとする価値観を持つが、よいか悪いかという価値判断ではないことを説明している。中村（二〇二〇ａ）は、論理によって組み立てられた人工物とは異なり、生物を含む自然は人間が思うように動かしたり、理解したりすることができない存在として考えることを前提としている。同時に、人が文化・文明を持ち、世界に新しいものをどんどん作りだし人工の世界を築いたために誰もが共有できる世界観ができにくくなったとも説明している。生命誌に基準をおくと、現代の問題の解決を個別の制度や技術で行うのではなく、自然を総合的に理解し、それを基本に生きることが提案される。

人間を含めてあらゆる生命が共通の歴史を持ち、人間が特別の存在ではないとする「生命誌論」は、自然と人間の互酬性・自然への親しみと恐れ・死と生の間の交流などを特徴とするアニミズムの世界観とつながる。農の営みから社会の発展、そしてそこに生きる一人ひとりの幸せを考える作業は、生命科学の到達点と、古くから人間すべてが、そして現在も一部の農民・百姓が無意識に認めてきたアニミズム的世界観が共通していることに気づくことから始まる。

開発論においては、進歩という概念に価値を置き、近代化の過程ではその評価基準が量の拡大と効率という経済面が絶対視されがちであった。しかし、生命誌論が解き明かす生命の歴史を見ると、一定の方向に進むイメージを抱かせるような進歩という概念（いわゆる唯物史観）は当てはまらず、展開（さまざまな試みをして多様化する動き）または発展と呼ぶのがふさわしい。それは、自らの中にあるものを顕在化させていくことであり、生物の個体が卵から成長する発生も元の英語は development で同じ概念である。自然の一部としての生物的な種としてのヒトと、文化・文明を持つ人間の両方が同時に存在しており、どんなに文明社会になっても、癌になるメカニズムやアレルギーを起こす作用はヒトという生物の外来物質に対する反応や内部の変化の結果と理解できる。この作用は、生物という物質でも生命という抽象概念でもなく、生きているという現象である。このような生命誌論からあるべき社会を展望すると、それは、「生命を基本に置く社会」（中村 二〇二〇b）であり、自然の見方、自然の中での人間の位置づけを考え直し、自然との向き合い方を考えることによって、最新の生命科学の知見をも統合した生命誌論に基づく開発論が生み出される。

開発ではなく展開を大切にする。方向性を持つのではなく、多様な展開をありのままに認める。（人間中心の視角では）有用性のないものを豊かに表現する、あるいは、有用性のないものの豊かさを表現することが、新しい原論に要求される。人と自然の共生関係に人間中心的な政治的な解釈の枠組みを押し付けてしまっては、百姓の持ってきたはずの天地有情の世界観は持続も復活もできない。外部者が、天地有情の世界を外から眺めるのではなく、その中にいる百姓の眼で見ること（宇根 一九九九）を想像できれば、それこそが新しい開発原論・農学原論の出発点となる。

吉田（二〇二〇）は、自然生態系にも体内生態系・腸内細菌叢にも、生物多様性が豊かで攪乱に対するレジリエンスの高い状態と少数の生物が独占状態で外的ショックに耐えられない状態の両極相が存在し、そのどちらもが安定状態にあることが厄介であると述べている。さらに、工業化・産業化された食と農のシステムが変化しにくいものであるからこそ、「いつもどおりのビジネス」からの脱却を図る強い意志と開かれた議論が必要とも述べている。人間の地球に対する影響が極限まで大きくなった人新世であるからこそ、今一度、人間も地球に住む多様な生物のひとつにすぎず、多様な生物との相互関係、そして何よりも同種である多様な人間との相互関係の中に未来を見据える開発論が必要となる。「オーガニックでは世界の飢餓は克服できない」として、大規模化や輸出振興を真剣に議論して補助金や研究資金獲得に奔走する行政関係者や研究者がまだまだ主流の日本においてこそ、有機農業を軸に農業と社会の未来のあり方を真剣に考える必要がある。

しかし、それは、世界を一つのシステムに収斂させることでは決してない。他動詞の「開発」ではなく、自動詞の「発展」は、永遠に続くプロセスである。過去に拘束はされるが、それでも、開かれた未来である。日本の有機農業関係者にバイブルのように大切にされている基本文献に、ハワードによる『農業聖典』がある。小塩（二〇二一）は、この本の日本における受容に関して次のような課題を提起している。『農業聖典』の原題は〝An Agricultural Testament〟であって〝The Agricultural Bible〟ではない。ハワードはこの書物で、有機農業がすべてとも、その内容が有機農業の決定版とも主張をしているのではなく、農業を営むにあたって一つの誓約をなそうと慎ましく、かつ厳粛な決意をしているのである。New Testamentが「新約聖書」と訳されることから、「聖典」という日本語が当てはめられたのであろうが、Testamentは「聖書」よりも「約」の部分に意味があり、それは、やがて成就すべき契約という意味である、と説明する。ハワードは、将来の希望として、しかし神からの契約を意識するほど確かな約束として、有機農業を捉えているのである。この、私たちの、応答としての生き方が開発原論・農学原論の扱う領域であろう。それでも、我々は、次のようなことに注意を払う必要があると、小塩は続ける。それは、ハワードが、イギリスによる植民地支配やプランテーション農業に対しては、とくに矛盾を感じていたようには思われないこと、土壌微生物との共生に関しては力強い主張となってその後の有機農業運動の原動力となったものの、グローバル資本主義経済によって疎外されつつあった植民地労働者との共生という点に関しては、問題意識をもちあわせていなかったことである。

結論に進む前に、筆者の個人体験に少し触れたい。筆者の研究者としての歩みは、干拓事業で漁民を始めとする住民と国や県がもめ続けていた一九九〇年代始めの諫早市にある長崎ウエスレヤン短期大学（現 鎮西学院大学）であった。奴隷解放や教育の充実に力を入れているアメリカ南部メソジスト教会の宣教師によって長崎に設立された英語学校にその起源をもつ学校法人で、長崎原爆で校舎が被災したあと諫早市内で復興し、現在は四年制大学となっている。短期大学設立の際には、農園を保持し、農業・畜産を通した人格教育を取りいれていた持続社会を先取りする教育を実践していた歴史に強く惹かれた。ここで、出会ったのが後に学長となる佐藤快信氏と行政の現場にいた古川学氏であった。佐藤快信氏は、東京農工大学で博士号を取った農学者（林学・林産）であり、専門性においては西洋で発展した理工学的な思考枠組みの中で研究を積みあげていながら、その恩師や同僚の技官の教えから、「樹の声を聴く」ことなしに、人間にとって有用な材を整えることはできないことを身体で会得している人であった。一方で、ミッションスクールにありがちな、「神の恵みは自明であるからそこに集う人はそれを知って当然である」というような風潮には、真摯な教育者・科学者として真っ向から疑問を呈していた。一般に客観的に描写できると受け止められている自然科学において、その個別性・関係性を大切にする一方で、個人の魂の問題であるから言葉ではなく感じるものと捉えられがちな信仰の問題においてこそ人間と神との関係性（契約）の言葉による表現が大切であると考えていた。

古川学氏は、国家の地域からの撤退・新自由主義的社会の地域への適用の中で平成の市町村大合併が急速に進む現場で、長崎県小値賀町の役場職員として、町に住む一人ひとりにとって、なにが幸せなのかを考える人であった。彼は、人生のほぼすべてを、長崎県の五島列島最北部の小値賀島から出ることなく生きてきたが、小値賀のＤＮＡが自分の中にはあると自らが告白するとおり、小値賀の自然・社会・歴史環境の中に生きることこそが、自らの幸せの源泉であることを迷いなく表現し、実践していた。人口四千人の町で、票差が二けたと言う、合併賛成と反対を問う住民投票や町長選挙の中で、一貫して合併反対を主張し続けた人である。いま、小値賀町は、自律する島・町として全国から注目され、ＣＯＶＩＤ－19が拡がる前はアメリカから修学旅行生が訪れるほど有名になっている。私にとってこの二人との出会いは、文字面としての内発的発展が、血肉を持った人間の中で実体化しているのを目の当たりにした貴重な経験であった。鶴見和子・川田侃の『内発的発展論』（一九八九）が、筆者に中で受肉したと言える。

共同編集者の北野が第八章で詳細に論じた、時空を超えて越境したシビック・アグリカルチャーの様々な主体の出会いと連携を思い出してほしい。小さくてもグローバルなキー・パースンとしての市井の人々、彼らは、決して世界の中心にいるわけではないし、政治的・経済的権力を手にしたわけでもない。しかし、確実に、そして着実に、人間の影響が巨大化してプラネタリーバウンダリーが音を上げている現代社会における微かな燈明として、世界中に飛び火している。各地で小さな実践を行っていた市井の人々が、実際に出会い、学び合い、友情を育て、あるいは書物を通じて影響を授受し合い、世界に農的連帯が広がっている事実は、偶然に起こったわけでもないし、特定の権力者や為政者によって意図された必然の計画によるものでもない。ここで、私たちは、内発的発展論が気づかせてくれた、南方熊楠の萃点の思想に戻る必要がある。鶴見は、南方曼荼羅における萃点とは、宇宙の中ですべてのエレメントが出会うことが最も多い場所と説明し、さらに、出会いの場所であるから、止まらずに流れ出し、出会った相手との交流・格闘によって自身の方向が変わる（鶴見・川勝 二〇〇八：一一二－一一四頁）と述べている。さらに、恩師のリーヴィ[3)]の言葉として、「近代化の最も大きい問題は、子どもたちを知られざる未来へ向けて社会化すること、多様な未来に向けて柔軟性を持ってその場その場で自分で考えて対応できるように育てなければならない」ということを紹介している（鶴見 二〇二二：一七〇－一七二頁）。近代化のよって立つ西洋科学は世界を分析可能な対象として把握しようとするが、実際の世界は常に揺らいでおり、特に社会現象は偶然の出来事がその進路を大きく左右する。スコット（二〇一七：四五－四九頁）は、日本語訳の副題に「世界に抗う土着の秩序の作り方」と名付けられた著作で、ヘンリー・フォードが自動車工場で作業環境と作業員を標準化したように、ブラジルで畑と農民を標準化しようとして失敗した逸話を紹介している。自然とともに生きてきた民は、国家にも資本にも支配されない術（the art of not being governed）を、自然とのやり取りの中で身に着け、意識的に実践している（Scott 2009）。自らの住む環境を回復不能なまでに破壊するシステムをつくってしまった人新世と言われる現在においても、科学の対象としてきた自然現象のうち人間がコントロールできる部分はごく限られた部分に留まっていることを私たちは謙虚に受け止めなければならない。コロナを含む自然の脅威にも、自らが作り出した新自由主義と経済成長至上主義の巨大な破壊力にも、一人の個としてはなす術のない私たちである。その私たちが、唯一未来に望みを託せるのは、市井の人の横のつながり・連帯の礎としての、開発原論・農学原論である。それは、単なる運動論ともオルタナティブな政策論とも距離をおいた「水や土や生態系全体の一部としての農的営み」を出発点とする。

8　むすび

近代化論が目指す未来は固定的な到達点かも知れないが、内発的発展論が意識する未来はすべての異質なものの出会いの場であり、通過点であり、流動している。発展のプロセスにおいて萃点が移動することによって、多様なアクターの位置関係は変わるが、何かが一方的に支配し、支配されたり、排除されたりすることはない（鶴見 一九九八）。萃点が変化することによって、多様な主体者の出会い方が変化し、社会の発展（変化・展開）が起こる。そして、権力奪取は目指さないが、権力の集中に異議申し立てを行い、その持続を回避する決して負けない闘いを続けることが可能になる。

他者の環世界を知ること、特に暗黙知の領域を含めたすべての世界観は、学習や科学技術では知ることはできない。しかし、自分の環世界を通して他者の環世界は一定程度想像できる。異なる環世界を持つ者同士が、「究極的な統一」を図るのではなく、自己の認識能力の限定性や自己のフィルターを通して観る世界の主観性を自覚し、他者の世界を謙虚に推察することが、創発を導く他者とのコミュニケーションを可能にする必要条件である[4)]。そうして初めて、正邪や善悪の価値判断に基づくものではない、すべての生物が持つ生命の基本に根差した食と農のシステムが構築されうる（西川 二〇二一）。

偶然と必然の絡み合う萃点の周りを回遊し続けながら、本書で述べてきたような内発的発展論と生命誌論を繋ごうとする営みに、同時代に生きる多様なアクターとともに参画していきたい。

謝辞：本章は、龍谷大学国外研究員制度による「食料及び農業のための生物多様性保全に関する思想的研究」の成果の一部である。機会を与え、支援くださった龍谷大学および経済学部教授会に謝意を表する。

［注］

1 Marc Nerfin は、一九七七年ダグ・ハマーショルド財団が発刊した Another development : approaches and strategies の著者の一人であり、鶴見和子はその内容を積極的に評価していると考えられる。同時に、本章で紹介する中村桂子は鶴見和子との対談の出版に当たって、その前書きに、次のように書いている。「もう一つの発展」という発想の裏には、「一つの基本」がある。ヨーロッパを出発点にした近代化の道が基本軸になっている。鶴見和子の内発的発展論は、この出発点に切り込んでいるともいえる（中村・鶴見 二〇〇二：九－一〇頁）。また、権力奪取を目指さないことが内発的発展論の弱さかもしれないという述懐もあったと守友裕一は講演で紹介しているが、文章として記録はないため真偽は定かではない。

2 この萃点の考え方は、本書のコラムで須田が紹介しているスコットの論考でも明示されていると筆者は考える。「私たちには、自身の行為や生活を説明するための首尾一貫した物語を創作しようとする自然な衝動があり、それがまったく偶発的であったかもしれない行為に対しても遡行的に秩序を推しつけようとする」（スコット 二〇一七）。社会の変革は、偶発性やキー・パースンの物事に対する異なった理解や動機のごちゃごちゃしたリアリティの積み重ねによっておこる（同書一六七頁参照）のかもしれない。

3 Marion Levy J. はプリンストン大学名誉教授で、鶴見和子は彼の下で比較近代化論を学び博士号を取得している。

4 この文章は、谷口葉子による筆者の著書の書評より要約引用した。谷口葉子（二〇二一）「書評 西川芳昭著『食と農の知識論：種子から食卓を繋ぐ環世界をめぐって」『有機農業研究』一三巻一号：五六―五八頁。

［引用・参考文献］

池上甲一（二〇一九）「SGDs 時代の農業・農村研究―開発客体から発展主体としての農民像へ―」、『国際開発研究』二八（一）、一一一七頁。

受田宏之（二〇二〇）「訳者解説」、ロゼット・アルティエリ著『アグロエコロジー入門 理論・実践・政治』、明石書店、一四三－一五二頁。

宇根豊（一九九九）「百姓の仕事と暮らしから、新しい環境論が見えてくる」『農村文化運動』一五三、六〇－六七頁。

宇根豊（二〇〇〇）「「自給」の技術の長き不在 環境の技術論を求めて」、山崎農業研究所編『食料主権 暮らしの安全と安心のために』、農山漁村文化協会、一〇〇－一〇六頁。

宇根豊（二〇〇七）『天地有情の農学』、コモンズ。

宇根豊（二〇一六）『農本主義のすすめ』、筑摩書房。

宇根豊（二〇一八）「農の底に流れる精神性の豊饒さ：新しい農学を開く」、『有機農業研究』一〇（一）、三六－四二頁。

小塩海平（二〇二一）「土なし農業のゆくえ」『生環境構築史』Webzine 第2号 https://hbh.center/02-issue_07/

川勝平太（二〇〇八）「内発的発展論の可能性」、川勝平太・鶴見和子『「内発的発展論」とは何か　新しい学問に向けて』、藤原書店、一四－三三頁。

亀井伸孝（二〇二一）「ダイバーシティー、その一歩先へ」、清水展・小國和子編『職場・学校で活かす現場グラフィー　ダイバーシティー時代の可能性をひらくために』、明石書店、二三一－二五二頁。

北野収（二〇一六）「認証ラベルの向こうに思いをはせる」、フランツ・ヴァンデルホフ著（北野収訳）『貧しい人々のマニフェスト　フェアトレードの思想』、創成社、一二三－一八四頁。

重田眞義（一九九四）「科学者の発見と農民の論理―アフリカ農業のとらえかた」、井上忠司・祖田修・福井勝義編『文化の地平線』、世界思想社、四五五－四七四頁。

末原達郎（二〇〇四）『人間にとって農業とは何か』、世界思想社。

須賀由紀子（二〇一四）「女性社会とローカリズム～これからの〝生活者〟像を求めて～」、『生活科学部紀要』（実践女子大学）五一、三五－四六頁。

スコット、ジェームズ・C（二〇一七）「断章28個別性・流動性・そして偶然性を取り戻す」、スコット著　清水展・日下渉・中溝和弥訳『実践　日々のアナキズム　世界に抗う土着の秩序の作り方』、岩波書店、一六三－一六七頁。

スコット、ジェームズ・C（二〇一七）『実践　日々のアナキズム　世界に抗う土着の秩序の作り方』（清水展・日下渉・中溝和弥訳）岩波書店
祖田修（二〇〇〇）『農学原論』、岩波書店。

祖田修（二〇一〇）『食の危機と農の再生　その視点と方向を問う』、三和書籍。

舘野廣幸（二〇一八）「有機農業に内在する芸術性：宮沢賢治「農民芸術概論綱要」をめぐって」、『有機農業研究』一〇（一）、四九－五五頁。

張忠任（二〇〇八）「日中内発的発展・地方自治研究序説」、『北東アジア研究』一六号、一―一七頁。

辻村英之（二〇一九）「フランス農業・食料・森林未来法が推進するアグロエコロジー――ポスト新自由主義農政としての位置づけ」、『農業と経済』八五（二）、六九―七九頁。

鶴見和子（一九八九）「内発的発展の系譜」、鶴見和子・川田侃編『内発的発展論』、東京大学出版会、四三―六四頁。

鶴見和子（一九九三）『漂泊と定住と――柳田国男の社会変動論』、筑摩書房。

鶴見和子（一九九六）『内発的発展論の展開』、筑摩書房。

鶴見和子（一九九七）「内発的発展論の視点から〝日本を開く〟ということを考える」、鶴見和子『日本を開く　柳田・南方・大江の思想的意義』、岩波書店、一―四三頁。

鶴見和子（一九九八）『鶴見和子曼陀羅Ⅴ　水の巻　南方熊楠のコスモロジー』、藤原書店。

鶴見和子（二〇〇一）『南方熊楠　萃点の思想（新版）　未来のパラダイムに向けて』、藤原書店
鶴見和子・川勝平太（二〇〇八）『「内発的発展論」とは何か　新しい学問に向けて』、藤原書店
中尾佐助（一九六六）『栽培植物と農耕の起源』、岩波書店。

中村桂子（一九九八）「最も遠いようで最も近いもの　アニミズムと現代科学」、鶴見和子『鶴見和子曼陀羅Ⅵ　魂の巻』、藤原書店。

中村桂子（二〇一九ａ）「はじめに」、『中村桂子コレクション　いのち愛ずる生命誌Ⅰ　ひらく』、藤原書店。

中村桂子（二〇一九ｂ）「ゲノムとは何か　生命の謎に挑む」、『中村桂子コレクション　いのち愛ずる生命誌Ⅰ　ひらく』、藤原書店、二一一―三二一頁。

中村桂子（二〇一九ｃ）「生命誌から持続可能性を考える」、『中村桂子コレクション　いのち愛ずる生命誌Ⅰ　ひらく』、藤原書店、七五―九一頁。

中村桂子（二〇二〇ａ）「生命誌の基本　人間の中にあるヒト」、『中村桂子コレクション　いのち愛ずる生命誌Ⅱ　つながる』、藤原書店、二八―四七頁。

中村桂子（二〇二〇ｂ）「生命を基本とする社会」、『中村桂子コレクション　いのち愛ずる生命誌Ⅱ　つながる』、藤原書店、二七九―三〇〇頁。

中村桂子・鶴見和子（二〇〇二）『四〇億年の私の「生命」――生命誌と内発的発展論』、藤原書店。

中村尚司（一九八九）「技術と地域自立運動」、鶴見和子・川田侃編『内発的発展論』、東京大学出版会、二一五－二四〇頁。

奈須憲一郎（二〇〇〇）「地域の内発的発展における「新住民」の果たす役割―北海道下川町を事例として―」、『北海道北部の地域振興』（道北の地域振興を考える研究会）。

西川潤（一九八九）「内発的発展論の今日的意義」、鶴見和子・川田侃編『内発的発展論』、東京大学出版会、三－四一頁。

西川潤（二〇一八）「成長、ディーセント・ワーク、格差　ＳＤＧｓ　８・10」、高柳彰夫・大橋正明編『ＳＤＧｓを学ぶ　国際開発・国際協力入門』法律文化社、一〇〇－一一九頁。

西川芳昭（二〇一九）「持続可能な種子の管理を考える―権利概念に基づく国際的枠組みと農の営みに基づく実践を繋ぐ可能性―」、『国際開発研究』、二八（一）、五三－六九頁。

西川芳昭（二〇二一）『食と農の知識論：種子から食卓を繋ぐ環世界をめぐって』東信堂。

西川芳昭・浜口真理子（二〇一八）「種子をめぐる市民組織・農民組織の国際的状況に関する考察：食料及び農業のための植物遺伝資源に関する国際条約第７回締約国会議参加を通じて」、『経済社会研究』五八（三・四）、三三－五七頁。

ハラリ、ユヴァル・N．（二〇一八）『ホモ・デウス：テクノロジーとサピエンスの未来』（柴田裕之訳）、河出書房新社。

藤本文弘（一九九九）『生物多様性と農業　進化と育種』、農山漁村文化協会。

藤原辰史（二〇〇五）『ナチス・ドイツの有機農業』、柏書房。

藤原辰史（二〇二一）『農の原理の史的研究　「農学栄えて農業亡ぶ」再考』、創元社。

保母武彦（一九九六）『内発的発展論と日本の農山村』、岩波書店。

松本貴文（二〇一七）「内発的発展論の再検討　鶴見和子と宮本憲一の議論の比較から」、『下関市立大学論集』六一（二）、一－一二頁。

宮本憲一（一九八九）『環境経済学』、岩波書店。

守田志郎（一九七一）『農業は農業である―近代化論の策略―』、農山漁村文化協会。

守田志郎（一九七八）『農業にとって進歩とは』、農山漁村文化協会。

安富歩（二〇一三）『合理的な神秘主義　生きるための思想史』、青灯社。

山根裕子・伊藤香純（二〇一九）「脱近代化社会の実現へ向けた農学および農業技術支援の在り方」、『国際開発研究』二八（一）、三九－五二頁。
米川安寿（二〇一八）『内発的発展論における主体に関する考察』、同志社大学博士学位論文。
吉田太郎（二〇二〇）『コロナ後の食と農：腸活・菜園・有機給食』、築地書館、二二二頁。
若原幸範（二〇〇七）「内発的発展論の現実化に向けて」、『社会教育研究』、二五、三九－四九頁。
Altieri, Miguel A. and Clara I. Nicholls (2005) *Agroecology and the Search for a Truly Sustainable Agriculture,* United Nations Environment Programme, Environmental Training Network for Latin America and the Caribbean.
Anderson Colin, R, Janneke Brvil, Michael Chappel J., Csilla Kiss, and Michel Pimbert P. (2019) From transition to Domains of Transformation: Getting to Sustainable and Just Food Systems through Agroecology, *Susutainability*, 11 (19) 5272.
FAO (2018) News Article, 3 April 2018, Agroecology can help change the world's food production for the better. http://www.fao.org/news/story/en/item/1113475/icode/（二〇二〇年四月一五日アクセス）
Levidow, L., M. Pimbert and G. Vanloqueren (2014) Agroecological research: conforming - or transforming the dominant agro-food regime?, *Agroecology and Sustainable Food Systems,* volume 38 (10) : pp.1127–1155.
Pimbert, Michel (2015) Agroecology as an alternative vision to conventional development and climate smart agriculture, *Development*, 58, 2–3 : pp.286–298.
Pimbert, Michel (2018) Democratizing knowledge and ways of knowing for food sovereignty, agroecology and biocultural diversity, In Michel Pimbert ed., *Food sovereignty, agroecology and biocultural diversity: Constructing and contesting knowledge*, pp. 259–321, Routledge.
Rosset, Peler M and Miguel A. Altieri (2017) *Agroecology: Science and Politics* (*Agrarian Change & Peasant Studies Series*), Fernwood Publishing.（受田千穂訳（二〇二〇）『アグロエコロジー入門　理論・実践・政治』、明石書店）
Scoones, Ian. (2015) *Sustainable Livelihoods and Rural Development* (*Agrarian Change & Peasant Studies Series*), Fernwood Publishing.（邦訳：西川芳昭・西川小百合訳（二〇一八）『持続可能な暮らしと農村開発』、明石書店）
Scott, James C. (2009) *The Art of Not Being Governed, An Anarchist History of Upland South East Asia*, Yale University Press.
West, Simon, Lorrae van Kerkhoff and Hendrik Wagenaar (2019) Beyond "linking knowledge and action" : towards a practice-based

approach to transdisciplinary sustainability interventions, *Policy Studies,* 40:5, pp.534-555, DOI:10.1080/01442872.2019.1618810

Wezel, A., S. Bellon, T. Dorb, C. Francis, D. Vallod, and C. David (2009) Agroecology as a science, a movement and a practice : A review, Agronomy & Horticulture -- Faculty Publications, 927. http://digitalcommons.unl.edu/agronomyfacpub/927

追補　内発性とデコロニアル：西洋近代的な人間中心主義を超えて

北野　収、西川　芳昭

1　本書を読む補助線

開発原論・農学原論と題した本書は、開発学の展開や農業の思想の発展を日本の例を重視しつつ俯瞰したうえで、編者らが共著者らと垣間見てきた世界中の事例を紡いで、新しい原論を築く試みである。内容は編者二人が三〇年にわたって考えてきたことを軸としており、それに賛同して下さった著者が多様な事例を提供して下さった。時間軸と空間軸の両面から多様性を追求したが故に、読み手にとっては戸惑うことも大きいかと懸念する。

実際、本書初版出版以来二年余りの間に戴いた多くの書評の中身は実に多岐にわたっていた。国際開発学会の書評（勝俣誠氏）はアフリカの事例の多様性に注目し、協同組合学会（古沢広祐氏）は広義の社会的連帯経済を視野に入れた動き・特に「市井の人の横のつながり」の描写を評価していただいた。日本有機農業学会では前会長の谷口吉光氏が、「複線的発展論、脱植民地主義、住民主体論、人間主義、地域主義などの要素を含んでいる内発的発展論を新しい開発原論の基盤として選んだ」「生命誌の視点で内発的発展論と天地有情の農学をつなぐことを提唱し、社会科学と農学と生命科学という通常は別々の学問だと思われている諸科学をつないだ」と述べて下さっている。共生社会システム学会では、植木美希氏が、「本書は読むことによって、自身を語ることのできる内容となっているのではなかろうか。開発原論・農学原論の書ではあるが、ダイバーシティーと共生そして時空を超えた命のつながりの著作と位置づけることもできる」と書かれている。編者たちの意図をはるかに超えて、様々な受け止め方があり、今後の編者たちの思考の展開に刺激を与えてもらった次第である。

2　持続可能な開発の盲点

開発（development）には様々な定義がある。最も古典的かつ普遍的に共有されているのは、生産性を向上させて経済成長を進めることによって、社会的厚生を増大させ、それを分配していくという考えだ。農業や林業とて例外ではない。そもそも近代応用科学としての農学や林学は生産性向上をいかに達成するかに腐心してきた。他方、かつて、潜在能力アプローチを提唱しノーベル経済学賞を受賞したセンは、開発を「人々が享受するさまざまの本質的自由を増大させるプロセスである」（セン 二〇〇〇：一頁）と定義している。開発行政学のコーテンは「開発（発展）とは、ある社会に属する人々が、［…］さまざまな資源を活用・管理運営する能力を、個人として、そして制度として向上させていくプロセスである」（コーテン 一九九五：八五頁）と定義した。

これらは二〇〇〇年頃までの議論であるが、その要諦は持続可能な開発目標（ＳＤＧｓ）においても継承されている。この二つの世界観には相違点と共通点がある。最大の相違点は、前者の世界観が全体としての経済を第一義的に考えているのに対し、後者は人間一人ひとりあるいはそれらを成員とするコミュニティを第一義的な主体としていることである。本書の執筆者の多くは後者の世界観を共有している。では、共通点は何か。それは、前者も後者も人間界（経済を含む）のみを対象にしていることである。

当然、この物言いに対しては、「持続可能な開発」という観点から、人間界と自然界との関係を視野においているという批判が予想される。そこには、強い持続可能性と弱い持続可能性が併存しており、ＳＤＧｓを始めとする主流派言説は前者の立場に近いと考えられる。大沼（二〇一七：九七頁）によれば、その強弱にかかわらず持続可能性とは、「経済的豊かさ＋自然の豊かさ＝人間の福利水準＝三つの資本ストックの総和」であり、これを将来世代に減ずることなく継承することだという。「三つの資本ストック」とは、人工資本（道路交通、通信インフラなど）、自然資本（大気＊、森林＊（酸素、水源涵養、生物多様性、医薬品）、サンゴ礁＊（漁場、防波堤）、地下水、河川、土壌＊、野生動植物など）、人的資本（知識、技術）のことである。強い持続可能性はクリティカル自然資本（＊）を意識的に包摂するが、弱い持続可能性にはそこまで厳格な包摂は意識されていない。

人新世における開発・発展という歴史認識に立てば、この強い持続可能性という考え方でさえ、人間中心の資本・資源観だと言わねばならない。将来世代の人々を含めた人間活動にとっての「資源」という位置づけであること自体が優れて人間中心的なのである。

3　「開発原論としての内発的発展論」再考

序章から第八章に至るまで本書を紡ぐ二つの「糸」の一つが開発原論としての内発的発展という視角である。内発的発展論には政策論から運動論、あるいは「技術論」としての住民参加のあり方に至るまで様々な実践と言説が包含されてきた。この多様性は、本書の各章においても見て取れる（北野 二〇〇六）。「あとがき」の中で展開した開発における天動説と地動説の比喩が意図することは、市井の人々、すなわち、農民、都市住民、消費者を含む人々が他律的な開発の客体という構造に甘んずるのではなく、自覚の有無にかかわらず実施的な主体であることが担保されるような社会変革（世直し）、そして、そこにおける異議申し立てや変革主体としての意識の濃淡であった。

もう少し踏み込んだ言い方をすれば、変革主体という言葉は（自己）解放主体という風に読み替えることもできる。では、それは何からの「解放」か。ここで説明のツールとしてラテンアメリカを中心とした第三世界のデコロニアル論の要諦を手短かに説明し、そこから得られる一般的なメッセージを確認したい。

西洋そして日本の近代は父権主義ともいうべき二元論的存在論（ontological dualism）を前提としている。二元論とは、人間と自然、主体＝我々と客体＝他者、西洋とそれ以外、近代人と非近代人、文明人と野蛮人、男性と非男性（女性とＬＧＢＴＱ＋）、都会と田舎、中央と周辺、科学知と暗黙知、人間とノンヒューマンという対照の枠組みで物事を捉え、常に前者を後者に優越するものとして理解する（エスコバル 二〇二四：一六八頁）などにも同様の関係性を見出すことができる。この二元論は精神と身体の植民地化を不可避的に伴う。女性などの非男性が、男性的視角、男性的制度、還元主義、合理主義を所与のものとして、あたかも空気のごとくその中で呼吸することを求め、途上国の人々が先進国のそれに、田舎や地方の人々が都市文明に憧れ、経済面のみならず精神と身体の従属を自ら内面化していく。

これに対し、母権主義ともいうべき関係論的存在論（relational ontology）とは女性が男性を支配することではなく、支配という概念がない世界を前提にした人や事物の存在のあり方である。そこでは、父権制が依拠している「合理的個人」という存在論に対置される概念として「相互接続性」「全体性」「歴史性」の中での生態系の一部としての人間が重要となる。父権主義が単線的な成長を暗黙あるいは自覚的に目標と定めるのに対し、母権主義は生命の循環と継承を命題とする（Escobar 2020）。

かつて地球上のいたるところに息づいていた生態系依存的で多様で母権主義的な存在論が、近代化＝単線的開発の蔓延によって、二元論的存在論に従属することを余儀なくされた。これを「認識論的植民地化」という。もはやそこに、土着の知・自然の声・暗黙知の居場所はない。デコロニアルとは、この「見えない植民地化」から、人々、コミュニティ、自然やノンヒューマンを解放することを意味する。それは地球全体を単一のユニバースとして捉えることからの解放を意味し、複数形のコスモロジーが収まる一つの惑星地球、すなわちプルーリバース（多元世界）を再発見することを意味する。

このような現代ラテンアメリカのデコロニアル学派の世界観は、鶴見和子の内発的発展論のそれと驚くほど相似している。

4　内発的発展論と農の哲学を結ぶ

本書を紡ぐもう一つの「糸」である農学原論としてのアグロエコロジーと生命誌論の話に移ろう。現代の農業は父権主義的二元論の賜物であり、水土や動植物を他者・客体として捉える点では、工業その他の「経済活動」となんら変わらない。前項でみた、父権から母権へ、他律から自律へ、天動説から地動説へというトランジションは、人間界の中でのトランジションに止まらない。惑星地球の中の人間とノンヒューマン、人間以外の生命との関係性を踏まえた存在論を発見することを私たちに要請する。

農業における内発的発展を議論し実現するためには、多様性にあふれ、限定された条件下にある「場」の多様な開発を行う知識（農民の知識、知恵）の理解と仕組みの創造（主体性を尊重する姿勢）が必要である。その際に参考になる思想が、本編でも再三触れている、宇根豊の「天地有情の農学」（二〇〇七）である。「農学が農の営み、百姓を含む天地有情の世界を表現し分析するには、客観・理性を扱う従来の科学的農学と、主観・感性を扱う情念の世界およびその境界域を扱うだけでなく、主客未分の世界ともいえる『稲の葉に輝く朝霧に我を忘れて見とれる世界、時空を超えて開田してくれた先祖の深い情けに思いを馳せる時間、自分の死後も咲き続けるであろう畦の花の美しさの価値』などの世界にまで手を伸ばす」ことを求めている。

農業の未来を問うのであれば、宇根が主張するような人と自然の関係史の捉え方から始めなければならない。開発学は社会科学を出自とし、それを支える農学は自然科学に分類されるが、「天地有情の農学」を参照すれば、近代科学の壁を超えることができる可能性がある。

では、宇根の主張は単なる幻想として諦めてしまっていいのだろうか。「生命誌論」は、宇根の提起する天地有情の農学への近代の側からの参入可能性を示唆している。さらに、中村桂子と鶴見和子は対話を通じて、人間を軸におくのではないあらゆる生物（ひいては、非生物としてのノンヒューマン）にそれぞれの発展があることを明らかにし、現代社会が直面する最大の問題である環境破壊も、外なる自然の破壊だけでなく、自然の一部である人間の「内なる自然」の破壊であると考え、人間中心主義脱却の手がかりを与えている。

本書の出版と前後して、アフリカの農業を俯瞰した興味深い書籍が出版された（杉村ほか 二〇二三）。自然社会の営みとしてのアフリカの農業・農村の特性を、「流動性と開放性」「生業の複合性と多様性」「農法や作物の非画一性」「分与の経済と食の安定」「富の蓄積と再生産」などのキーワードで表しており、世界の多様性を示しており、内発的発展の事例である。

さらに、社会の発展を歴史の展開から見る時に、日本を含めた西洋〔近代〕文明に立脚している現代産業社会の源流を、古代の食料生産革命から生まれた「アグラリアン社会」（農業社会）と定義し、高い農業生産性を大量の水と肥料が支え、環境変動に対して極めて脆弱であるとする。しかし、アフリカの多くの地域は食料生産革命を経験しない「自然社会」として多様で豊かな農と食を育んでおり、アフリカに学ぶことで、精神のモノカルチャーと化した現代社会の行き詰まりを解決する術を探ることを模索している。オルタナティブな発展を問いつつも、温情主義・父権主義臭がする「西洋〔近代〕型の脱植民地主義」の思考ではなく、主流を認めない内発的発展思考または、ジェームズ・スコット的「支配されない美学」の実例研究と言え、本書と呼応している。これは、メキシコのサパティスタ民族解放軍（ＥＺＬＮ）のスローガン「たくさんの世界が収まる一つの世界」というラテンアメリカ、非西洋圏のデコロニアル観に通じるものがあると、編者の一人である北野は考えている。

5　本書の限界と苦渋

とはいうものの、新装版の発行に際して再度読み直してみると、根本的な課題に突き当たることも事実である。複線的発展、脱植民地主義、住民主体論、人間主義、地域主義などの概念は、一九七〇年代からしきりに議論されており、脱人間中心的発想も玉野井芳郎に代表される一九七〇年代の生命系の経済学でおおよその議論は出尽くしている。

玉野井（一九七八）は、近代社会は非生命系である第二次産業を出発点として工業化したが、農業など第一次産業は生き物に関わる産業であり、人間の生命を維持する活動であると説明する。その点において、他の第二次産業や第三次産業とは区別されなければならない。したがって、生きているシステムとして、「広義の経済学」や「生命系の経済学」の構築を目指した。生命科学と社会科学の地域独自の融合のあり方についても、玉野井が生命科学者渡辺格の著作から「日本人が日本という環境を自覚して自然科学をすすめれば、必然的に（西洋自然科学とは異質な）日本的自然科学になる」という思想を抜粋し、暴走する自然科学（核開発や遺伝子組み換えの濫用）に対して社会が制限を要請することの正当性に疑問を呈し、社会（の構成員）自体の転換を真摯に問おうとしている。

中村（二〇二四）は近著の中で、「私たち生きものの中の私。この本で提案したいのはこれです。生きものの一つとして人類があり、私は「私たち人類の中の私」なんだ、その人類の中に日本列島に暮らす仲間があり、私は「私たち日本列島人の中の私」なんだとだんだん下へと降りていきます。（一部編者編集）」と表現しており、世紀をまたいで生命科学者が、地域主義・内発的発展を思考の根底に置いていることが伺える。これは、エスコバル（二〇二四ほか）がいう「領域性」「テリトリオ」という問題視角に相通じるものがある。領域＝テリトリオとは、人間を含めた諸生物、生物とノンヒューマン、先祖（過去）と子孫（未来）という時間軸の中で紡がれる母権主義的な関係性的存在論の基底概念、あらゆる生物や事物の生存基盤といえるだろう。

二人の編者は、向かおうとする方向はおおむね同じでありつつも、その途中プロセスの力点には相違点があることは認めざるを得ない。このことが、本書に漂うある種の散漫さの原因になっていることも認めよう。しかし、開発学、農学という知的営みと諸実践が、単に「生産力主義」や人間にとっての「持続可能性」を追求するものだけではないと考える点では一致している。

【引用文献】

宇根豊（二〇〇七）『天地有情の農学』、コモンズ。

エスコバル、アルトゥーロ（二〇二四）『多元世界に向けたデザイン』（水野大二郎ほか監訳）、ビー・エヌ・エヌ。

大沼あゆみ（二〇一七）「持続可能性についての考え方」、佐藤真久ほか編『SDGsと環境教育』、学文社、八六～一〇五頁。

北野収（二〇〇六）「参加型開発をとりまく思想と言説」、伊佐淳・松尾匡・西川芳昭編『市民参加のまちづくり　コミュニティ・ビジネス編』、創成社、二〇八～二四四頁。

コーテン、デビッド（一九九五）『NGOとボランティアの二一世紀』（渡辺龍也訳）、学陽書房。

杉村和彦・鶴田格・末原達郎編著（二〇二三）『アフリカから農を問い直す：自然社会の農学を求めて』、京都大学学術出版会。

セン、アマルティア（二〇〇〇）『自由と経済開発』（石塚雅彦訳）、日本経済新聞社。

玉野井芳郎（一九七八）『エコノミーとエコロジー』、みすず書房。

鶴見和子・中村桂子（二〇〇二）『四十億年の私の「生命」：生命誌と内発発展論』、藤原書店。

中村桂子（二〇二四）『人類はどこで間違えたのか――土とヒトの生命誌』、中公新書ラクレ。

Escobar, Arturo（2020）*Pluriversal Politics: The Real and the Possible*（*Latin America in Translation*）. Duke University Press.（北野収訳（近刊予定）『プルーリバース〈多元世界〉の政治学（仮）』、以文社）

あとがき

本読みの性(さが)として、あとがきから読み始める読者もおられると思う。その意味では、ここに編者たちが期待する本書の読み方を書いてしまっては、本文を読む知的興味がそがれてしまうかもしれない。あえてその危険を冒しても、本書の構造について補足するのは、次のような理由がある。編者二人にとって回帰点である鶴見和子・川田侃編の『内発的発展論』(一九八九)における社会変化の過程に対する表現は多義的であり、どの点を強調するかによって社会変化のあり方の評価も多様となる。鶴見の内発的発展論が、西欧をモデルとする近代化論がもたらす弊害を癒し、あるいは予防するための社会変化の過程を出発点としていることは間違いない。そのうえで、本書では、編者および各章の筆者たち自身がそれぞれの経験に基づいて、地球上の様々な地域に芽生えつつある実例を注意深く見守り比較をすることで、より低い段階から高次のものへと開発動態あるいは社会の変容に関する理論を構築しようとしている。そのモデルや経路が異なることをどこまで認め合うかを、読者共に考えていきたいと願っている。

人々が生きる場所においての開発は、「内発性」こそが出発点であり、帰着点でもある。その意味では、他動詞の「開発」ではなく、自動詞の「発展」がより正確な表現といえる。また、内発を担うキー・パースンは、決していわゆるエリートではなく、地域の小さき民、そして、土の人と風の人があり、内発=土着ではない。したがって、民際的なネットワークが重視される。統治する側、しようとする側のシステムとしてのグローバル資本主義およびそのシステムを作動させる部分としての国民国家が、個人のアイデンティティ・価値観・思考法を画一化、同一化しようと絶え間なく働きかけてくる中で、近代以前の「伝統」や「自治」「共生」を参照点としつつ、現代社会に実際に存在する私たちが生かされているハイブリッド的状況における抵抗の(政治的)空間を作り出すことが内発的発展であり、そうした空間・場所・人々が存在できることが人間の尊厳そのものにかかわると、私たちは考えてきた。

二〇一三年に西川らが編集した『市民参加のまちづくり【グローカル編】コミュニティへの自由』(伊佐ほか編

二〇一三）に、北野は「メキシコの事例にみるグローカル公共空間」（北野 二〇一三）という論考を寄せている。西川はその本のあとがきで、「グローバル化の中で阻害されている人たちがさまざまな形でオルタナティブな社会を築こうとしている。ただし、その方向には正反対のアプローチが含まれている。一方は、あたかも普遍に見えるグローバルな価値観を受け入れ、その中で地域の付加価値を見つけていく方法であり、他方は、そのような価値を認識しつつ、どのように地域の自律を保つかを注意深く探る方法である」と書いている。ローカルな内発的発展という言葉が使われながら、目指す方向・方法と主体性が全く異なるオルタナティブな開発論が存在するわけである。アグロエコロジーの適用を間違うと「魂の植民地化」が起こると指摘した西川の終章はその懸念を表したものである。その意味で、編者らは「コミュニティへの自由」が持つ意味、すなわち、コミュニティの存在は自明ではなく、与えられた時空の中で構成員が政治権力や経済権力によって「脱政治化」されることなしに、「意識的に」「脱植民地化」を図る努力を行わない限り、作り上げることはできないという考え方を共有している。開発原論の一丁目一番地は「決して負けない闘い」に参画することである。

その合意の上で、北野（二〇二二）は、本書でも引用されている西川の近著（二〇二一）に対して、友情と研究者の良心から次のような批判を展開している。それは、西川の議論する「環世界」の認めあいによるコミュニケーションの可能性には期待しつつも、キー・パースンとしての名もなき人の出会いの場である萃点の変化には偶然が大きな意味を持つことにやや懐疑的であるからである。西川は、北野のいう「声を上げる人」というアクターの性質を形式知として明示的に概念化して他所に移転できるとする思考の枠組みそのものが西欧的起源である可能性を懸念し（Nishikawa 2022）、その枠組みの普遍化に躊躇している。また、社会変革に関しては一定の方向性を持つことに社会進化論の影響を感じてヒトを含めた生きとし生けるものを包括的に理解する生命誌の思想から development の日本語として「発展」よりも「展開」を好んでいる。それに対して、北野は、そのような過度の偶然性を安易に認めることが、弱き人々の尊厳を奪うグローバル資本主義および国民国家の権力性に目を背けてしまい、最も弱き人を含む多様な人々にとっての生命（いのち）の尊厳を守る西欧的政治哲学がいう共通善の追求を阻むことを憂慮している。決して近代西欧特有の存在ではない「声をあげる人」がラテンアメリカの農民運動や近世日本の百姓一揆にも存在している内発的発展の歴史的事実を見逃してしまうことにも懸念を示している(北野 二〇二二)。

以上を踏まえて、編者は共通して本書の各章のメッセージを結ぶ見えない糸の重要性を指摘したい。例えば、一見無関係にみえるモザンビークの事例(第一章)とイタリアの事例(第五章)との間には共通項がある。ネパールの人々(第二章)とメキシコやカナダの人々(第八章)との間にも共通項がある。二つのタンザニアの事例(第三章、第七章)も同様である。それはどういうことか。便宜的な分類として、人々の主体性に立脚した発展・展開を「地動説」(内発的発展)、グローバル資本や国家権力などによる他律的な開発を「天動説」(外来型開発)とし、そこに中間共同体(コミュニティ)、脱政治化の有無程度(主体論、行動論)、人間と自然との関係性(存在論)といった変数を加味すれば、各章でみた世界各地の事例に登場するキー・パースンおよびそれにつらなる実践は、以下の四つに分類することができるかもしれない。

①**「地動説A」**=近代西欧市民型:自立した個人とその集合である西洋的コミュニティ(市民共同体)が存在しているため「共」領域が機能し、脱政治化されていない。天動説的オリエンテーション(グローバル資本、国家権力の影響)に一定の集団免疫を有する(自律的政治空間)。公共性に基づく価値判断(善悪)によって、時には可視化された抵抗的実践や対抗運動を伴う。イタリア、イギリス、カナダの諸事例が該当する。②**「地動説B」**=抗う農漁民/ラテンアメリカ型:個人は非西洋的コミュニティ(例:ラテンアメリカ農村コムニダ)の一部であり独立した存在ではなく、その共同体すらも自然の一部と考える。「共」領域が機能しているため、天動説的オリエンテーションに対する集団免疫を有し、脱政治化されていない(自律的政治空間)。非西洋的公共性と文化に基づく価値判断(善悪)によって、時には可視化された抵抗的実践や対抗運動を伴う。水俣、大分、メキシコの諸事例が該当する。③**「地動説C」**=沈黙の抵抗/飼い馴らされない羊型:個人は非西洋的コミュニティの一部であり独立した存在ではなく、その共同体すらも自然の一部と考える。「共」領域が機能しているため、天動説的オリエンテーションに自覚的になることもできる(自律的政治空間)。明示的に権力に対して異議申し立ては行わないが、権力に絡めとられない独自の生活を淡々と続け、「統治されな

いことの美学」をあるがままに継続する人々。モザンビーク、ネパール、終章の「生命誌論」が該当する。④「天動説A」＝改良的政策介入／政策としての内発的発展型：「共」領域が問題を抱えている。すなわち、西洋的コミュニティが存在しない、または非西洋的コミュニティも解体または機能不全状態にあるなかで、価値選択的な政策介入によって環境や安全や生計が維持される。第3章、第7章でみたタンザニアの事例が該当する。

その際に、「人は発言することにのみならず、発言しないということにも責任を持たなければならない」「自由が抑圧者側から自発的に与えられることは決してない。被抑圧者から要求しなくてはならない」（キング牧師）という言葉を念頭におくと、①に対する②③の人々の位置づけを内発的発展のアクターとしてどう位置づけるかを考える必要がある。欧米では明示的に発言・行動することで、自らの発展のあり方を問う（①）ことが一定程度受け入れられているが、メキシコ・チアパス州先住民族グループ「サパティスタ民族解放軍」によって動員された「沈黙の行進」のように欧米的市民のあり方を参照しつつも共同体的行動によって実現へと向かう流れ（②）や、ジェームズ・スコット（二〇一七）が描いた外部からの開発オリエンテーションに対してあえて抵抗しない・発言しないという「面従腹背」の態度をとる東南アジアの農民などの行動（③）も内発的発展のキー・パースンたちが担っている。しかしながら、これら三つのどれにも属さない、あえていうなら、TPP反対を翻した某政党に何が起きようとひたすら投票し続ける日本の大多数の農家のような、魂の植民地化が身体の隅々まで浸透しているサイレントマジョリティともいえる存在が、権力の暴力を野放しにしていることに気づかなければ、人新世に人類の未来はない。このような人々に対して、あえて区分を設けるならば、次のようになる。⑤「天動説B」＝飼い馴らされた羊型：「共」領域が存在しない。すなわち、西洋的コミュニティが存在せず、または非西洋的コミュニティも解体または機能不全状態にあるなか、改良的政策介入もなく放置される。天動説オリエンテーションに対する免疫を持たず、世間の同調圧力に従順である。コミュニティという居場所を喪失した自立していない個人が、世間＝ムラ社会のなかで、グローバル資本や国家権力の関心と自己を無自覚に同一視し、グローバルな消費者＝合理的経済人と化す。環境や安全も消費の対象としてのみ認識される。

日本においては、多くのサイレントマジョリティの行動である「主張しない」ことは百姓の本来的な態度ではなく、明治と戦後という二度の近代化の過程を通じた「脱政治化」、すなわち開発の影響（媒介道具的効果）による後天的な適応ではないだろうか（北野 二〇二二）。近代化される以前の民衆の生活世界は、士農工商の身分制度に規定されつつも、一定の政治的自律を保持した「アナーキーな空間」的な面もあったことに着目しても、現在そのような政治空間が存在しているとはいい難い。権力と農民との闘いの場の象徴でもあった三里塚で「土と生きる循環農場」を実践する小泉英政（二〇一三）のようなキー・パースンが静かに負けることのできない闘いを農民として続けているのは、例外中の例外ともいえよう。近代化の過程で、そしてその総仕上げとしてのポスト冷戦・ポストバブル期における戦後日本の企業共同体の崩壊とネット社会の進展のなかで、国家権力や資本の関心に順化した（させられた）とすれば、「主張しなくなった／できなくなった」こと、すなわち、規律＝統治の対象化を「植民地化」と表現しても差し支えないのではないだろうか（北野（二〇二二）はこれを「想念の植民地化」と形容する）。この行き詰まりを打開し、人新世における開発原論・農学原論実践の可能性は著しく厳しいものではあるが、それでも第八章で示した時空を超えた民際的連帯に一縷の可能性を見出したい。

結局のところ、内発的発展、アグロエコロジーを問うということは、人間と自然、人間どうしの関係性のなかで、人間の存在論を考えることに帰結する。多様な人々にとっての命の尊厳と連帯の追求こそが開発原論（発展・展開）であり、自然と人間にとっての協創的な支え合いの追求こそが農学原論ではないだろうか。この人新世をこれからも生き続けねばならない私たちと未来の子どもたちにとって、この「二つの原論」が持つ意味は重みを増すばかりである。

編　者

［引用文献］

伊佐淳・西川芳昭・松尾匡編（二〇一三）『市民参加のまちづくり【グローカル編】―コミュニティへの自由―』、創成社、二四七－二四八頁。

北野収（二〇一三）「メキシコの事例にみるグローカル公共空間—ローカルＮＧＯと現場型リーダーの役割—」、伊佐淳・西川芳昭・松尾匡編『市民参加のまちづくり【グローカル編】—コミュニティへの自由—』、創成社、一四三－一六二頁
北野収（二〇二一）「書評『食と農の知識論　種子から食卓を繋ぐ環世界を巡って』」、『国際開発研究』、第三〇巻第二号、一七一－一七五頁。

北野収（二〇二二）「訳者解題　ポスト開発の先にある多元世界の展望」、アルトゥーロ・エスコバル『開発との遭遇』（北野収訳）、新評論、四四一－四九三頁。

小泉英政（二〇一三）『土と生きる　循環農場から』、岩波書店。

スコット、ジェームズ・Ｃ（二〇一七）『実践　日々のアナキズム』（清水展ほか訳）、岩波書店
鶴見和子・川田侃編（一九八九）『内発的発展論』、東京大学出版会。

西川芳昭（二〇二一）『食と農の知識論　種子から食卓を繋ぐ環世界を巡って』、東信堂。

Nishikawa, Yoshiaki (2022) Agroecology, Sovereignty and the Endogenous Development Perspective in Yoshiaki Nishikawa and Michel Pimbert eds., *Seeds for Diversity and Inclusion*, Palgrave Macmillan. https://doi.org/10.1007/978-3-030-89405-4_13.

編者紹介

北野　収（きたの　しゅう）　序章、第八章、追補

獨協大学外国語学部交流文化学科、大学院外国語学研究科教授。農業農村開発、国際協力史、批判開発学。日本大学農獣医学部（現生物資源科学部）卒業、東京農工大学農学研究科中退、コーネル大学大学院国際農業農村開発修士プログラム・同都市地域計画学研究科修了、Ｐｈ・Ｄ取得。農林水産省（国家Ｉ種農業経済事務官、大臣官房調査専門官）、日本大学准教授等を経て現職。主要業績：『南部メキシコの内発的発展とＮＧＯ　補訂版』（勁草書房）、『国際協力の誕生　改訂版』（創成社）、*Space, Planning, and Rurality*（Trafford）、『新・共生時代の地域づくり論』（編著・三恵社）、訳書にトーマス・ライソン『シビック・アグリカルチャー』（農林統計出版）、フランツ・ヴァンデルホフ『貧しい人々のマニフェスト』（創成社）、アルトゥーロ・エスコバル『開発との遭遇』（新評論。）

西川　芳昭（にしかわ　よしあき）　第六章、終章、追補

龍谷大学経済学部、大学院経済学研究科教授。農業・資源経済学、民際学。京都大学農学部農林生物学科卒業、バーミンガム大学大学院生物学研究科・同公共政策研究科修了、博士（東京大学、農学・国際環境経済論）。国際協力事業団（ＪＩＣＡ、現国際協力機構）、農林水産省、名古屋大学国際開発研究科教授等を経て現職。主要業績：『種子が消えればあなたも消える』（コモンズ）、『生物多様性を育む食と農』（編著・コモンズ）、『地域の振興』（共編・アジア経済研究所）、『食と農の知識論』（東信堂）、*Farmer Research Group: Institutionalizing Participatory Agricultural Research in Ethiopia*（共編・Practical Action Publishing）、*Seeds for Diversity and Inclusion Agroecology and Endogenous Development*（共編・Palgrave Macmillan）、監訳書にイアン・スクーンズ『持続可能な暮らしと農村開発』（明石書店）。

分担執筆者・訳者者紹介（執筆順）※所属先情報は二〇二一年時点のものです

田村　優（たむら　ゆう）　第一章

在アンゴラ日本国大使館専門調査員、獨協大学外国語学部交流文化学科卒業、新潟大学大学院現代社会文化研究科博士前期課程修了、同後期課程修了見込、中国農業科学院農業情報研究所博士課程修了、博士（農業経済・管理）。中部モザンビークの農業開発事業への小農の対応について文化人類学的視点から博士論文を執筆中。主要業績：Contexts behind Differentiated Responses to Contract Farming and Large-Scale Land Acquisitions in Central Mozambique: Post-War Experiences, Social Relations, and Power Balance of Local Authorities（*Land Use Policy*）。

米川　安寿（よねかわ　あんじゅ）　第二章

同志社大学ライフリスク研究センター嘱託研究員。同志社大学政策学部政策学科卒業、同大学院総合政策科学研究科博士前期課程修了、（公財）ひょうご震災記念21世紀研究機構研究員を経て、同志社大学グローバル・スタディーズ研究科博士後期課程修了、博士（グローバル社会研究）。主要業績：「内発的発展論における主体性に関する考察―自己実現的人間としてのキー・パースン―」『ボランティア学研究』第一八号、「内発的発展論における動機付けについての理論的考察―ネパールのケーススタディから―」『ボランティア学研究』第二〇号。

宮下　智衣（みやした　ちえ）　第三章（翻訳含む）

ＪＩＣＡ東南アジア・大洋州部東南アジア第二課専門嘱託（資源エネルギー・平和構築）。獨協大学外国語学部交流文化学科卒業、ソコイネ農業大学大学院開発学研究科修了、ＭＡ（農村開発）。日本国際ボランティアセンター（ＪＶＣ）インターン及びアシスタント（スーダン・南アフリカ担当）、Good Neighbors Tanzania（ＮＧＯ）モニタリング評価担当、在ケニア日本国大使館経済協力調整員等を経て現職。主要業績：Can Organic Farming Be an Alternative to Improve Well-Being of Smallholder Farmers in Disadvantaged Areas? A Case Study of Morogoro Region, Tanzania（共著・*International Journal of Environmental and Rural Development*）。

キム・アベル・カユンゼ（Kayunze, Kim Abel）第三章
ソコイネ農業大学農村開発研究科教授。ソコイネ農業大学農学部卒業、同大学院農村開発研究科修了、博士（農村開発）。ウヨレ農業センター指導教員、Action Aid Tanzania プログラムコーディネーター等を経て現職。主要業績：*Translating Growth into Poverty Reduction Beyond Numbers*（編著・Mkuki na Nyota Publishers）、「Practice of One Health approaches: Bridges and barriers in Tanzania」（共著・Onderstepoort Journal of Veterinary Research）、「Do various methods of food security determination give similar results? Evidence from Rufiji District, Tanzania」（共著・『*Eastern and Southern Africa Journal of Agricultural Economics and Development*』）。

ルロン石原・ペネロープ（Roullon Ishihara, Penelope）第四章
ボルドー第三大学日本語学科卒業、フランス国立東洋言語文化研究所（ＩＮＡＬＣＯ大学）大学院日本学研究科修士課程修了、同博士課程中退。二〇一二年に研究のため来日し、埼玉県小川町の霜里農場研修生となる。現在は神奈川県で有機農業の実践に関わる。主要業績：「Don et démarchandisation dans l' agriculture biologique au Japon」（*Japon pluriel 12*）、「Sanshô Teikeila coopération entre producteurs et consommateurs」（*Mémoire pour le Centre d'Etudes Japonaises* L'INALCO）。

須田　文明（すだ　ふみあき）第四章翻訳、コラム
農林水産省農林水産政策研究所主任研究官。食と農の社会経済学、フランスの社会経済学理論。早稲田大学政治経済学部経済学科卒業、京都大学農学研究科博士課程中退。農学博士（東北大学）。主要業績：「プロジェクトとしての都市食料主権：フランスの『地域食料プロジェクトＰＡＴ』などを事例に」（『総合政策』第二二号）、「コモンにおける真正性の試験と評価：テロワール・ワインと有機農産物を事例に」（共著『認知資本主義：二十一世紀のポリティカル・エコノミー』ナカニシヤ出版）、共訳書にピエール・ブルデュー『結婚戦略：家族と階級の再生産』（藤原書店）。

中野　美季（なかの　みき）第五章
学習院女子大学非常勤講師。イタリア食文化、味覚教育、社会的農業、社会的経済。上智大学外国語学部イスパニア語学科卒業、イタリア食科学大学大学院修士課程修了、修士（食科学および高品質食品）。東京大学大学院博士後期課程修了、博士（国際協力学）。

出版社勤務を経てイタリアに滞在し（一九九七－二〇〇九）、記者として食農分野を取材。一般誌への執筆記事多数。主要業績：『味覚の学校』（プラート味覚教育センターと共著・木楽舎）、「イタリア社会的農業の研究～新法案と州法整備状況から見る進化と現状」（山路永司と共著・『農村計画学会誌』第34巻）、「イタリア社会的農業の協働ネットワーク～ヴァルデーラ連合区の事例分析から」（山路永司と共著・『農村計画学会誌』第35巻）、「イタリアの社会的農業」（『ビオシティ』No.77）。

下田　道敬（しもだ　みちゆき）　第七章

JICA国際協力専門員。（ガバナンス、地方行政）大阪大学法学部卒業、同大学院法学研究科修士課程修了。国連開発計画ナイジェリア事務所JPO、JICA専門家（ニカラグア、メキシコ）、大阪大学大学院法学研究科受託研究員を経て現職。二〇一〇－二〇年、JICA地方行政シニア・アドバイザー（タンザニア大統領府地方自治庁）。主要業績：*Decentralized Service Delivery in Tanzania - Lessons from Japanese Experience of Nation Building and Local Government System Development* (Jamana Printers)、「援助は本当に役立っているか？―途上国で進むガバナンス改革の光と影、そして日本にできること」（共著・『改訂版　国際社会を学ぶ』晃洋書房）ほか。

ま行

や行・ら行・わ行

な行

は行

た行

さ行

か行

事項索引

英字

あ行

人名索引

（検印省略）

2024年12月10日　初版発行

略称 ―人新世

新装版　人新世の開発原論・農学原論

―内発的発展とアグロエコロジー―

編著者　北野　収
　　　　西川芳昭
発行者　塚田尚寛

発行所　東京都文京区
　　　　春日2－13－1
　　　　株式会社　創成社

電　話　03（3868）3867　FAX　03（5802）6802
出版部　03（3868）3857　FAX　03（5802）6801
http://www.books-sosei.com 振　替　00150-9-191261

定価はカバーに表示してあります。

ISBN978-4-7944-3250-6 C3033
Printed in Japan

組版：スリーエス　印刷・製本：鳩

落丁・乱丁本はお取り替えいたします。